航空发动机新技术丛书

国家出版基金项目
NATIONAL PUBLICATION FOUNDATION

涡轴涡桨发动机燃烧室先进技术

Advanced Technology of Turboprop and
Turboshaft Engine Combustor

吴施志　曹　俊　编著

北京航空航天大学出版社

内 容 简 介

本书系统介绍了国内外涡轴涡桨发动机燃烧室的先进技术,包含燃烧室设计、仿真、试验测试技术等内容,分别从燃油供给和雾化、点火、火焰稳定、出口温度场控制、污染排放、热防护、燃烧室仿真、燃烧室试验、航空替代燃料和新概念燃烧室等几个方面对国内外涡轴涡桨发动机燃烧室先进技术进行系统的描述和分析,介绍各技术的机理、特点及后续发展趋势,并展望涡轴涡桨发动机燃烧室的技术发展方向。

本书可作为航空发动机制造工厂、研究院(所)、空军、海军和陆军航空兵部队相关人员的参考用书。

图书在版编目(CIP)数据

涡轴涡桨发动机燃烧室先进技术 / 吴施志,曹俊编著. -- 北京 : 北京航空航天大学出版社,2021.1
 ISBN 978 - 7 - 5124 - 3416 - 5

Ⅰ. ①涡… Ⅱ. ①吴… ②曹… Ⅲ. ①航空发动机—燃烧室-研究 Ⅳ. ①V233.7

中国版本图书馆 CIP 数据核字(2020)第 238187 号

涡轴涡桨发动机燃烧室先进技术
Advanced Technology of Turboprop and Turboshaft Engine Combustor
吴施志 曹 俊 编著
策划编辑 龚 雪 责任编辑 刘晓明
*
北京航空航天大学出版社出版发行

北京市海淀区学院路 37 号(邮编 100191) http://www.buaapress.com.cn
发行部电话:(010)82317024 传真:(010)82328026
读者信箱:goodtextbook@126.com 邮购电话:(010)82316936
北京建宏印刷有限公司印装 各地书店经销
*
开本:710×1 000 1/16 印张:21.75 字数:464 千字
2022 年 6 月第 1 版 2022 年 6 月第 1 次印刷
ISBN 978 - 7 - 5124 - 3416 - 5 定价:130.00 元

《航空发动机新技术丛书》
编 写 委 员 会

前　言

　　航空发动机自出现以来一直是先进设计、制造和试验技术高度集成的代表之一。随着人类对动力需求的日益提高,航空发动机的工作能力、工作范围大大拓展,相应的航空发动机研发技术也得到迅猛提升。作为航空发动机家族中"个头"相对较小的成员,涡轴涡桨发动机的研发技术进一步推动了精细化设计技术、高保真仿真技术、精密制造技术、全息试验测试技术的发展。

　　发动机是飞机的"心脏",燃烧室则是发动机的"心脏",是发动机的动力之源。涡轴涡桨发动机对燃烧室除燃烧效率高、出口温度品质高、污染排放低等与大型发动机一致的要求外,还要求燃烧室体积小、结构紧凑、重量轻、具有宽广的燃烧稳定边界;同时,又由于涡轴涡桨发动机一般采用离心压气机,径向尺寸较大,因此,与大型发动机燃烧室相比,涡轴涡桨发动机燃烧室设计具有结构形式多样、尺寸效应明显、气流流路复杂、组织燃烧空间狭小、热防护设计困难、出口温度场调控难度大等特点。

　　目前我国关于航空发动机燃烧室方面的专业书籍大多数都是基于大型发动机的,内容以介绍燃烧室设计、研发和试验验证一般过程为主,较少涉及涡轴涡桨发动机燃烧室的先进技术。本书针对涡轴涡桨发动机对燃烧室提出的技术要求特点,从涡轴涡桨发动机燃烧室燃油供给和雾化、点火、火焰稳定、出口温度场控制、污染排放、热防护、燃烧室仿真、燃烧室试验、航空替代燃料和新概念燃烧室等方面对国内外现有先进技术的机理、特点以及后续发展趋势进行阐述和分析,提出涡轴涡桨发动机燃烧室的技术发展方向。作者撰写本书的目的是为从事涡轴涡桨发动机燃烧室研发的人员提供一本参考书,方便他们了解和跟踪国内外相关技术的发展现状和动向。

　　本书紧跟涡轴涡桨发动机前沿技术,以燃烧室设计涉及的专业分类,详细地阐述了国际上现有的先进技术。第1章燃烧室概述,介绍了涡轴涡桨发动机燃烧室的特点以及后续发展趋势;第2章燃油供给和雾化,介绍了燃油供给和雾化机理、先进的燃油雾化技术以及雾化技术的发展趋势;第3章燃烧,分别对国际上燃烧室点火、火焰稳定、出口温度分布控制、污染排放四个方面的先进技术展开介绍;第4章燃烧室热防护,介绍了火焰筒、喷嘴、机匣等零件的先进热防护技术;第 5 章燃烧室仿真,介绍了国际上先进的燃烧室仿真方法和验证方法;第 6 章燃烧室试验,介绍了燃烧室研发涉及的流场、油雾场、温度场、组分场、壁温等先进试验和测试方法;第 7 章航空替代燃料,介绍了现有航空替代燃料的种类和认证流程、航空替代燃料的燃烧特性和污染排放特性的最新研究以及航空替代燃料的应用前景;第 8 章新概念燃烧室,介绍了如驻涡燃烧室、超紧凑燃烧室、爆震燃烧室、内燃波转子燃烧室、智能燃烧室等新概念燃烧室设计技术。

本书由中国航发湖南动力机械研究所主编,是基于 50 年的燃烧室研发经验对国内外涡轴涡桨发动机燃烧室先进技术所进行的分析总结。主要参编人员有吴施志、曹俊、江立军、陈盛、陈剑、王倚阳、曾琦、王梅娟、彭畅新、彭剑勇、邬俊、康尧、张德宝、肖为、马柱、石小祥、丁国玉、黄章芳、资海林、袁汀、刘涛等。

本书在编写过程中参考了国内外相关书籍中的部分内容,在此对这些书籍的作者表示衷心的感谢,对文中引用的参考文献的作者一并表示感谢。

作 者

2021 年 3 月 25 日于株洲

目　录

第 1 章
燃烧室概述

|1.1　航空发动机燃烧室简介|

　　航空发动机燃烧室的功能是将从压气机出来的高压空气与燃烧室内喷射的燃油混合,在一定的时间内、在限定的空间内充分燃烧,将化学能转变为热能,使进入发动机的空气总焓增加,变为高温高压燃气,推动涡轮做功。从工程热力学的角度来说,燃烧室属于能量转换装置,在布雷顿循环曲线上,燃烧室工作过程是一个定压加热的过程。图 1.1-1 为一个典型涡桨发动机示意图。

图 1.1-1　典型涡桨发动机示意图

　　根据航空发动机类型的不同,从燃烧室出来的高能燃气除提供驱动压气机所耗费的功之外,剩余高温高压燃气的能量转换有以下途径:

　　① 通过喷管,产生推进力,推动飞行器前进,如涡喷发动机;

　　② 通过动力涡轮和传动系统,带动风扇、螺旋桨或旋翼,产生推力和升力,如涡扇发动机、涡桨发动机或涡轴发动机。

1.1.1　燃烧室的基本构成

　　航空发动机燃烧室一般由机匣、火焰筒、涡流器、点火电嘴、燃油喷嘴、燃油总管、泄油活门等组成。其中,回流环形燃烧室还有使燃气转向 180°的排气弯管,折流环形燃烧室则用甩油盘和喷射油道代替燃油喷嘴和燃油总管。同时,为了点火的需要,部分燃烧室设置有起动喷嘴和联焰喷嘴。下面以回流燃烧室(见图 1.1 - 2)为例介绍燃烧室的基本构成及各零部件的功能。

图 1.1 - 2　燃烧室基本构成

各部分的主要功能如下:

　　① 机匣:用于安装火焰筒和燃油总管等零部件,连接发动机压气机部分和涡轮、加力燃烧室部分,是承力件,同时与火焰筒共同形成燃烧室气流通道;

　　② 燃油总管:为燃烧室提供燃油;

　　③ 燃油喷嘴:将总管提供的燃油雾化;

　　④ 涡流器:使气流旋转,产生低速回流区,稳定燃烧过程;

　　⑤ 火焰筒:燃烧室承温部件,提供燃油雾化、蒸发、燃烧所需的空间,并通过冷气的掺混,提供满足涡轮要求的出口温度分布,同时对壁面采取有效的冷却防护措施,防止烧坏;

　　⑥ 排气弯管:与火焰筒外环相接的是大弯管,与火焰筒内环相接的是小弯管,两者组成的流道使主燃区高温燃气转折 180°进入燃气涡轮。

1.1.2　燃烧室的构型

　　一般大型航空发动机采用全轴流压气机,因此都采用直流环形燃烧室构型。而在中小型航空发动机中,为追求高的气动效率,最后一级压气机多采用离心压气机,并辅以径向扩压器整流,使得压气机部件出口径向高度高于涡轮进口,这种进出口布置使中小型航空发动机燃烧室构型的选择多样化。燃烧室设计者可以根据实际需要选择直流、回流、折流和径流等不同构型。目前广泛应用的燃烧室构型有三种,即以PT6B、PW150、PW200 和 MTR390 等发动机为代表的回流燃烧室,以 T700、CT7 - 9、VK - 1500 等发动机为代表的直流燃烧室和以阿赫耶(Arriel)系列、马基拉(Makila)等发动机为代表的折流燃烧室。图 1.1 - 3 所示为中小型航空发动机燃烧室典型结构布局类型。径流燃烧室目前只在预研项目中有所涉及,在已服役发动机中未见应用。

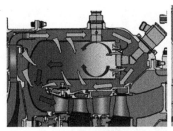 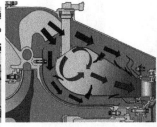 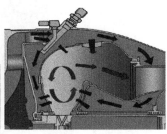

(a) 回流燃烧室布局   (b) 直流燃烧室布局   (c) 折流燃烧室布局

图 1.1 - 3　中小型航空发动机燃烧室典型结构布局类型

四种不同构型燃烧室的优缺点总结如下:

① 直流燃烧室在性能设计、持久性、成本、尺寸及维护性方面优势都比较明显,缺点是占用发动机轴系较长,增加了发动机转子动力学的设计难度。

② 回流燃烧室的气动特点是燃气与火焰筒内环及弯管外空气同向流动,与火焰筒外环外空气逆向流动。其优点是占用发动机轴长较短;缺点是火焰筒表面积大,火焰筒冷却气量需求大。

③ 折流燃烧室的气动特点是燃气与火焰筒内环及外环前部空气逆向流动,与外环后部空气同向流动。折流燃烧室一般采用甩油盘供油,燃油雾化性能只与转速相关,与供油压差及气流参数无关,在保证优良雾化性能的同时简化了供油系统,有效降低了燃烧室成本。其缺点是不适合大功率和高循环参数的涡轴涡桨发动机。

④ 径流燃烧室也是充分利用离心压气机和燃气涡轮间的高度差展开设计的,可有效缩短发动机转子长度和减小燃烧室冷却面积。径流燃烧室的缺点在于沿径向布置的火焰筒限制了自身径向膨胀,由此导致热机械设计困难。

1.1.3　燃烧室的设计要求

燃烧室设计需要发动机总体提供发动机在不同工作状态下的参数,工作状态包括标准天起飞、各极端环境条件下起飞、巡航、爬升、最大连续、应急等状态。具体参数包括燃烧室进口空气总流量、燃烧室进口总温、燃烧室进口总压、燃油流量、燃烧室出口总温、燃烧室内外环腔引气量等。

燃烧室设计的指标要求包括燃烧效率、出口温度分布系数(OTDF)、出口径向温度分布系数(RTDF)、总压损失、火焰筒寿命、喷嘴寿命、高空再点火高度、地面点火高度、贫油点火边界油气比、贫油熄火边界油气比、燃烧室重量、燃烧室压力脉动等。

燃烧室结构设计需要发动机总体提供燃烧室进出口尺寸和限制尺寸,包括:扩压器出口外径和内径、燃气涡轮第 1 级导向器进口外径和内径、燃烧室轴向长度、燃烧室外机匣直径限制尺寸、燃烧室外机匣出口直径限制尺寸、燃烧室内机匣直径限制尺寸、扩压器长度等。

总的来说,燃烧室不仅需要在包括设计点和非设计点的宽广工作范围内稳定工作,还要在发动机过渡态可靠工作,即在发动机起动、风车等状态可靠点火,在发动机加减速过程、雷雨等天气条件下可靠工作。面对日益严苛的环境保护法规,先进燃烧室还需要满足环保等要求。参考文献[1]列出了对燃烧室设计的基本要求,主要包括可操作性、性能、结构、污染排放和耐久性等 5 个方面的内容。

1.2 涡轴涡桨发动机燃烧室的特点

涡轴涡桨发动机与大型涡喷涡扇发动机相比,有其自身的技术特点,而这些技术特点又促使发动机设计者不得不采用一些与大型航空发动机(简称大发)迥异的设计技术和加工技术。比如尺寸效应对叶轮机械气动性能的影响促使涡轴涡桨发动机压气机设计者更倾向于选择离心/双离心压气机、轴流离心组合压气机、斜流离心组合压气机等不同压气机机型,而不是大发一贯选取的全轴流压气机,从而使得燃烧室构型可以多样化。表 1.2-1 列出了不同构型燃烧室在涡轴涡桨发动机中的应用情况[2-4]。可以看出,涡轴涡桨发动机大部分采用回流燃烧室构型,因此本节主要介绍回流燃烧室的技术特点。

表 1.2-1 国外涡轴涡桨发动机性能参数

型 号	额定功率/ kW	压 比	空气流量/ $(kg \cdot s^{-1})$	耗油率/ $[kg \cdot (kw \cdot h)^{-1}]$	压气机构型	燃烧室构型	公 司
Gem 42	745.7	12	3.41	0.31	4A,1C	回流环形	罗·罗
T800-LHT-801	1 221	15.5	4.43	0.274	2C	回流环形	艾利逊和加雷特
PW207D	529.5	8.1	2.04	0.327	1C	回流环形	加普惠
HTS900	690.1	9	2.49	0.312	2C	回流环形	霍尼韦尔
T53-17A/B	1 119	7.1	4.85	0.359	5A+1C	回流环形	霍尼韦尔
T55-L-714	3 643	9.3	13.19	0.306	7A+1C	回流环形	霍尼韦尔
VK-3000	2 088	17	9.2	0.267	5A+1C	回流环形	克里莫夫
MTR390	958	13	3.2	0.28	2C	回流环形	罗·罗和 MTU

续表 1.2 - 1

型 号	额定功率/kW	压比	空气流量/(kg·s⁻¹)	耗油率/[kg·(kw·h)⁻¹]	压气机构型	燃烧室构型	公司
RTM322	1 566	14.7	5.8	0.268	3A+1C	回流环形	罗·罗和 TM
PT6B - 36	732	9	2.99	0.361	3A+1C	回流环形	加普惠
Ardiden	898	12.1	3.49	0.32	2C	回流环形	透博梅卡
Arrius - 1	340	8.1	1.81	0.34	1C	回流环形	透博梅卡
TV - O - 100	522	9.2	2.66	0.345	2A+1C	回流环形	格鲁申科夫设计局
TV7 - 117VM	2 088	17	9.2	0.267	5A,1C	回流环形	克里莫夫
M602B	1 500	13	7.33	0.303	1C,1C	回流环形	瓦尔特
PW120	1 491.4	11.4	6.7	0.303	2C	回流环形	加普惠
PW150	3 781	17.05	13.6	0.264	3A,1C	回流环形	加普惠
TPE331 - 3	626	10.37	3.54	0.359	2C	回流环形	霍尼韦尔
TVD - 1500B	970	14.4	4	0.308	3A+1C	回流环形	雷宾斯克
Turmo Ⅲ C3	1 104	5.9	5.9	0.367	1A+1C	折流环形	透博梅卡
Makila - 1 A1	1 357	10.4	5.49	0.293	3A+1C	折流环形	透博梅卡
M601B	515	6.4	3.25	0.405	2A,1C	折流环形	瓦尔特
TVD - 20M	1 066	9	6	0.328	7A,2C	折流环形	格鲁申科夫设计局
H80	596	6.7	—	0.356	2A+1C	折流环形	GE
T700 - GE - 701C	1 409.4	18	4.5	0.281	5A+1C	直流环形	GE
CT7 - 8C	2 289.2	22	6.4	0.277	5A+1C	直流环形	GE
GE38	4 800	19	9.7	0.2	5A+1C	直流环形	GE
D - 27	10 440	29.25	27.4	0.228	5A,2A+1C	直流环形	伊夫琴科设计局

1.2.1 气动特点

由于现代涡轴涡桨发动机一般都采用了离心压气机,使得与其匹配的回流燃烧室在气动上与大发燃烧室有着显著的区别。

1. 燃烧室进口马赫数较小

现代大型航空发动机为了追求高的热效率,压气机的负荷很大,压气机出口气流流速很高,一般马赫数都超过 0.3。另外,为了缩短发动机长度,一般采用短突扩压器,这就使得扩压器出口马赫数偏大,突扩造成的压力损失也较大。但在涡轴涡桨发动机中,离心压气机的应用使轴向扩压器定位半径大,扩压器出口马赫数较小,突扩压力损失一般小于 1%。

2. 气流流动复杂

在回流燃烧室中,从压气机轴向扩压器出来的空气需经过两次 180°转弯后才能进入涡轮,其外环腔流动与火焰筒内的主流流动相反,内环腔流动与主流相同;另外,在内环腔中,由于气流从头部折转,导致其压力比外环腔低,从而使得扩压器出口的流动与火焰筒进气的流动匹配较为困难,因此,火焰筒内的流动控制需要格外仔细研究。

3. 油气混合及燃烧空间小

涡轴涡桨发动机燃烧室体积小,火焰筒腔高更小,而燃油雾化粒度及蒸发速率与大发燃烧室相差不多,这就容易导致燃油液雾来不及蒸发就与空气混合,在火焰筒近壁区域燃烧。另外,主燃区反应容积小,给火焰筒冷却和燃烧室稳定带来不利影响。

4. 表面积体积比大

回流燃烧室火焰筒由于定位半径较大以及大弯管的存在,使得表面积相对较大。与直流燃烧室相比,回流燃烧室火焰筒面积体积比一般是直流燃烧室的 2 倍以上。这就导致回流燃烧室火焰筒单位表面积冷却气量较少,冷却设计困难。

5. 起动燃油供油量小

由于涡轴涡桨发动机起动时空气流量小,燃烧室的供油量很少,分配给每个喷嘴的燃油量更少,而燃油喷嘴受限于尺寸无法无限做小,故燃烧室在点火状态下,喷嘴难以建立合适的压降来保证燃油的雾化质量,从而影响燃烧室的点火性能。

1.2.2　结构特点

与大型涡喷涡扇发动机相比,涡轴涡桨发动机燃烧室在结构方面具有鲜明的特色。

1. 回流燃烧室轴向占比小

由于涡轴涡桨发动机转子动力学问题突出,对燃烧室占据的轴系长度有严格限制,直流燃烧室火焰筒长度如果太短,出口温度场很难调节,因此涡轴涡桨发动机燃烧室常采用回流的形式,这样在扩压器和涡轮进口之间距离非常有限的条件下,可以有效增加燃气的流动距离,保证燃烧效率和出口温度场的品质。压气机出口至涡轮进口的轴向长度与发动机总长度的比例定义为燃烧室轴向占比。回流燃烧室在该项参数上比直流和折流燃烧室要小得多。

2. 供油方式多样

涡轴涡桨发动机燃烧室的供油方式特殊且形式多样,包括离心喷嘴、空气雾化喷嘴、甩油盘、蒸发管、回油喷嘴等。涡轴涡桨发动机正常工作时供油量较少,小功率状态时供油量就更少,如何选择合适的燃油雾化方式来保证良好的点火性能、均匀的出口温度场和较高的燃烧效率是设计的关键。

3. 尺寸效应明显

涡轴涡桨发动机燃烧室尺寸小,相对加工误差大,可能对燃烧室的性能产生很大的影响。比如,PT6 发动机燃油喷嘴的典型关键件喷口,最大外径不到 10 mm,喷口孔径为 $\phi 0.4_0^{+0.01}$ mm,同轴度要求为 $\phi 0.01$ mm。国内某型号双油路燃油喷嘴的副喷口直径小至 0.3 mm。阿蒂丹 3C 发动机燃烧室采用全气膜发散冷却的方式,火焰筒冷却孔孔径在 0.4 mm 左右。在如此小尺寸的要求下,如果加工尺寸稍有超差,就会对喷嘴特性、燃烧室流量分配及火焰筒冷效产生很大的影响。

1.3 涡轴涡桨发动机燃烧室的发展趋势

1.3.1 涡轴涡桨发动机燃烧室发展的总体趋势

涡轴涡桨发动机均已经历了四代的发展,世界航空强国目前都在进行新一代涡轴涡桨发动机的研发。总体上,为了不断提高发动机的热效率,涡轴涡桨发动机气动热力参数日益提高,燃烧室进口温度、压力及燃烧室温升水平等参数也屡创新高。具体表现在:燃烧室的进口压力由 0.8 MPa 提高到 1.7 MPa,燃烧室温升由 600 K 上升到接近 1 000 K;出口温度由 1 000 K 提高到 1 800 K 左右。图 1.3 - 1 给出了涡轴

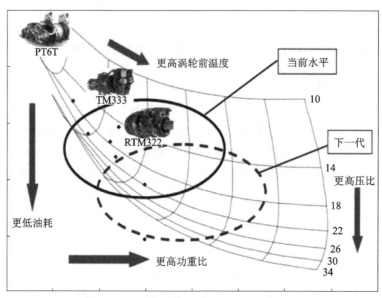

图 1.3 - 1　涡轴涡桨发动机总体发展趋势

涡桨发动机的耗油率、功重比以及气动热力参数等的发展趋势。图 1.3－2 给出了涡轴涡桨发动机燃烧室温升与工作压力的发展趋势。图中清楚地展示了随着技术的发展，燃烧室的温升和工作压力逐渐提高的发展趋势。可以看到，第五代涡轴发动机的压比已经达到 20 以上，温升超过 1 000 K。

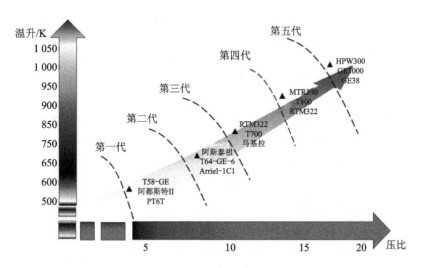

图 1.3－2　中小型航空发动机燃烧室温升与工作压力发展趋势

为了满足涡轴涡桨发动机在油耗、污染排放和功重比等方面越来越高的要求，欧美国家制订了一系列的发动机研制计划进行高压比、高温升、低污染燃烧室的研发并将研究成果成功转移到型号使用中。例如美国在 IHPTET 计划中专门针对涡轴涡桨和中小型涡扇发动机开展了 JTAGG 计划[5]，在计划的第二和第三阶段通过采用富油燃烧-淬熄-贫油补燃（RQL）燃烧室技术，使燃烧室的出口温度提高了 340 K 和 550 K，涡轮前温度达到了 1 922 K，在总油气比大幅提高的情况下保持了较低的出口温度分布系数，具有优异的燃烧性能。小型经济可承受的涡轮发动机（SATE）计划则在 VAATE 计划下进行，在 2008 年开始验证满足 VAATE 第二阶段涡轴涡桨发动机的目标。SATE 计划的目标是对单位燃油消耗率下降 25％、轴功率提高 80％、生产和维修成本降低 35％、设计寿命为 5 000 h、功率为 1 000 hp（1 hp＝0.75 kW）级的涡轴发动机进行验证。为满足 SATE 计划积极的目标，需要在航空发动机机械系统技术上有巨大进步。此外，还有美国针对 700 轴马力级别涡轴发动机的 SHFE 计划、欧洲正在开展的 TECH800 计划和绿色涡轴计划等，具体参见表 1.3－1[5-9]。

表 1.3 - 1   中小型航空发动机计划

中小型发动机计划	技术指标	与燃烧室相关的先进技术	对燃烧室部件的影响
美国 JTAGG 计划 （1994—2005）	第一阶段：耗油率降低20%，功重比提高40%，涡轮进口温度提高167 K	RQL 燃烧技术； 冲击气膜浮动壁冷却； 轻质高温合金材料/SiC复合材料/CMC 陶瓷基材料火焰筒； 燃烧室仿真模拟开发； 燃烧室热端部件气动热力评估； 高温升燃烧室技术综合验证	大幅提升燃烧室温升； 大幅改善出口温度分布品质； 冷却有效性提高； 污染排放在可接受范围内； 火焰筒壁温大幅降低； 燃烧室重量大幅减轻
	第二阶段：耗油率降低30%，功重比提高80%，涡轮进口温度提高333 K		
	第三阶段：耗油率降低40%，功重比提高120%，涡轮进口温度提高556 K		
美国 SHFE 计划 （2003—2008）	与 2000 年相比：耗油率降低20%，功重比提高50%，研制成本降低10%	紧凑环形富油-淬熄-贫油（RQL）燃烧室	燃烧室温升大幅提高； 出口温度分布品质有较大改善； 冷却有效性提高； 污染排放降低
美国 VAATE 计划 （2007—2015）	与当时水平相比：耗油率降低25%，功重比提高65%，寿命延长20%，研制成本降低15%	先进燃烧室技术（提高温升）； 先进冷却技术	燃烧室温升进一步提高； 出口温度分布品质进一步改善； 验证先进的冷却技术和结构； 火焰筒壁温降低
美国 ITEP 计划 （2015—今）	与 T700 发动机相比：尺寸不变，耗油率降低35%，功重比提高50%	燃烧室先进三维气动设计； 先进冷却技术； 燃油喷嘴 3D 打印技术	燃烧室温升提高； 冷却用气减少，冷却有效性提高； 火焰筒壁温降低； 研发成本降低
美国 FATE 计划 （2011—2017）	与 2000 年相比：耗油率降低25%，功重比提高85%，研制成本降低20%，寿命延长20%	双层壁冷却技术； 先进发散冷却技术； 双模态燃油喷射技术； 增材制造技术	燃烧室温升大幅提高； 出口温度分布品质大幅改善； 火焰筒壁温降低； 研发成本降低
欧盟 TECH800 计划	与现役发动机相比：耗油率降低 10% 以上，CO 降低10% 以上，噪声和污染排放显著降低	低污染燃烧室技术	燃烧室温升提高； 燃烧室污染排放降低

续表 1.3-1

中小型发动机计划	技术指标	与燃烧室相关的先进技术	对燃烧室部件的影响
欧盟绿色涡轴计划	与阿赫耶 2 相比:到 2015 年,燃油消耗率和 NO_x 排放均降低 15%,噪声降低 5 dB;到 2030 年,耗油率降低超过 35%,NO_x 排放降低 80%,噪声降低 10 dB	低污染燃烧室技术;先进冷却技术	燃烧室温升提高;燃烧室污染排放降低;冷却气量减少,冷却有效性提高;火焰筒壁温降低

　　图 1.3-3 为美国 JTAGG 计划中霍尼韦尔公司研制的 XTC56/2 RQL 燃烧室及验证核心机[5]。美国陆军资助项目验证了进口压力为 25 atm(1 atm=101 kPa)、温升为 1 093 K 的回流燃烧室性能,美国海军资助项目在回流燃烧室上验证了温升为 1 315 K 的燃烧室工作性能。此外,美国空军通过资助先进材料分段燃烧室项目,从技术上验证了温升高达 1 648 K 的燃烧室。

图 1.3-3　XTC56/2 RQL 燃烧室及验证核心机

　　从发动机几十年的技术发展过程来看,发动机对燃烧室的要求主要体现在进口温度、压力、油气比、温升以及冷却有效性的提高,污染排放的降低,燃烧室出口温度分布品质的改善以及工作可靠性和寿命的增加等方面。表 1.3-2 和表 1.3-3 分别给出了涡轴涡桨发动机的技术发展过程。

表 1.3-2　涡轴发动机的技术发展过程

代别	国家和地区	型号	起飞功率/kW	起飞耗油/[kg·(kW·h)$^{-1}$]	总增压比	涡轮前温度/K	空气流量/(kg·s^{-1})	功重比/(kW·kg^{-1})	装备飞机
第一代	美国	T58	578~1 394	0.384	8.4	1 347	5.62	7.06	UH/TH-1F CH-3F
第二代	俄罗斯	TV2-117	1 118	0.369	6.6	1 153	8.4	3.39	米-8/米-24
	美国	PT6T/T400	1 342~1 416	0.362	7.4	1 430	3.04	4.67	贝尔直升机

续表 1.3 - 2

代别	国家和地区	型 号	起飞功率/kW	起飞耗油/[kg·(kW·h)$^{-1}$]	总增压比	涡轮前温度/K	空气流量/(kg·s^{-1})	功重比/(kW·kg^{-1})	装备飞机
第三代	法国	马基拉 1A1	1 357	0.342	10.4	1 204	5.44	5.63	AS332MK2
	美国	T700 - GE - 701	1 248	0.283	17	1 290	8	5.67	AH - 64 阿帕奇
	俄罗斯	TV3 - 117MT	1 397	0.347	9	1 190	8.7~9.0	5.03	米 - 17
第四代	法国	RTM322 - 01	1 566	0.268	14.7	1 600	5.75	6.12	WAH - 64D
	美国	T800 - LHT - 801	1 166	0.274	14	1 530	4.43	7.79	RAH - 66A
	欧洲	MTR390	958	0.28	13	1 450	3.2	5.67	"虎"式直升机
	俄罗斯	TVD - 1500V (RD - 600V)	956	0.302	12.7	—	4	4.29	卡 - 62

表 1.3 - 3　涡桨发动机的技术发展过程

代别	国家和地区	型 号	起飞功率/kW	起飞耗油/[kg·(kW·h)$^{-1}$]	总增压比	涡轮前温度/K	空气流量/(kg·s^{-1})	装备飞机
第一代	加拿大	PT6A - 27	507	0.34	6.3	1 228	2.8	比奇 B99、DHC - 6
	加拿大	PT6A - 65R	875	0.31	10	—	4.5	肖特 360
	美国	TPE331 - 10	746	0.34	10.8	1 278	—	MU - 2G/J/L/N
	英国	Dart 6MK510	1 145	—	5.5	1 123	9	"子爵号"800 系列
	英国	Dart 7MK532	1 495	0.41	5.6	—	10.56	F27、HS748
第二代	加拿大	PW115	1 342	0.31	11.8	1 422	6.8	EMB - 120
	加拿大	PW124	1 790	0.29	14.4	1 422	7.7	F50
	美国	CT7 - 5	1 294	0.29	16	1 533	4.53	CN - 235
	美国	TPE331 - 14/15	809	0.31	11	1 278	5.17	柴恩 400
第三代	英国	AE2100	4 474	0.25	16	—	—	Saab2000、IPTN250
	美国	PW150	3 781	0.26	18	—	—	DHC - 8 - 400
	美国	TP351 - 20	1 566	0.31	13.3	—	6.35	CBA - 123 支线运输机
第四代	欧洲	TP400 - D6	7 979	—	25	1 500	—	A400 军用运输机

　　表 1.3-4 给出了与涡轴涡桨发动机技术发展过程相对应的主燃烧室技术的发展过程。从表中可以看出,随着燃烧室技术的不断发展,燃烧室的温升有了大幅度的提高,出口温度分布指数大幅降低,燃烧室的污染排放越来越低。同时在燃油喷嘴设计、火焰筒冷却、燃烧室性能设计和分析手段等方面也取得了长足的进步。

表 1.3-4 涡轴涡桨发动机主燃烧室技术的发展过程

代 别	温升/K	出口温度分布(OTDF)	污染排放	燃油喷嘴类型	火焰筒冷却技术	材料和结构	设计和分析手段
第一代	500~600	0.40 以上	无要求	单油路离心喷嘴、蒸发管、甩油盘	波纹环气膜冷却	耐热钢	经验分析
第二代	650~750	0.30~0.40	只对排气冒烟有要求	单油路离心喷嘴、蒸发管、甩油盘	堆叠环气膜冷却、喷溅环带气膜冷却	铁基高温合金	基于试验结果的经验公式设计
第三代	750~850	0.25~0.30	排气冒烟和气态污染排放均有一定要求	双油路离心喷嘴	机加环气膜冷却、发散冷却	镍基高温合金	经验公式设计、二维数值流动仿真设计
第四代	850~950	0.25 左右	污染排放需要满足相关法规	旋流杯式空气雾化喷嘴；内液膜式空气雾化喷嘴	发散冷却	镍基高温合金、热障涂层	三维稳态流动数值仿真
第五代	950~1 150	0.2~0.25	污染排放法规越来越严格	旋流杯式空气雾化喷嘴；复合式空气雾化喷嘴	发散冷却、双层壁冷却	轻质高温合金、热障涂层、陶瓷复合材料	三维非定常流动数值仿真、喷雾燃烧过程数值仿真

1.3.2 涡轴涡桨发动机燃烧室技术的发展趋势

1. 燃油雾化技术

涡轴涡桨发动机除了采用大发也常用的直射式喷嘴、离心喷嘴、蒸发管式喷嘴和空气雾化喷嘴外,也采用一些比较特殊的燃油雾化装置,如离心甩油盘、回油喷嘴等。燃油喷嘴结焦是涡轴涡桨发动机燃烧室面临的一个难题。这类发动机燃油流量小,为了保证点火状态下的燃油雾化性能,通常要求燃油喷嘴的油路通道很小。随着燃烧室温升的提高,燃油喷嘴的热负荷增加,一旦燃油的温度高于可接受的水平,就会导致燃油喷嘴的油路通道结焦。燃油喷嘴性能对尺寸公差敏感是涡轴涡桨发动机燃烧室面临的另一个难题。发动机燃烧室油路通道小,对喷雾质量要求高,因此,对喷嘴关键零件的尺寸精度要求高,同时也对制造技术提出了苛刻的要求。

以上问题的存在极大地促进了先进燃油雾化喷嘴和先进燃烧技术的发展。图 1.3-4 给出了燃烧室温升的提高导致燃油喷嘴技术发展的过程。可以看到,为了提高雾化质量,扩大燃油调节范围,燃油喷嘴经历了单油路离心喷嘴、双油路离心喷嘴、空气雾化喷嘴和复合式空气雾化喷嘴四个发展阶段。

第一阶段:以单油路离心喷嘴、蒸发管等为代表。

图 1.3-4 燃油喷嘴技术的发展过程

在 20 世纪 60 年代以前的中小型发动机燃烧室,由于其温升较低,燃油流量的绝对值较小,故采用单油路离心喷嘴和蒸发管等的燃油雾化方式较多。单油路离心喷嘴具有点火性能好、燃烧稳定范围广等优点,但同时存在低油压下雾化差、易冒烟和积碳等问题。

第二阶段:以双油路离心喷嘴为代表。

随着燃烧室温升的提高,燃油调节范围进一步拓宽,单油路离心喷嘴已不能满足要求。双油路离心喷嘴由于能兼顾小状态下的雾化质量和大状态下的燃油调节,因此双油路离心喷嘴在涡轴涡桨发动机燃烧室上得到了广泛应用。

第三阶段:以旋流杯空气雾化喷嘴和内液膜式空气雾化喷嘴等为代表。

在 70 年代以后,由于离心喷嘴具有冒烟和出口温度分布系数难以调节等问题,业界发展了预膜式空气雾化喷嘴并逐渐成为燃烧室的主流喷嘴,特别是旋流杯式的空气雾化喷嘴在涡轴涡桨发动机中得到了广泛的应用,现在仍是高性能航空发动机燃烧室的主流设计,如 T700、T800 以及 GE 公司最先进的涡轴发动机 GE38 仍采用了旋流杯式空气雾化喷嘴的设计。

第四阶段:以复合式空气雾化燃油喷嘴为代表。

随着燃烧室温升的进一步提高,目前广泛应用的双油路离心喷嘴普遍存在冒烟严重等污染问题,使得燃烧室头部火焰辐射热量较大,对于燃烧室热防护和效率产生了不利影响。为此,从小流量打开副油路保证点火性能的思路出发,在 90 年代以后发展了副油路离心喷嘴加主油路空气雾化喷嘴的复合式空气雾化喷嘴。例如,加普惠公司近年来在燃油喷嘴技术方面已经取得了重大进展,成功发展了许多高性能的先进复合雾化燃油喷嘴并成功应用到了 PW150 等先进发动机燃烧室上。

2. 低污染燃烧技术

随着航空发动机的环保性越来越受到人们的重视,世界各国对低污染燃烧技术开展了广泛研究,制订了雄心勃勃的研制计划,如试验清洁燃烧室计划(ECCP)、先进亚声速技术计划(AST)、超高效发动机计划(UEET)和高速民用运输机计划

(HSCT)以及欧洲的洁净天空计划等。普惠公司的 TALON X 低污染燃烧室,属于富油燃烧-淬熄-贫油(RQL)燃烧方案,已在大发型号上得到广泛应用,并且该技术也已向该公司涡轴和涡桨发动机上转移。欧洲在洁净天空计划的支持下,专门针对涡轴发动机制订了 TECH800 计划和绿色涡轴计划等,对低污染燃烧技术进行专门研究。透博梅卡公司发展的低排放回流燃烧室,技术成熟度为 5,NO_x 排放比 CAEP/6 标准降低 40%。

但与大发相比,涡轴涡桨发动机低污染燃烧技术更具挑战。因为其:① 构型更加多样,包括回流、直流和折流等不同类型;② 表面积体积比变化范围宽,为 50～25 m^{-1} 或更低;③ 喷嘴间距比为 0.8～1.8 或更高,喷嘴调节比范围也很宽广;④ 发动机压比为 6～25 或更高;⑤ 高空再点火高度为 3 000～10 000 m 或更高。综合以上因素可知,没有哪一种低污染燃烧技术能应用于所有涡轴涡桨发动机中。

回流燃烧室在发动机低状态工作时,因为较低的燃烧室进口温度和油气比及较大的表面积体积比容易导致壁面淬熄,CO 和 UHC 排放问题较为突出。以加普惠公司产品为例,PWC 公司为了降低 CO 和 UHC 的排放采取了一系列的技术措施,包括富油头部、热壁、燃油分级等。PW150(如图 1.3 - 5 所示)燃烧室采用了瓦块式浮动壁结构配合小喷雾张角的复合式空气雾化喷嘴设计。浮动壁设计可以使头部火焰筒壁面温度保持较高水平,并使冷却气量大幅减少,空气雾化喷嘴技术改善喷雾质量,同时小喷雾张角可避免燃油喷溅到火焰筒壁面,这些措施共同发挥作用,有效避免了壁面淬熄过程,使得 PW150 发动机保持极低的 CO 和 UHC 排放水平,且对 NO_x 和冒烟影响不大[10]。

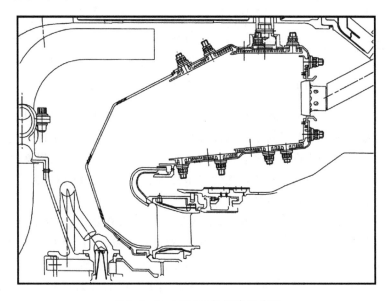

图 1.3 - 5　PW150 低污染燃烧室

涡轴涡桨发动机燃烧室先进技术

3. 高效冷却技术

为了延长发动机服役周期内的燃烧室寿命,美国在 20 世纪 80 年代开始实施了热端部件计划,研究了多种燃烧室冷却技术。通过几十年的发展,燃烧室的寿命和经济性有了很大改善。由于采用了新的耐高温材料和先进冷却技术,加上整体加工火焰筒等新的制造技术,燃烧室的使用寿命大幅延长,由早期的 1 000 h 延长到了现在的 10 000 h。

GE 公司的第一代涡轴发动机 T58 燃烧室火焰筒的寿命为 1 200 h,10 年后该公司设计的第二代涡轴发动机 T64,使用寿命延长到 1 800 h。20 世纪 70—80 年代设计定型的涡轴发动机寿命通常为 3 000 h 左右,如艾利逊 250 - C28、PW200 和 CT7 发动机等。T700 是 GE 公司的第三代涡轴发动机,采用先进的冷却技术使燃烧室的使用寿命达到 5 000 h;T800 发动机的燃烧室使用寿命已达 6 000 h;而 PW150 发动机的燃烧室使用寿命已超过 10 000 h。图 1.3 - 6 给出了发动机工作可靠性水平的发展趋势[11]。

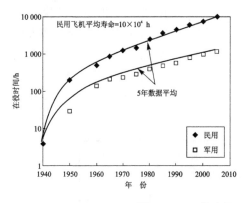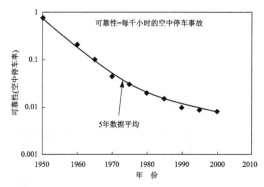

图 1.3 - 6　发动机工作可靠性水平的发展趋势

燃烧室部件的长寿命依赖于高效冷却技术的成熟和高温材料的进步。冷却有效性是指火焰筒冷却气对火焰筒壁面的冷却保护效果,可以用同等条件下达到相同的冷却效果所用冷却气量的多少来表征。图 1.3 - 7 给出了燃烧室金属基材料冷却技术的发展趋势。激光打孔技术的成熟使发散冷却、冲击加发散的双层壁冷却等高效冷却结构大量应用于火焰筒冷却中。

为了开发更加高效的冷却结构,提高火焰筒的冷却有效性,美国在 IHPTET 计划、E3 计划等资助下开发了多斜孔发散冷却、双层壁浮壁冷却、冲击+逆向对流+气膜冷却、逆向平行流翅壁冷却等多种先进的冷却结构。这些研究计划也对耐高温合金材料、SiC 复合材料以及 CMC 陶瓷基复合材料等材料的火焰筒进行了大量基础试验研究和全环燃烧室试验验证。通过一系列高效冷却技术的研发,燃烧室冷却技术得到快速发展,并成功应用于型号产品,成为发动机先进性的标志之一。如 GE90 采

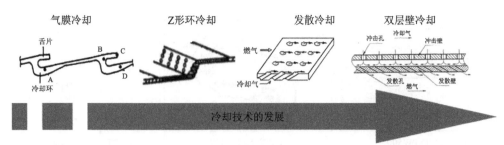

图 1.3 - 7　燃烧室金属基材料冷却技术的发展趋势

用了多斜孔冷却,V2500、F119 以及 GE38 等采用了双层壁的冷却方式。GE 公司最新研制的世界最大推力的发动机 GE9X 采用了陶瓷基复合材料的火焰筒,并已经开始了核心机的试验验证,预计不久即将开始型号服役,如图 1.3 - 8 所示[12]。

(a) 轻质耐高温合金火焰筒　　(b) SiC复合材料火焰筒　　(c) CMC陶瓷基复合材料火焰筒

图 1.3 - 8　燃烧室先进材料应用发展趋势

4. 燃烧室结构设计技术

在航空发动机不断降成本、减重量的过程中,随着设计工具和制造工艺的进步,燃烧室结构设计发生了革命性的变化,其中一个显著的变化指标是燃烧室长度。早期的中小型航空发动机燃烧室较长,如 PT6A - 27 的长度为 320 mm。当代燃烧室长度大大缩短,如 TM333、RTM322、PW300 等发动机的火焰筒长度在 150~190 mm,比早期的 PT6、JT15D 等缩短了 30%~40%。以 PWC 公司系列发展的发动机为例,选择紧凑型燃烧室已成大势所趋,从图 1.3 - 9 中可以看到,JT15D/PW500、PW150/PW127、PT6A - 67/PT6C - 67 发动机燃烧室之间的差别显而易见[10]。

不断减少零件数目是燃烧室结构设计的另一个显著变化趋势。图 1.3 - 10 展示了 PWC 公司从 1970 年以来的航空发动机燃烧室机匣零件个数的演变过程[10]。燃油雾化装置的结构变化也遵循同样的规律。还有一个更直观的例子是 PWC 公司采用的管式扩压器。通过改变加工工艺,将图 1.3 - 11 左边原本 240 个零件的设计减少至 1 个[13]。通过减少零件个数,既可以有效降低成本,同时又提高了加工质量。

增材制造技术的应用给现代航空发动机结构设计带来了革命性的变化。GE 公

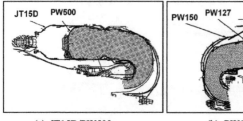

(a) JT15D/PW500   (b) PW150/PW127   (c) PT6A-67/PT6C-67

图 1.3 - 9 中小型航空发动机火焰筒结构的发展趋势

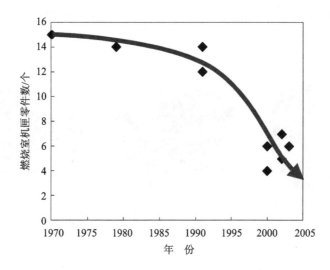

图 1.3 - 10 中小型发动机燃烧室机匣零件数发展趋势

图 1.3 - 11 低成本管式扩压器[13]

司在全新先进涡桨发动机(ATP)的研制过程中,大量采用 3D 打印技术,用 12 个 3D 打印件代替了原来用传统方法制造的 855 个零件,使 ATP 零件数减少了 30%。其中火焰筒只需 2 天就可打印出来,使燃烧室台架试验比原计划提前 6 个月完成。

5. 新概念燃烧室技术

随着军用航空发动机循环参数要求的不断提高和民用航空发动机污染排放指标的不断降低,工程师希望研发出越来越清洁高效的燃烧室。正是这一技术驱动力的存在,燃烧室设计领域涌现出大量的新概念燃烧室技术,包括驻涡燃烧室、超紧凑燃烧室、智能燃烧室、脉冲爆震燃烧室等,具体参见本书第 8 章。

1.3.3　燃烧室设计工具的发展趋势

在航空发动机燃烧室研发行业,早期大部分从业人员认为:燃烧室设计更像艺术而不是科学。一直到 20 世纪 80 年代,燃烧室研发还完全依靠从成熟燃烧室产品、水流模拟、简化一维分析、扇形燃烧室试验、常压和高压全环燃烧室试验中获得的经验设计准则。各类设计准则给早期燃烧室设计带来了很大帮助,但这种设计方式要经历大量的试错阶段,耗时耗力,成本巨大。

早期的燃烧室设计大量依赖于经验和半经验方法。通过直觉思考、量纲分析、试验数据拟合等方式获得适合于某一系列型号燃烧室的经验关系式,用于计算燃烧效率、贫油熄火油气比、污染排放等燃烧室总体性能参数。Lefebvre 是燃烧室经验设计时期的代表,他在他的著作中详细阐述了这一方法,并提出了大量燃烧室设计经验关系式[14-16]。Mellor 等根据其掌握的燃烧室试验数据校准系列燃烧室设计半经验关系式,并据此提出了一种燃烧室设计方法[17]。Mohammad 使用经验和半经验模型开发了一款用于燃烧室初步设计的软件包[18]。

燃烧室一维设计工具包括两类,一类是将燃烧区域看成由完全搅拌反应器和柱塞流反应器等组成的化学反应器网络[19],这些化学反应器的体积和相互之间的质量能力交换由试验或 CFD 计算结果确定。由于计算区域的极大简化,可以考虑更加复杂的化学反应机理,因此在排放和熄火预测方面取得了较大成功。基于化学反应器网络法开发的 Chemkin 系列软件,在航空发动机燃烧室设计,特别是污染排放预测中得到了广泛应用。另一类则是对燃烧室进行一维简化,使用有限差分或有限体积法对质量、动量和能量方程进行一维离散,进而求解燃烧室沿程气动热力参数。沿着这条技术路径开展研究的有克莱菲尔德大学的 Murthy[20]、弗吉尼亚理工大学的 Rodriguez[21] 等。

随着计算机技术的突飞猛进,二维和三维 CFD 技术开始大量应用于燃烧室详细设计过程中。燃烧室设计流程变为:初步设计过程仍从经验和一维分析着手,根据 NO_x 排放、驻留时间、热负荷、燃烧效率、高空再点火能力及出口温度分布系数等要求,确定火焰筒体积;火焰筒体积确定后,再使用一维分析工具,确定燃烧室内外环腔流道;这些都确定好以后,就使用三维分析工具开始详细设计和分析。

燃烧室气动三维数值计算方法和结构三维建模技术的成熟,使得燃烧室设计过程变得高度依赖于计算机系统。虽然数值计算方法还存在很多短板,比如对燃油雾化过程和湍流燃烧过程缺少深刻的物理认识,物理模型还有待完善,但其能提供试验无法提供的复杂流场及深刻的物理洞察,并能通过提高计算能力快速获得较为准确的设计分析结果,从而开展多轮次的优化设计及迭代,进一步缩减燃烧室从零件到部件的试验次数。图 1.3-12 展示的是燃烧室设计工具及周期的发展趋势,图 1.3-13则是燃烧室设计工具改变带来试验次数变化的趋势[10]。

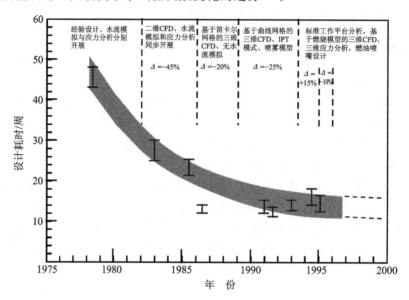

图 1.3-12　燃烧室设计工具及周期的发展趋势

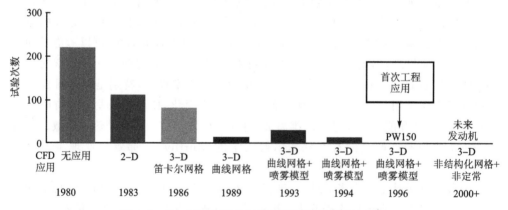

图 1.3-13　燃烧室设计工具及试验次数的发展趋势

鉴于燃烧问题的复杂性,世界各大航空发动机制造商在燃烧室数值模拟软件的开发和应用上不遗余力。以美国普惠公司为例,其不仅开发了内部的燃烧室气动热力性能数值模拟软件包 ALLSTAR 和 PREACH,而且充分应用并二次开发商业CFD 软件 CFX 和 Fluent。普惠公司燃烧室研制团队在燃烧室主燃区设计、出口径向温度分布曲线和出口温度分布系数优化,燃油喷嘴设计、排放及壁温预测等多个研究方向大量应用三维数值模拟工具,积累了丰富的经验。图 1.3 – 14 为使用 CFX 软件包得到的 PW150 发动机燃烧室网格、静压分布和流场温度分布[22]。

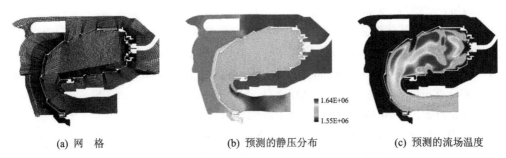

(a) 网　格　　　　　(b) 预测的静压分布　　　　　(c) 预测的流场温度

图 1.3 – 14　PW150 发动机燃烧室三维数值模拟

1996 年,美国航空发动机工业界和政府研究机构代表联合成立燃烧专业指导委员会,旨在开发一款易学、易用、集成的燃烧计算软件,即国家燃烧仿真代码(National Combustion Code,NCC)。该软件已经经过严格的校核及验证[23],目前已广泛应用于航空发动机燃烧室设计过程[24]。对燃烧室仿真专业发展感兴趣的读者可以参见本书第 5 章。

美国霍尼韦尔(Honeywell)公司于 2002 年开始开发用于燃烧室设计的先进燃烧工具(Advanced Combustion Tool,ACT)。ACT 的特点是以 CFD 为基础,在燃烧室几何建模和网格生成方面采用参数化的方法,每个几何特征都可以方便、快速地修改、增加、删除,从而可以极大地缩短设计循环迭代的周期[25];德国联邦陆军大学与罗·罗公司于 2004 年联合开发了燃烧室初步设计系统(PRECODES),采用了参数化的 CAD 几何造型、自动网格生成和 CFD 分析技术,其特点是在燃烧室初步设计阶段就进行详细的 CFD 分析,从而判断初步设计是否能达到性能指标的要求[26]。

总的来讲,燃烧室设计经历了从经验半经验设计、一维设计、三维仿真设计到参数化设计四个阶段,鉴于计算机技术的不断进步和人工智能技术的广泛应用,未来的燃烧室设计有望向基于多学科自动优化的智能化设计方向发展。

参考文献

[1] Mellor A M. Design of Modern Turbine Combustors [M]. New York:Academic Press,1990.

[2] 林左鸣. 世界航空发动机手册[M]. 北京:航空工业出版社,2012.

[3] 胡晓煜. 世界中小型航空发动机手册[M]. 北京:航空工业出版社,2006.

[4] 黄维娜,李中祥. 国外航空发动机简明手册[M]. 西安:西北工业大学出版社,2014.

[5] 胡晓煜. 直升机动力装置,IHPTET – JTAGG——未来直升机动力[J]. 世界直

升机信息，2002，3：30-32.

[6] 张正国. 涡轴发动机新进展[J]. 国际航空(直升机专辑)，2009，6：61-61.

[7] 肖蔓. AATE 和 ITEP 计划下的涡轴发动机分阶段研发综述[J]. 航空发动机，2016，42(2)：98-102.

[8] 周辉华. 国外涡桨发动机的发展[J]. 航空科学技术，2013，1：18-22.

[9] 方昌德. 航空发动机的发展研究[M]. 北京：航空工业出版社，2009.

[10] Sampath P，Verhiel J，et al. Low Emission Technology for Small Aviation Gas Turbine Engines[C]. AIAA/ICAS International Air and Space Symposium and Exposition，AIAA-2003-2564，2003.

[11] Ballal D R，Zelina J. Progress in Aeroengine Technology (1939—2003)[J]. JOURNAL OF AIRCRAFT，2004，41：43-50.

[12] Bhatia T，Jarmon D. CMC Combustor Liner Demonstration in a Small Helicopter Engine[C]//dings of ASME Turbo Expo 2010：Power for Land. Sea and Air，GT2010-23810，2010.

[13] Moustapha H. Future Technology Challenges for Small Gas Turbines[C]. AIAA/ICAS International Air and Space Symposium and Exposition，AIAA 2003-2559，2003.

[14] Lefebvre A H，Ballal D R. Gas turbine Combustion [M]. Philadelphia：Taylor & Francis，2010.

[15] Lefebvre A H，Halls G A. Some Experiences in Combustion Scaling[C]. AGARD Advanced Aero Engine Testing，AGARD-ograph，1959，37：177-204.

[16] Lefebvre A H. Fuel Effects on Gas Turbine Combustion—Ignition, Stability, and Combustion Effciency[J]. Journal of Engineering for Gas Turbines and Power，1985，107：24-37.

[17] Mellor A M，Fritsky K J. Turbine Combustor Preliminary Design Approach [J]. J. PROPULSION，1990，6(3)：334-343.

[18] Mohammad B S，Jeng S M. Design procedures and a Developed Computer Code for Preliminary Single Annular Combustor Design[C]. 45th AIAA/ASME/SAE/ASEE Joint Propulsion Conference & Exhibit，AIAA 2009-5208，2009.

[19] Turns S. An Introduction to Combustion[M]. Mc-Graw-Hill，1996.

[20] Murthy J N. Gas turbine combustor modelling for design[D]. UK，Cranfield：Cranfield Institute of Technology，1988.

[21] Rodriguez C G. One-dimensional，Finite-rate Model for Gas-turbine Combustors[D]. USA，Virginia：Virginia Polytechnic Institute and State University，

1997.

[22] Sampath P, Hu T C J, et al. Combustion Technology Challenges for Small Aviation Gas Turbines[C]. ICAS conference, 2002.

[23] Chen K H, Norris A T, et al. Benchmark test cases for the National Combustion Code[C]. 34th AIAA/ASME/SAE/ASEE Joint Propulsion Conference & Exhibit, AIAA98-3855, 1998.

[24] Ajmani K, Mongia H C, Lee P. Evaluation of CFD Best Practices for Combustor Design PART II—Reacting Flows[C]. 51st AIAA Aerospace Sciences Meeting including the New Horizons Forum and Aerospace Exposition, AIAA 2013-1143, 2013.

[25] Lai M K, Reynolds R S, Armstrong J. CFD-Based, Parametric, Design Tool for Gas Turbine Combustors From Compressor[C]//Proceedings of ASME Turbo Expo. GT-2002-30090, 2002.

[26] Pegemanyfar N, Pfitzner M. State-of-the-Art Combustor Design Utilizing the Preliminary Combustor Design System PRECODES [C]//Proceedings of ASME Turbo Expo 2008: Power for Land. Sea and Air, GT2008-50577, 2008.

第 2 章
燃油供给和雾化

| 2.1　燃油雾化技术简介 |

　　燃油雾化是将燃料分解成细小液滴,以加大燃油的蒸发表面积,强化燃料与气流的混合,加快燃烧进程,提高燃烧性能。如果雾化效果不良,燃烧室内的液滴直径过大,将会带来点火起动困难、燃烧不稳定、燃烧效率低下、污染排放超标及燃烧室出口温度分布不均等问题。燃油雾化性能不仅影响发动机的性能,而且影响发动机的工作可靠性,特别是对热端部件的寿命有重要影响[1]。

　　雾化过程一般包含两个过程:初级雾化和二次雾化。初级雾化就是燃料被分裂成碎片、系带或大液滴,该过程主要是液柱或液膜破碎。在环境气流作用下,碎片或系带会继续变形、破碎,该过程称为二次雾化,二次雾化过程主要是液滴破碎。当液滴表面张力与外部气动力达到平衡时,液滴会稳定下来,不再破碎。雾化过程决定了燃料喷雾关于液滴速度和尺寸分布方面的详细特征。实际上,它们也受燃油喷嘴内部几何结构、燃油喷出时所处的气体介质性质以及燃料自身的物理性质的影响[2]。

| 2.2　雾化机理与特性 |

　　燃油在进入燃烧区域之前,需要对其进行雾化,燃油雾化主要靠燃油喷嘴实现。燃油雾化之后,将在燃油喷嘴出口下游形成按一定直径分布的液滴群,这些液滴在气流中运动、失稳变形并进一步破碎。在稳定气流中,球状液滴主要受气动力、表面张力和粘性力的作用。如果气动力足够大,就可以克服表面张力与粘性力的抑制作用,使液滴变形、破碎。这个过程与供油压力、燃油喷嘴类型、燃油物性参数、气流速度、所处环境的温度及压力等有关。

2.2.1　燃油雾化机理

不同的雾化过程,其内在的雾化机理有很大差异。本小节将针对涡轴涡桨发动机燃烧室常用的喷嘴种类,分别介绍液柱破碎、液膜破碎以及液滴破碎的破碎机理。

1. 液柱破碎

直射式喷嘴的燃油经过圆柱喷口以液柱状喷射进入燃烧室,高速燃油液柱与周围空气相互作用,发生圆柱射流雾化过程,破碎分离出大量液滴。圆柱射流方式包括同轴圆柱射流和横向圆柱射流,这两种射流方式的雾化机理有很大差异。在实际燃烧室内,由于气流流动的复杂性,在大部分情况下,这两种圆柱射流雾化方式会同时存在;不同之处在于,气流主流方向与燃油喷射方向的角度决定哪种射流雾化方式占主导地位[3]。对于直射式喷嘴形成的液体射流,不同气流速度下的圆柱射流雾化结构如图 2.2-1 所示,不同湍流影响下的圆柱射流雾化结构如图 2.2-2 所示[4]。

图 2.2-1　不同气流速度下的圆柱射流雾化结构

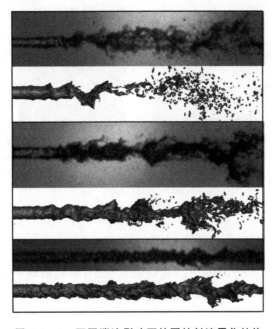

图 2.2-2　不同湍流影响下的圆柱射流雾化结构

2. 液膜破碎

为了获得比直射喷嘴更好的雾化效果,通常要求喷嘴在实现将液流展成薄膜的同时能够增大液膜与周围气体的相对速度的效果。离心喷嘴或者离心喷嘴与旋流器组合形式的燃油雾化过程就是典型的液膜破碎。液体燃料经喷嘴出口喷出的是锥状环形液膜,然后液膜在气流中破碎雾化。而在实际中,为了满足不同工况的需要,压力喷嘴出口也不仅仅只做成小孔的形式,也可能做成矩形的或者轴对称的窄缝等形式,液体燃料通过这些形状的孔流出即可形成燃料薄片,这就涉及液膜的雾化过程,如图 2.2-3 所示[5]。根据实验结果,液膜破碎可归纳为三种模式,即边缘破碎、波动破碎和穿孔破碎。

图 2.2-3 平面液膜破碎照片

3. 液滴破碎

无论是液柱破碎还是液膜破碎,破碎的最后阶段都是液滴的分裂,典型的液丝破碎成液滴过程如图 2.2-4 所示[6]。在稳定气流中,球状液滴主要受气动力、表面张力和粘性力的作用。如果气动力足够大,就可以克服表面张力与粘性力的抑制作用,使液滴变形、破碎。

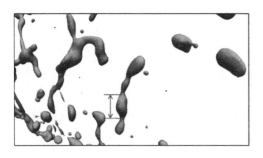

图 2.2 - 4　液丝破碎成液滴的过程

2.2.2　喷雾特性

不同结构的喷嘴或者说同一结构的喷嘴在不同的工况下,燃油雾化后的液雾颗粒群具有不同的雾化质量,而燃油雾化质量对燃烧室的燃烧性能有很大影响。为了能够定量地比较其雾化特点,采用雾化特性参数对液雾颗粒的特性进行描述,主要包括:液雾平均直径、液滴尺寸分布、雾化锥角以及出口流量密度分布等。

1. 液雾平均直径

燃油喷嘴的雾化程度,需要用一个具体的评价标准对其雾化后的颗粒细度进行评定。由于雾化后液滴的大小是不均匀的,最大和最小液滴的直径可能相差 50～100 倍,因此,一般用液滴中间直径或者平均直径来表示一组液滴群的雾化细度。液雾平均直径是用来表征液雾粒子群的细度,是一个平均值。

最常用的液雾平均直径是索太尔平均直径(Sauter Mean Diameter,SMD),有时也写作 d_{32}。其意义为:假设存在一个直径均为 SMD 的液滴群,其总表面积和体积与真实液雾的总表面积和体积相同,而液滴数目可以不同,由此可推出

$$\mathrm{SMD} = \frac{\sum N_i d_i^3}{\sum N_i d_i^2}$$

另一个常用的平均直径是质量中间直径 MMD(Mass Mediam Diameter)。其物理意义为:真实液雾中大于这一直径的所有液滴的总质量恰好与等于或小于这一直径的所有液滴的总质量相等。

在实际燃烧室中,雾化粒度并不是越小越好。燃油 SMD 越小,其所需要的点火能量越小,点火越容易。但对于强化燃烧过程而言,雾化细度过小,燃油由喷嘴喷出后,立即被气流带走,并在某一区域内形成浓度很大的混合物,使燃油分布集中,无法扩散,而燃烧空间减小,导致燃烧室燃烧效率降低。在小状态条件(如慢车状态)下液雾太粗会导致未燃碳氢化合物太多,影响燃烧效率,故小状态条件下的 SMD 最好不超过 60 μm。

2. 液滴尺寸分布

液雾平均直径只代表雾化的细度,液雾中不同大小的雾滴尺寸分布状况也对燃烧性能存在重要影响,它是表征液雾的另一重要特征。表示液滴尺寸分布的方法有两种:

① 累积分布,即给出液滴尺寸小于某个直径 D 的所有液滴的体积(或质量)占液滴总体积的百分数 V,其函数为

$$V = f(D)$$

② 频率分布,即给出尺寸为 D 的单位尺寸间隔范围内的液滴尺寸(或质量)占液滴总体积的百分数,其函数为

$$\frac{\mathrm{d}V}{\mathrm{d}D} = f(D)$$

液雾尺寸分布的数学表达式通常采用 Rosin - Rammler 分布,其数学表达式为

$$Q = 1 - \exp\left[-\left(\frac{D}{\bar{X}}\right)q\right]$$

式中 Q——小于某个尺寸 D 的液滴群,所含液滴体积占总体积的百分数;

$\bar{X}$——一个代表性的特征尺寸,即 $Q=0.632$ 时的液滴尺寸;

q——代表液滴尺寸分布均匀性的参数(也被称为均匀性指数 N),q 越大,液滴尺寸分布越集中(均匀)。

3. 雾化锥角

雾化锥角是指燃油喷嘴出口到喷雾锥外包络线的两条切线之间的夹角,也称为喷雾锥角,以 α 表示,如图 2.2 - 5 所示。由于液雾射流对周围空气具有卷吸作用,促使液雾中心的气体压力略有下降,因此喷雾锥并非一个正锥体,而是呈现一定的收缩现象,但不宜过分收缩。工程上常用条件雾化角来补充表示喷雾锥雾化角的大小。条件雾化角是指以喷口为圆心,r 为半径的圆弧和外包络线相交点与喷口中心连线的夹角,以 α_r 表示。

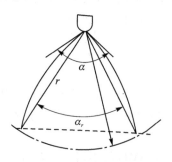

图 2.2 - 5 雾化锥角示意图

对于大流量燃油喷嘴,取 $r=100\sim150$ mm;对于小流量燃油喷嘴,取 $r=20\sim60$ mm。雾化锥角的大小对燃烧过程具有相当大的影响,它是燃油喷嘴的一个重要特性参数。雾化锥角过大,油滴将会穿出湍流最强的气流区域而造成混合不良,使燃烧效率下降;此外,还会因燃油喷射到燃烧室壁面上造成结焦或积碳。雾化锥角过小,则会使燃油液滴不能有效地分布到整个燃烧空间,造成空气与燃油混合不良,也会造成燃烧效率降低。

在工程实践中,喷嘴雾化锥角要与燃烧室的结构尺寸相匹配,以确保获得较高的燃烧效率。对于涡轴涡桨发动机燃烧室,雾化锥角一般在 $60°\sim120°$ 范围内。尤其在头部尺寸较小的燃烧室中,雾化锥角不宜太大,一般在 $50°\sim80°$ 范围内。

4. 出口流量密度分布

流量密度分布特性是指在单位时间内,通过与燃料喷射方向相垂直的单位横截面上的液体燃料质量(或体积)沿径向及周向的分布规律。流量密度的单位是 $kg/(m^2 \cdot s)$、$m^3/(m^2 \cdot s)$(有些情况中,为了方便也采用 $g/(cm^2 \cdot s)$、$cm^3/(cm^2 \cdot s)$ 表示)。流量密度是表征燃油喷嘴雾化特性的一个主要参数,与燃油喷嘴的结构及工况参数有关。

2.2.3　工程检测指标及意义

在燃烧室的工程设计和生产加工过程中,对于燃油喷嘴的检测是一项在喷嘴装机前或是使用后检查喷嘴状态的必要步骤。工程上对燃油喷嘴的检测要求如下。

1. 燃油流量

采用容积法或称重法测量燃油流量。装配同一台燃烧室的燃油喷嘴在相同的供油压力条件下,燃油流量应尽可能接近,燃油喷嘴的流量与规定的标准值应控制在一定范围内,通常在 $\pm3\%$ 以内。

2. 雾化锥角

采用光学法或机械式探针法测量雾化锥角,过喷口轴线任选两个互相垂直的截面测量其雾化锥角。在规定的供油压力条件下,雾化锥角与规定的标准值应在一定的偏差范围内,通常在 $\pm10°$ 以内。

3. 燃油分布不均匀度

燃油分布不均匀度是指将燃油喷嘴喷雾锥角的下游轴向或径向分为若干区域,在单位时间内通过每个区域的燃油流量的均匀性。其表达式如下:

$$\delta = \frac{Q_{max} - Q_{min}}{Q_{max}} \times 100\%$$

式中,Q_{max} 表示 n 个区域中的最大燃油流量;Q_{min} 表示 n 个区域中的最小燃油流量。图 2.2-6 为燃油分布不均匀度测量示意图。

4. 液雾直径

液雾直径通常采用光学诊断法测量。通常采用的测量方法如下:

(a) 周向分布不均匀度测量　　　　(b) 径向分布不均匀度测量

图 2.2-6　燃油分布不均匀度测量示意图

① 在一定的供油、供气压力下,喷嘴呈自由通油状态,采用实时喷雾粒度仪(Malvern)测量距喷口一定距离位置的雾化粒径;

② 相位多普勒粒子分析仪(Phase Doppler Particle Analyzer,PDPA)测量法,采用雾滴通过两激光束交点时产生的相移多普勒效应计算出雾滴尺寸及其速度;

③ 全息摄影法,用激光全息摄影把油雾场记录下来,通过图像扫描分析仪分析尺寸。

另外,对于旋转式供油方式(如甩油盘),需要配备高速旋转动力装置和增速装置才能完成雾化性能的检测。对于空气雾化喷嘴的性能检测,最好在综合试验台上配有供气系统,以便油、气共供时提取供油特性、雾化锥角、不均匀度以及供气量和压力[7]。

| 2.3　燃油供给 |

燃油总管是燃烧室的重要组件之一,按燃油总管供油的油路数目可以分为单路燃油总管、双路燃油总管、多路燃油总管。燃油总管的功能是将发动机燃油系统供给的燃油按照设计要求分配给燃油喷嘴。燃油总管通常分为非金属燃油总管和金属燃油总管。涡轴涡桨发动机的燃油总管通常采用非金属软管。软管部分主要由聚四氟乙烯管制造,软管之间由金属管接头连接,软管外层用不锈钢丝编织以增强其结构强度。金属燃油总管由主管路、支管及管接头钎焊而成,主管路通过柔性支管与燃油喷嘴相连。

采用单油路离心喷嘴设计的燃烧室在起动时供油流量小,存在高空高原起动供油压力低、雾化性能差的问题,进而影响燃烧室高空高原点火性能。为解决此问题,采用周向分级供油的方式,将燃油喷嘴分成两组,分别由两根燃油总管向两组燃油喷嘴供油。在起动点火状态,由一根燃油总管为其中一组燃油喷嘴供油,随着油压的上升,第二根燃油总管投入工作,此后全部燃油喷嘴供油。对于采用双油路离心喷嘴的燃烧室,通常采用双路燃油总管供油。在发动机低功率状态,采用供油量较小的副路燃油总管供油,随着发动机功率的增加,主路燃油总管投入工作,两条油路同时工作。国外的涡轴涡桨发动机中也有采用多路燃油总管供油的,如透博梅卡公司的部分燃烧室选择采用多路燃油总管供油,油路包括为起动喷嘴供油的油路、为工作喷嘴供油的油路、为优先喷嘴供油的油路、为联焰喷嘴供油的油路等。该种方式油路过多,供油系统较复杂。

　　对于采用双路及多路燃油总管的供油系统,通常采用燃油分配器实现不同油路燃油的分配。燃油分配器可以按要求合理地分配燃油进入不同油路,使燃油喷嘴在最小供油量下能够正常工作和良好地雾化,在最大供油量时,燃油喷嘴前压力又不致过高。为了改善发动机的起动性能,可在发动机起动状态时,将燃油优先供给起动喷嘴,从而提高燃烧室的燃油喷嘴雾化性能,提高发动机起动成功率。同时,分配器也具备其他功能,如在停车时,将燃油总管的剩余燃油排出发动机体外,防止燃油喷嘴积碳和堵塞。

　　图 2.3-1 为涡轴涡桨发动机中通常采用的双路燃油总管及燃油分配器供油的示意图,在泵调节器后、燃油总管前加装燃油分配器,分配器第一油路打开压力为 P_{1K},第二油路打开压力为 P_{2K}。当分配器内压力<P_{1K} 时,分配器油口不通油,此时未给燃油总管供油。当 P_{1K}≤分配器内压力≤P_{2K} 时,分配器第一油路处于打开状态,燃油从第一油路进入燃油总管,发动机点火起动。当分配器内压力≥P_{2K} 时,分配器第二油路打开,分配器两条油路全部开启,燃油通过分配器分两路进入燃油总管。当发动机停车后,分配器第二油路、第一油路先后关闭,漏油口与燃油总管连通,将两路燃油总管内多余的燃油排出机外。

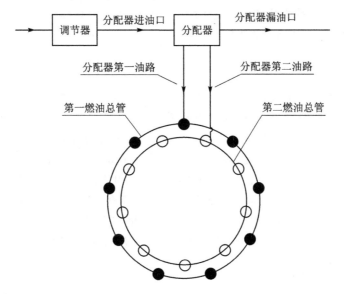

图 2.3-1　双路燃油总管及燃油分配器供油的示意图

对于涡轴涡桨发动机中的折流燃烧室,由于燃烧室内采用甩油盘或者轴上的燃油喷嘴雾化燃油,因此,只能通过喷射油道或者轴内油道供给燃油,直接将燃油引到发动机轴心附近,供入甩油盘油腔内。

2.4 燃油雾化技术

燃油雾化主要靠燃油喷嘴来实现,其性能的好坏对燃烧过程影响极大。主要的雾化技术包括:压力雾化技术、离心雾化技术、空气雾化技术以及混合雾化技术。对于理想的燃油喷嘴,技术要求如下:

① 在大、小燃油流量时,均能够提供良好的雾化;

② 当燃油流量变化时,能够迅速反应;

③ 避免流动不稳定;

④ 具有缩放能力,提供设计灵活性;

⑤ 易于维护,便于维修;

⑥ 在制造和安装过程中,具有低易损性。

2.4.1 压力雾化技术

压力雾化(或称机械雾化)是将液体加压后通过小孔喷出,将压力势能转换为动能,从而获得相对于环境空气更高的流动速度,在气、液两相之间强烈的剪切作用下,实现液体的雾化。涡轴涡桨发动机燃烧室常用的压力雾化喷嘴包括:直射式喷嘴、单油路离心喷嘴、双油路离心喷嘴。

1. 直射式喷嘴

直射式喷嘴的喷射方式也叫单点喷射,燃油通过小直径圆孔喷射进入燃烧室内。直射式喷嘴结构十分简单,它是在封闭的圆管端头开一个小孔,也有的在圆管的圆柱侧壁上开若干小孔而装入燃烧室内,称为喷油杆。还有的将圆管弯成圆圈,在管上按一定的分布规律布置若干小孔,称为喷油环;为了满足浓度分布的要求,有的要钻几百个小孔。直射式喷嘴是靠高压燃油的压力能在喷出时变为动能而高速喷到气流中,因为燃油喷射时无旋转运动,因此燃油基本充满孔口[8]。直射式喷嘴在涡轴涡桨发动机燃烧室中单独使用较少,更多的是起到辅助作用,作为蒸发管或文氏管等空气雾化喷嘴的喷油嘴而使用。某直射式双旋流空气雾化喷嘴示意图见图 2.4 - 1。

2. 单油路离心喷嘴

与直射式喷嘴相比,单油路离心喷嘴的雾化锥角范围更为宽广,在涡轴涡桨发动机燃烧室中更为适用。单油路离心喷嘴内部旋流结构示意图如图 2.4 - 2 所示。进

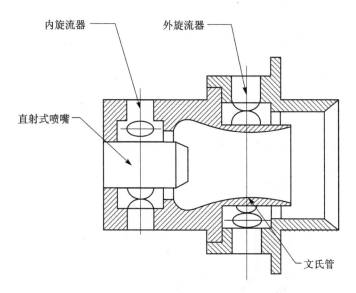

图 2.4 - 1　直射式双旋流空气雾化喷嘴示意图

入离心喷嘴的燃油做切向运动,由于离心运动建立了空心涡,在喷嘴出口,旋转的燃油同时有轴向速度和切向速度,形成空心油膜,油膜失稳形成液雾。随着供油压差的增加,离心喷嘴的燃油流量随之增加,燃油流量与供油压差呈二次曲线关系。

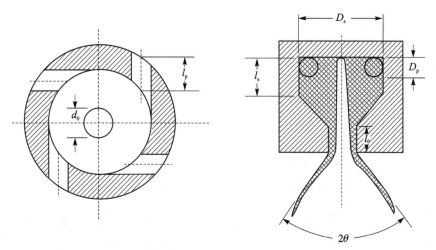

图 2.4 - 2　单油路离心喷嘴内部旋流结构示意图

3. 双油路离心喷嘴

根据离心喷嘴的流量特性及雾化特性,如果喷嘴喷口小到在低燃油流量下仍可保证较高的雾化质量,那么在大燃油流量时需要的压力将可能超过合理的界限。反过来,如果喷口过大,在低燃油流量情况下燃油得不到充分雾化,可致使燃烧室点火性能、熄火性能及小流量状态时性能变差。双油路离心喷嘴可以适应发动机宽广的燃油流量变化范围,在小流量状态时,只打开流通面积较小的副油路供油,提高供油压力,改善雾化质量。当供油量增加时,打开流通面积较大的主油路,使最大供油量时的油压不超过燃油系统的可靠工作范围。双油路离心喷嘴结构原理示意见图 2.4-3。与单油路离心喷嘴的不同之处在于,双油路离心喷嘴的旋流腔设有双级进油路,分别为主油路和副油路。根据离心喷嘴的流量公式可知,喷嘴燃油质量流量与供油压差的平方根成正比,与喷口的面积成正比。为了增加供油量,需加大喷口面积。通常有两种方法:一种是增加喷头数;另一种是在一个喷头上重叠地装两个喷口,由两股油路分别供油,称之为主、副油路。

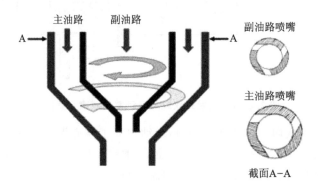

图 2.4-3 双油路离心喷嘴结构原理示意图

2.4.2 离心雾化技术

采用离心雾化技术的典型喷嘴为甩油盘,通常作为小型涡轴涡桨发动机的供油装置,与中心轴相连,结构形式上多种多样,整体上为空心圆盘状,如图 2.4-4 所示。燃油通过发动机轴的中心进入轴上的空心甩油盘,甩油盘的圆周边上开有若干个小孔,燃油通过小孔甩出至环形燃烧室的头部区域。由于轴高速旋转,燃油受到很强离心力的作用,动能大,雾化质量好,燃烧室的燃烧效率较高,且燃油对甩油盘具有冷却

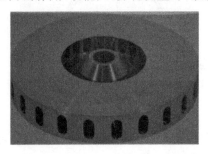

图 2.4-4 甩油盘示意图

作用；同时，燃油也能够得到预热，对燃油雾化、蒸发以及组织燃烧均有利。甩油盘在高转速、小流量的环形折流燃烧室中得到应用。例如，法国透博梅卡公司在 Makila 系列涡轴发动机燃烧室中即采用甩油盘雾化燃油，我国的涡轴－6C 发动机燃烧室也采用了这种燃油雾化装置。

2.4.3　空气雾化技术

随着航空发动机燃烧室压比、温升的不断提高，离心喷嘴使用中暴露出了一些问题，比如，在高压下喷雾锥角变小影响主燃区的燃油分布，增加了冒烟和火焰辐射，也使燃烧室出口温度场品质变差。与之相比，空气雾化喷嘴能够保证燃油和气流实现充分而又均匀的混合，并且具有供油压力低、出口温度场对燃油变化不敏感等优点，因而取代了离心喷嘴在较高性能发动机中的地位。

当前使用的绝大多数空气雾化喷嘴都是预膜式的，在这类喷嘴中，燃油首先伸展成连续的薄膜，然后在高速气流的作用下雾化。Lefebvre 指出，为了获得燃油雾化所需的较高的气液相对速度，压力式雾化是把具有较高速度的锥形燃油喷入速度较低的气流中，而预膜式空气雾化则是将一股或多股高速气流（通常是旋转的）冲击喷射到速度很低的油膜上。

预膜空气雾化喷嘴是在预膜通道中形成环形薄液膜，在通道出口的唇口或边缘位置排出，在该位置处液膜受到内外两侧旋流或直通空气的剪切作用而破碎成细小液滴。与此同时，经过内外两股气流形成的强湍流带动，较好地掺混于气流中，形成较均匀的油雾进入火焰筒头部。内通道预膜空气雾化喷嘴的典型结构是普拉特·惠特尼公司（Pratt&Whitney Group，P&W 公司）使用的空气雾化喷嘴，如图 2.4－5 所示。

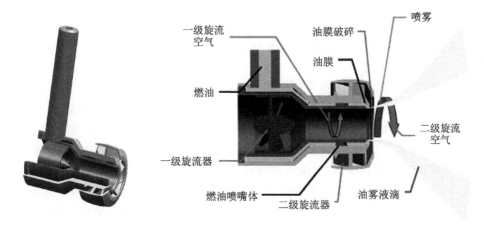

图 2.4－5　空气雾化喷嘴的典型结构示意图

涡轴涡桨发动机燃烧室先进技术

影响空气雾化喷嘴雾化特性的因素包括：液体粘性、表面张力、密度，空气温度、压力、密度以及气液比。Lefebvre 对某预膜式空气雾化喷嘴的雾化特性进行了大量的研究，其喷嘴结构如图 2.4 - 6 所示。研究结果表明，在保证空气压力、温度和液体流量不变的条件下，随着液体粘性的增加，SMD 急剧增加，但是当粘性增加到某一个值时，SMD 的增加幅度减小，同时 SMD 随着空气速度的增加而减小[9]。

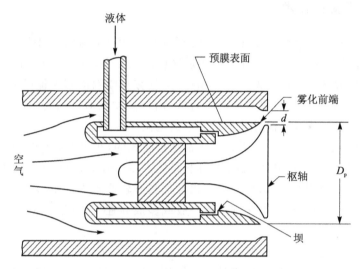

图 2.4 - 6　预膜式空气雾化喷嘴结构

2.4.4　复合式雾化技术

随着高性能航空发动机的不断发展，人们对燃油雾化技术提出了更高的要求，具体如下：

- 在更短的燃烧区内完全燃烧，以缩短燃烧室长度，减轻其重量；
- 更好地组织主燃区浓度场，因为高温升燃烧室用于调整出口温度场的气量短缺；
- 更高要求的点火性能及贫油熄火范围；
- 更低的污染物排放，以满足未来航空燃气轮机低污染排放的要求。

一般的预膜式空气雾化喷嘴对于上述要求是难以全面满足的，特别是其点火性能差和贫油熄火范围窄，因此发展了喷嘴/旋流器复合式空气雾化喷嘴，将喷嘴(直射式、离心式或空气雾化喷嘴)与旋流器进行组合，可以根据燃烧性能的需求进行灵活设计，并实现不同工况下燃油的分级调节，从而获得所需要的燃烧室头部气流结构和燃油浓度分布，以保证在不同的工作状态下实现良好的点火性能、燃烧性能以及宽广的稳定燃烧范围。

目前，大部分燃烧室中都采用了双级旋流器空气雾化喷嘴，其中最为典型的是由双级旋流器、文氏管与喷嘴组合的结构。这种高效的复合雾化旋流装置最初安装在以 F101 发动机为代表的高性能航空发动机燃烧室中。双级旋流火焰筒头部按进气方式有双级径向旋流器的组合(见图 2.4 - 7(a)),如 T - 700 发动机燃烧室;一级为轴向、二级为径向的组合(见图 2.4 - 7(b)),如 F101 和 CFM56 发动机燃烧室;以及双级轴向旋流器的组合(见图 2.4 - 7(c)),如 E³ 发动机双环腔燃烧室,典型结构以 CFM56 发动机燃烧室双级旋流器为代表(见图 2.4 - 8)。

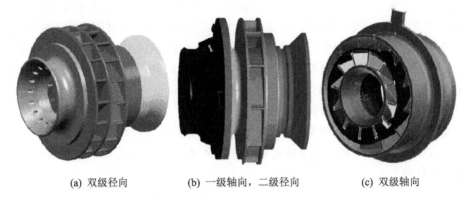

(a) 双级径向　　　　(b) 一级轴向,二级径向　　　　(c) 双级轴向

图 2.4 - 7　双级旋流器的组合形式

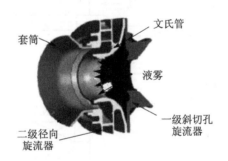

图 2.4 - 8　CFM56 旋流杯雾化组件

　　双级旋流器空气雾化喷嘴组件的基本工作原理是:燃油从位于内旋流器中心的喷嘴供入,在文氏管上形成油膜,油膜顺流至文氏管唇口处被两级旋流器的气流剪切实现雾化,通过两级旋流器进入的空气与雾化的燃油混合成均匀的可燃混气进入火焰筒燃烧区进行燃烧,内侧一级旋流器气流的主要作用是促使燃油雾化。实验表明,当流过一级旋流器的空气量与燃油流量比大于 3 时,燃油雾化质量良好。在确定一级旋流器流量时要同时考虑贫油熄火的要求,一般空气流量为 5%～8% 的燃烧空气量。综合考虑几何尺度、进气条件及性能需求等多种因素,一级旋流器一般可采用轴向式、径向式或斜切孔式,其旋流角范围一般为 40°～60°。外侧二级旋流器气流除与一级旋流器气流相互作用促使燃油雾化外,其主要作用为在其下游形成稳定的具有一定燃气回流量且尺寸合适的回流区,其空气流量通常为 8%～12% 的燃烧空气量。二级旋流器一般采用轴向式和径向式两种,其中轴向旋流角在 40°～60° 之间,径向旋

流角约为 70°。目前中心燃油喷嘴多采用双油路离心喷嘴,其优点是发动机小功率状态由副油路供油,因而可以保证较高的供油压力使雾化质量得到改善;在大功率状态下主油路开启,实现良好的气动雾化,从而保证了良好的燃烧性能。这种组合结构具有良好的综合燃烧性能,因而在涡轴涡桨发动机燃烧室中得到了广泛应用。

图 2.4 - 9 中给出了一种中心预燃级采用离心喷嘴、外侧主燃级采用内通道预膜雾化的组合方案。该方案采用了两级旋流器,主燃级燃油形成的油膜位于两个旋流器之间,外旋流器为轴向旋流器,内旋流器为斜切孔旋流器,两级旋流器的旋向相同。该方案的设计目的是克服空气雾化喷嘴贫油熄火性能差,以及发动机起动过程中由于雾化气流速度低导致雾化变差的缺点。在低燃油流量时,所有燃油都通过中心副油路供入,从而能够获得良好的雾化效果并实现启动和慢车工况下的高效燃烧;此外,它也确保了良好的高空再点火性能。在高功率状态下,燃油同时通过外侧预膜式空气雾化喷嘴及中心离心喷嘴供入,其中大部分燃油供入预膜式空气雾化喷嘴。通过采用这种方式,既能够在低燃油流量下获得良好的雾化性能,也能够在高燃油流量下实现低排放。

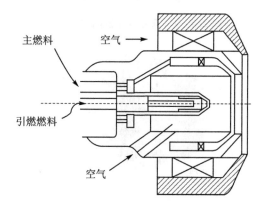

图 2.4 - 9 副油路离心喷嘴/主油路内通道预膜复合雾化喷嘴

在液雾空间分布方面,Jeng 和 Mongia 等人采用二维 PDPA 技术研究了 GE 公司的 CFM56 旋流杯下游 5 个不同轴向位置的 SMD 和液滴尺寸分布指数的空间分布情况,该旋流器为两级反向旋流器,燃油喷嘴采用单油路离心喷嘴,试验采用水代替燃油,试验气液比为 16.8,旋流杯压降为 4% 左右。SMD 和液滴尺寸分布指数的空间分布如图 2.4 - 10 和图 2.4 - 11 所示。试验结果表明,SMD 的两个最大值出现在锥形喷雾边界处;而最小的 SMD 出现在中心回流区处,该处的液滴受到旋涡的影响而回流至燃油喷嘴,形成了良好的雾化。随着回流区向下游发展,液滴分散到更大的径向范围,SMD 的最大值减小。研究认为,这是由于旋流杯的雾化发生在文氏管前缘,在内外两股旋流的剪切作用下雾化,虽然内外两股旋流反向旋转,但是在旋流杯下游,外旋流的切向动量占优势,导致了颗粒受到离心力后向外移动;同时,由于强旋流形成了中心回流区,尺寸较小的颗粒会被卷吸进入回流区,因此形成了上述分布特征[10]。

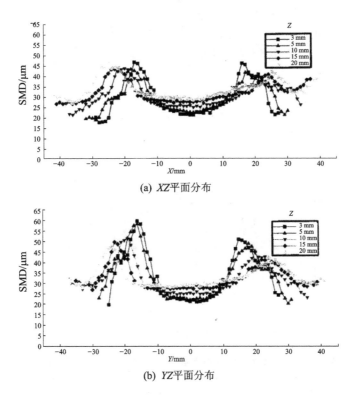

(a) XZ平面分布

(b) YZ平面分布

图 2.4 - 10 SMD 在 XZ 平面和 YZ 平面的分布

Wang 和 Mcdonell 等人对 GE 公司的 CFM56 旋流杯进行了一系列的研究[11-18],包括套筒出口形式对流场的影响[11]、文氏管的有无对流场的影响[12]、几何缩放比例对流场的影响[13]、喷嘴喷雾张角的影响[16]和流场结构[17]等。McDonell 对真实工况下 CFM56 旋流杯的下游喷雾场进行了研究。结果表明,当燃烧室进口温度增加至 530 K、燃烧室进口压力增加至 0.8 MPa 时,燃油颗粒轨迹和散射宽度与常温常压下的喷雾场非常相似。但是燃油的 SMD 随着试验工况功率的增加而减小,主要原因是进口温度升高促进燃油液滴蒸发,从而使得燃油液滴直径减小。Lefebvre 等人对实际工况下反向旋流器/预膜空气雾化喷嘴组合头部下游喷雾场的研究表明:当保持气液比不变时,增加进口压力(从 0.1 MPa 增加到 1.2 MPa)导致初始的喷雾张角(燃油喷嘴出口处)略有增加;而向下游发展,喷雾张角与压力关系很小,基本不变。

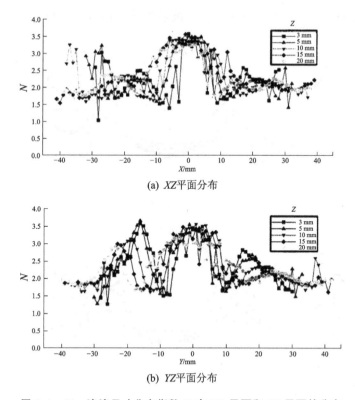

(a) XZ平面分布

(b) YZ平面分布

图 2.4－11　液滴尺寸分布指数 N 在 XZ 平面和 YZ 平面的分布

| 2.5　燃油雾化技术的发展趋势 |

　　技术的先进性必须以满足产品的功能指标为前提,产品为适应市场的不断需求而推动技术不断革新和进步,技术进步的结果必然导致产品向着更有市场竞争力的方向发展,因此产品的功能需求是技术进步的动力。飞机对发动机的可靠性、经济性和性能等不断地提出新的要求,根据用户的需求对发动机进行分解,并对发动机的油耗、排放、维护等提出进一步的要求,而将根据上述要求对燃烧室部件下属零件进行改革,从而推动部件为满足整机的要求而不断地进行技术革新。因此,燃油喷嘴作为燃烧室的重要零件之一,其技术的进步与发展离不开发动机整机的需求与推动。下面就从燃油喷嘴设计技术的发展趋势、燃油喷嘴选材以及燃油喷嘴制造工艺三方面来分析燃油雾化技术的发展趋势。

2.5.1　燃油喷嘴设计技术的发展趋势

　　由于燃油喷嘴的设计是燃烧室设计的重中之重,因此其设计的好坏直接影响到燃烧室的燃烧效率、点火熄火性能、燃烧室出口温度分布品质、排气污染等。20 世纪 60 年代以前，涡轴涡桨发动机燃烧室以单油路离心喷嘴和蒸发管为主。随着燃烧室温升的提高，燃油调节范围进一步拓宽，单油路离心喷嘴已不能满足要求，于是进一步发展了双油路离心喷嘴。双油路离心喷嘴相比于单油路离心喷嘴扩大了工作范围。离心喷嘴具有结构简单、稳定燃烧范围宽、燃油雾化质量高、点火熄火性能好等优点，但由于其有燃油调节比低、燃油压力高、油雾分布集中、出口温度场难以调控等缺点，20 世纪 60 年代后发展了空气雾化喷嘴。空气雾化喷嘴与离心喷嘴最大的不同之处是燃油的雾化不是依靠压力产生油膜失稳，而是依靠通过燃油喷嘴的空气速度剪切雾化油膜，保证了燃油与空气充分而均匀地混合，燃油调节比宽，油压低，油雾分布宽广，排气冒烟少，出口温度场对燃油变化不敏感；但低工况下燃油雾化差，点火熄火边界窄。为了解决离心喷嘴和空气雾化喷嘴存在的问题，混合式或复合式空气雾化装置得到了发展，采用压力雾化喷嘴和预膜式空气雾化喷嘴的组合，在低功率状态下，由压力雾化喷嘴工作；在高功率状态下，主要由空气雾化喷嘴工作。

随着燃烧室技术的不断发展，燃烧室的温升不断提高，对燃烧室的污染排放要求越来越严格，燃烧室高温升和低排放的要求促进了先进燃油雾化技术的发展，新型燃油喷嘴设计技术不断涌现。国外从 20 世纪 80 年代开始在一系列国家支持计划下开展了大量有关先进燃油喷射混合的研究工作。

美国 Parker Hannifin 公司研究了一种复合式三旋流器空气雾化装置，并开展了该装置满足分级燃烧的相应方案和雾化试验研究。Yokichi Sugiyama 等人对头部采用单油路三旋流器空气雾化装置的分级燃烧室进行了点火特征的相关研究，验证了分级燃烧拓宽稳定工作范围的可能性[19]。美国空军资助项目研制的高温升燃烧室，温升为 1 650 K，油气比为 0.055，已接近化学恰当油气比。采用三旋流油气分级的油气混合设计，喷嘴组件剖面图及预期的气流分配如图 2.5-1 所示，旋流器/喷嘴组件照片见图 2.5-2。中心副油路采用离心喷嘴，其外侧为内旋流器，旋向为顺时针方向；内旋流器外侧安装有同旋向的中间旋流器，采用高旋流数，旨在形成常规的中

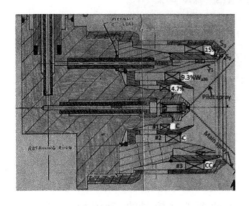

图 2.5-1　喷嘴组件剖面图及预期的气流分配

图 2.5-2　旋流器/喷嘴组件照片

心回流区。在中心旋流器外侧为外旋流器,旋向为逆时针方向。在外旋流器和中间旋流器之间为预膜式主燃油喷嘴,这两个旋流器对于预膜式主燃油喷射进行雾化并实现燃油与空气的快速掺混。试验结果显示,燃烧室熄火油气比可达 0.001 2。

美国 GE 公司与德拉燃气轮机产品有限公司合作开发了一种三环腔研究型旋流器/喷嘴组件(Three Annular Research Swirler,TARS)(见图 2.5 - 3),辛辛那提大学对该旋流器特性进行了研究。TARS 的特点是三个气流通道中每个都有能够独立变化的旋流器,通过改变外旋流器 α、中间旋流器 β 和内旋流器 γ 的旋流角度或者旋向,来组成不同旋流器结构和旋流流场,其中内旋流器和中间旋流器都是轴向旋流器,而外旋流器是径向旋流器。在该 TARS 组件中设计有两组分布式油路,预燃级油路向内侧中间级气流通道喷射燃油,而主燃级油路向外侧的外气流通道喷射燃油。预燃级和主燃级燃油通过两级之间的锥体分开。燃油先通过锥体内部圆形罩上多个直径为 0.33 mm 的小孔喷射,此后再通过锥体上多个直径为 0.76 mm 的小孔喷出。预燃级和主燃级喷油孔的数量分别是 4 个和 8 个,所有喷油孔的直径都是相等的,流量是 0.001 7 $kg \cdot s^{-1} \cdot MPa^{-1/2}$(燃油密度是 762 kg/m^3)。该旋流器/喷嘴组件的另一个重要特点是气助雾化系统的设计。在该喷嘴组件中有两个气助雾化流路,向锥体内部供入少量空气与液态燃油进行预混,然后通过锥体上直径为 0.76 mm 的孔喷出,通过调节辅助雾化的空气流量来调控喷出燃油的动量。当采用气态燃料时,这两个气助雾化流路也可用作气态燃料的供应。相关实验与数值研究结果表明:该旋流器/喷嘴组件在燃烧室内形成了稳定的回流区,中间旋流器反向旋转有利于加强燃油和空气的掺混,但是会减小中心回流区,影响火焰的稳定性。燃烧室进气温度、进口混合管长度及出口收缩比对燃烧室流场和污染物排放会产生极大影响。

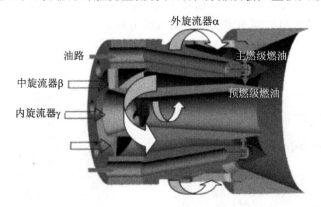

图 2.5 - 3   TARS 三级旋流器结构

GE 公司的双环腔预混旋流(Twin Annular Premixing Swirler,TAPS)燃烧室创造性地采用中心分级分区油气混合的设计思想,其油气混合方案由一个中心富油的预燃级和同心贫油预混的主燃级构成,形成了两个独立控制的、旋流稳定的环形火焰。TAPS 燃烧室头部流场结构如图 2.5 - 4 所示。预燃级用于低功率状态,预燃级和主预燃级共同用于高功率状态运行。中心预燃级火焰提供低功率状态下的稳定操作和低 CO、UHC 排放,主燃级用于高功率运行时降低 NO_x 排放。预燃级采用离心喷嘴匹配双级反向旋流器的旋流杯设计,燃油通过离心喷嘴喷射;主燃级采用单级或多级旋流器组件匹配一定长度的预混通道,燃油通过若干周向均布的直射式喷口向预混通道内喷射。头部混合器和燃油喷嘴设计成充分预混,在贫油燃烧时,火焰温度低于常规富油燃烧室,可以有效降低 NO 的形成速率,产生更低的冒烟以及更少的非挥发性细小颗粒物,同时能减少热斑和火焰辐射,可以利用更少的冷却空气提供更加有效的冷却[20-22]。

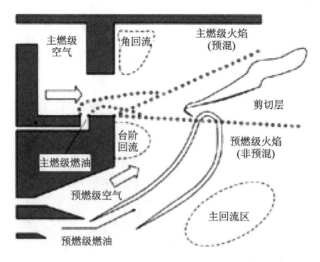

图 2.5-4　TAPS 燃烧室头部流场结构

为适应燃烧室高油气比和低污染排放的发展,普惠公司从 20 世纪 90 年代开始研发了一系列先进油气混合系统,并成功应用到了各种航空发动机燃烧室中。如图 2.5-5 所示,普惠公司采用强剪切式喷嘴[23],发展了一套相对均匀的富油喷射系统,使其能够产生一个雾化效果非常好、旋流混合非常均匀的流场;普惠公司创造性地在中小型航空发动机燃烧室油气混合装置研制中采用一体化设计,将燃油喷嘴与产生雾化空气的旋流器设计为一个整体,同样采用分路供油的设计,中心为一个流量很小的离心喷嘴,保证小状态下的燃烧稳定性;中心外围为一个多孔喷射的空气雾化喷嘴。这种结构优化了机械设计,保证了工作状态下位置的可靠性。

罗·罗公司开发的贫油燃烧方案采用中心分级的结构布局,中心为预燃级,采用空气雾化喷嘴;外围为主燃级,主燃级为贫油预混方式,采用在主燃级出口处周向均布的若干喷口直接向燃烧区喷射燃油。预混预蒸发过程主要发生在主燃级出口与预混燃烧开始的这段距离内。

日本宇航局 JAXA 针对中小型航空发动机研发了先进油气混合装置,如图 2.5-6 所示。研究人员开展了流场研究,包括 PIV 流场测试、流场数值模拟,主要用于解释

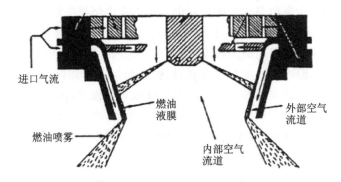

图 2.5 - 5   普惠公司研发的先进油气混合装置

点火、熄火性能的差异；对油雾分布进行了 LIF 测试,考察了预燃级套筒进气与主燃级喷射点不同位置的油雾分布。

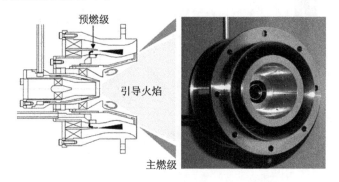

图 2.5 - 6   JAXA 研发的先进油气混合装置

SNECMA 公司在传统燃烧室的基础上研发了多点喷射燃油喷嘴的低污染燃烧室(见图 2.5 - 7)。多点喷射燃烧室采用燃油分级模式,预燃级采用离心喷嘴供油,主燃级燃油经过双级径向旋流器文氏管内壁面供油,其 NO_x 排放相比 CEAP/6 降低了 30%。

图 2.5 - 7   SNECMA 公司的多点喷射燃油喷嘴及低污染燃烧室

图 2.5 - 8 为 NASA 格伦研究中心开发的一种多点贫油直接喷射(Lean Direct Injection,LDI)燃烧室,在全环形燃烧室的一个 15°扇区布置了按 4×9 矩阵分布的燃

料/空气喷点,其中每个喷点包括一个燃油喷嘴和一个旋流器。NASA 格伦研究中心随后发展了一种在 76 mm×76 mm 范围内布置 25 点和 49 点的旋流器/喷嘴组件,如图 2.5-9、图 2.5-10 所示。在该结构中采用了组合模块方案,将燃油喷嘴、空气旋流器和燃油总管组合成一个部件。对于该多点燃油喷嘴模块在火焰筒试验中进行评定,测试条件为:进口温度为 810 K,进口压力为 2 760 kPa,火焰温度高达 2 100 K,燃料为 JP8。研究人员开展了 NO_x 排放量与进口压力、进口温度、油气比和压降之间的相互关系的研究。假定有 10% 的燃烧空气用于火焰筒冷却并采用了设定的发动机循环,在火焰筒试验中得到的 NO_x 排放量比 1996 年 ICAO 标准的 20% 还低。NASA 也采用 PDI 系统对 NASA 3×3 阵列布局的叶片式旋流器/文氏管组合结构燃烧室进行了实验测试,测试的燃烧室进口温度为 672～828 K,进口压力为 1 034～1 379 kPa,总当量比为 0.41～0.45,平均火焰温度达到 1 800 K,所测试的工作范围代表了下一代民航飞机计划的亚声速到超声速飞行范围。研究表明,几乎全部油滴在喷嘴出口 15 mm 的范围内蒸发完毕[24-25]。

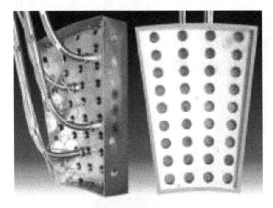

(a) 36 点 LDI 集成模块(15°扇区)

(b) 多点 LDI 燃烧室结构

图 2.5-8　NASA 开发的多点 LDI 燃烧室结构

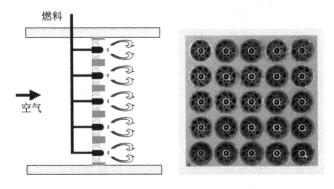

图 2.5-9　25 点旋流器/喷嘴组件

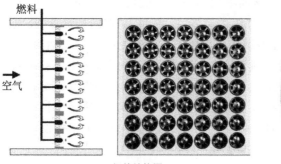

(a) 组件结构图　　　　　　　　(b) 组件装置图

图 2.5 - 10　49 点旋流器/喷嘴组件

　　国内对未来先进燃烧室油气混合装置也开展了一些相应的研究工作。北京航空航天大学林宇震等人设计了一种三旋流器/单油路预膜式气动雾化装置(见图 2.5 - 11),用于增强高油气比燃烧室的燃烧稳定性。结果表明,其熄火边界比双旋流器/双油路离心喷嘴头部组合方案小 13.5%,出口温度分布系数比后者低 41%。同时,林宇震等人还对基于中心分级耦合气动雾化的高温升和低排放燃烧室开展了大量研究。研究结果表明,其具有良好的点火熄火性能和满意的壁温水平[26]。中国科学院的徐纲等人基于三旋流提出了一种新的油气混合方案(见图 2.5 - 12),并开展了相关的数值分析和试验研究工作[27]。西北工业大学的索建秦等人对其研发的直混/预混组合方案(见图 2.5 - 13)进行了试验研究和数值模拟研究[28]。

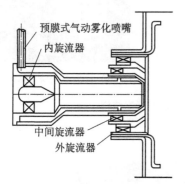

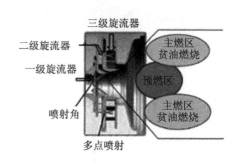

图 2.5 - 11　北京航空航天大学研发的
先进油气混合装置

图 2.5 - 12　中国科学院研发的
先进油气混合装置

　　北京航空航天大学研发了一种用于涡轮级间燃烧室的声能喷嘴,结构示意图见图 2.5 - 14,其利用高速气体或液体激发共振腔产生声波,雾化质量与共振腔的结构有关。该类型喷嘴具有结构简单、工作可靠、成本较低等优点[29]。研究人员在冷态条件下对声能喷嘴进行雾化性能研究,结果表明:在不同的供油状态下,燃油雾化液滴的索太尔平均直径(Sauter Mean Diameter,SMD)都较为接近 20 μm,并且 SMD

和喷雾锥角受供油压差的影响很小。与类似试验条件下的蒸发管研究结果对比可发现,蒸发管的液滴索太尔平均直径 SMD 分布在 $39\sim130\ \mu m$,在相同的试验状态下,采用声能喷嘴时的燃油雾化质量更高。

图 2.5 - 13　西北工业大学研发的
先进油气混合装置

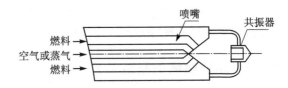

图 2.5 - 14　典型流体动力式超声波喷嘴结构示意图

中国燃气涡轮研究院开展了多点喷射燃烧室实验研究,在某三头部扇形燃烧室的基础上改进设计了多点喷射头部模型,所设计的燃烧室头部共有 45 个喷射点,按 5×9 阵列排布,每个旋流器配一个燃油喷嘴,旋流器采用多排切向孔进气的形式。实验研究发现,当原型试验件总余气系数小于 3 时,燃烧效率随余气系数的减小而急剧下降,而多点喷射燃烧室燃烧效率没有明显下降;相对于传统燃烧室而言,多点喷射燃烧室出口温度场分布更加均匀,并通过控制燃油喷射实现了对于燃烧室出口温度场分布的主动控制。西北工业大学针对 NASA 3×3 阵列旋流器/喷嘴 LDI 模块开展了流场特性数值研究,对于流场中的复杂流动现象及其相互作用机理进行了探索研究。

从今后研发的角度看,有发展前途的燃油雾化技术或者说燃油喷射装置不再把燃油喷射与雾化当成是简单的喷射问题,而是需要与空气动力学、燃烧组织联系在一起进行综合考虑。

2.5.2　燃油喷嘴选材

考虑涡轴涡桨发动机进口温度、进口气流压力、燃油压力以及燃烧区火焰温度等燃油喷嘴工作条件,燃油喷嘴通常采用金属材料,并且是耐高温的优质合金钢,甚至是陶瓷材料。由于燃油喷嘴会受到燃油高速冲刷,喷嘴材料还需要有足够的硬度和一定的抗热蚀和抗腐蚀的能力,这种能力只靠金属材料的供应状态是不够的,通常采取热处理工艺提高其硬度及采用一些表面处理工艺提高材料表面的抗腐蚀能力;此外,也要综合考虑所选材料的加工性及经济性。

新型的燃油喷嘴材料有氧化铝、氮化铝、氮化硅等高温结构陶瓷,由于其在高温下不会和氢反应导致氢脆,游离的氢有利于减少结焦,碳在高温下也不会和陶瓷材料发生化学反应,碳很难在陶瓷表面形成大的结焦而堵塞陶瓷喷嘴。热压烧结的致密陶瓷材料通过研磨加工可以获得极高的表面精度,使碳很难在陶瓷喷嘴表面附着,加上除碳引气结构,可以有效防止燃油喷嘴积碳。除了在抑制燃油结焦方面具有较强的优势外,某些陶瓷材料如氧化锆等,不仅是性能优异的高温结构材料,同时也是很好的高温隔热材料,热导率比高温合金低一个数量级。但是陶瓷材料的机械性能很脆,结构可靠性低,单纯采用陶瓷材料制造燃油喷嘴不可行。目前国内已经有相关研究人员提出可利用高可靠性的金属材料、高强度和高模量的纤维材料,采用特殊的工艺方法把金属和陶瓷结合在一起制造成纤维增强的层状金属/陶瓷复合材料与结构,为陶瓷材料在航空燃油喷嘴应用提供了可能。

2.5.3　燃油喷嘴的制造工艺

燃油喷嘴包括许多零件及分组件,其组合装配也有严格要求,随着国内制造技术的进步和不断发展,在燃油喷嘴的制造工艺突破了毛坯精铸技术、小孔加工技术以及先进焊接技术等制约小尺寸燃油喷嘴加工的关键技术之后,对当前涡轴涡桨用燃油喷嘴的制造技术需求集中体现在高一致性、高可靠性、高性能和低成本等方面。

增材制造技术(3D打印技术)的发展使得喷嘴多个零部件可以通过一体化打印的方式加工出来,减少了多个零部件装配焊接等工艺环节,从而更好地保证了喷嘴组件的一致性。GE公司通过3D打印技术制造出了一体化的燃油喷嘴,这些燃油喷嘴以往通常由独立的20余个不同部件组合而成。用在通用电气LEAP航空发动机上的3D打印燃油喷嘴,相比于传统方法制造的燃油喷嘴来说,能够实现比传统工艺加工更为复杂的结构,并且耐用性要强5倍。

此外,高精度的航空发动机喷嘴要涉及加工、检测、测试、试验等多项技术,由于缺乏确定性测量这一中间环节,在国内型号研制过程中,喷嘴的最终质量只能依靠组装后的整体修配、总体性能测试、配对筛选等方式来控制,难以保证喷嘴正常工作的长期一致性与可靠性。因此,喷嘴的发展亟需相关检测设备的发展,进而能够解决喷嘴加工过程中关键微小尺寸无法测量的问题,为性能测试提供结构参数支持,便于性能追溯;另外,在更换喷嘴零部件时有参数可循。

总的来说,喷嘴研发方向大体体现在两个方面:一方面是随着先进加工工艺方法的成熟,例如增材制造等,使得喷嘴设计过程中可以简化结构,减少部件数量;另一方面是原理性的改进,随着先进气动雾化模型、破碎模型以及回油技术等的提出,喷嘴研发从原理性角度得以改进提升。

参考文献

[1] 甘晓华. 航空燃气轮机燃油喷嘴技术[M]. 北京:国防工业出版社,2006.

[2] Lefebvre A H. Gas turbine combustion[M]. Boca Raton:CRC Press, 2010.

[3] 张群,黄希桥. 航空发动机燃烧学[M]. 北京:国防工业出版社,2016.

[4] Xiao F, Dianat M, McGuirk J J. LES of turbulent liquid jet primary breakup in

turbulent coaxial air flow［J］. International Journal of Multiphase Flow，2013，60.

［5］Mireia Altimira，Alejandro Rivas. Characterization of fan spray atomizers through numerical simulation［J］. International Journal of Heat and Fluid Flow，2009，30：339-355.

［6］Ding Jiawei，Li Guoxiu. Numerical investigation on liquid sheets interaction characteristics of liquid-liquid coaxial swirling jets in bipropellant thruster［J］. International Journal of Heat and Fluid Flow，2016，62：129-137.

［7］侯凌云,侯晓春. 喷嘴技术手册［M］. 北京：中国石化出版社,2011.

［8］彭泽琰,等. 航空燃气轮机原理［M］. 北京：国防工业出版社,2008.

［9］Rizkalla A A，Lefbvre A H. The Influence of Air and Liquid ProPerties on Airblast Atomization［J］. ASME Journal of Fluids Engineering，1975，97.

［10］Cai J，Fu Y，Elkadi A，et al. Swirl cup modeling part Ⅳ：effect of confinement on flow characteristics［R］. AIAA 2003-0486，2003.

［11］Wang H Y，McDonell V G，Samuelsen G S. Influence of hardware design on the flow field structures and the patterns of droplet dispersion，part Ⅰ：mean quantities［J］. Journal of Engineering for Gas Turbines and Power，1995，117：282-289.

［12］Ateshkadi A，McDonell V G，Samuelsen G S. Effect of hardware geometry on gas and drop behavior in a radial mixer spray［R］. AIAA 98-0247，1998.

［13］Wang H Y，McDonell V G，Sowa W A，et al. Scaling of the two phase flow downstream of a gas turbine combustor swirl cup，part Ⅰ：mean quantities［J］. Journal of Engineering for Gas Turbines and Power，1993，115：453-460.

［14］Wang H Y，McDonell V G，Sowa W A，et al. Experimental study of a model gas turbine combustor swirl cup，part Ⅰ：two-phase characterization［J］. AIAA J，1994，10(4)：441-445.

［15］Wang H Y，McDonell V G，Sowa W A，et al. Experimental study of a model gas turbine combustor swirl cup，part Ⅱ：droplet dynamics［J］. AIAA J，1994，10(4)：446-452.

［16］Wang H Y，McDonell V G，Samuelsen G S. The influence of spray angle on thecontinuous and discrete phase flow field downstream of an engine combustor swirl cup［R］. AIAA 92-3231，1992.

［17］Wang H Y，McDonell V G，Samuelsen G S. Correlation on droplet behavior with gas-phase structures in a gas turbine combustor［R］. AIAA 93-1767，1993.

［18］Wang H Y，Sowa W. Dynamics of discrete phase in a gas turbine co-axial counter-swriling combustor dome swirl cup [R]. AIAA 91-2353，1991.

[19] Yokichi Sugiyama, Rintarou Takamuta. Research and Development of a 1 600 ℃-Level Combustor with High Heat Release Rate，Third Research Center，Technical R ＆ D Institute［R］. Japan Defence Agency，ISABE 95-7099，1995.

[20] Dodds W. Twin annular premixing swirler（TAPS）combustor［C］//The Roaring 20th Aviation Noise ＆ Air Quality Symposium. 2005.

[21] Mongia H C. TAPS：A Fourth Generation Propulsion Combustor Technology for Low Emissions[J]. AIAA paper，2003，2657：2003.

[22] Stouffer S D，Ballal D R. Development and combustion performance of a high-pressure WSR and TAPS combustor[R]. AIAA-2005-1416,2005.

[23] Dowling A P. Modelling and Control of Combustion Oscillations[R]. ASME 2005-GT-68452，2005.

[24] Dewanji D,Rao A G,Pourquie M,et al. Investigation of flow characteristics in lean direct injection combsutors[J]. Journal of Propulsion and Power,2012,28(1):181-196.

[25] Tacina R，Mao C P，Wey C. Experimental investigation of a multiplex fuel injector module with discrete jet swirlers for low emission combustors［J］. AIAA Paper，2004，135.

[26] 彭云晖,林宇震,刘高恩. 三旋流器燃烧室出口温度分布的初步试验研究[J]. 航空动力学报,2007,22(4)：554-558.

[27] 刘富强,穆勇,刘存喜,等. 燃油分级对中心分级燃烧室 NO_x 排放的影响[J]. 燃烧科学与技术,2013,19(3)：254-260.

[28] 刘强,索建秦,梁红侠,等. 直混燃烧与 LPP 组合燃烧室数值研究[J]. 航空动力学报,2012,27(11)：2448-2454.

[29] 谭米,樊未军,张荣春,等. 声能喷嘴供油级间驻涡燃烧室的性能试验[J]. 航空动力学报,2013,28(5)：1142-1149.

第 3 章
燃　焼

| 3.1 燃烧技术简介 |

对航空发动机燃烧室而言,燃烧技术的发展与发动机对更优性能和更高可靠性的需求是匹配的,燃烧技术主要以追求高温升、长寿命、低排放、低成本、低重量等为目标。与大型发动机燃烧室相比,涡轴涡桨发动机的燃烧技术有其自身的一些特殊性,主要表现在以下方面[1]。

1. 精细的气动设计

涡轴涡桨发动机广泛使用离心压气机,这使得其燃烧室无论采用直流、回流还是折流的结构形式,燃烧室内外环腔的流动都会呈现明显的不对称性,对燃烧室的气动设计提出了很高的要求。同时,由于涡轴涡桨发动机燃烧室火焰筒的腔高和体积一般偏小,在小空间内合理组织燃油和空气燃烧显然更为困难;由于空间的限制,一些在大型发动机燃烧室中采用的燃烧组织技术并不适用于涡轴涡桨发动机燃烧室。此外,相比大型发动机燃烧室,涡轴涡桨发动机燃烧室的表面积与体积之比更大,这意味着燃烧室需要更多的冷却空气对壁面进行冷却。一方面,冷却空气比例增大,用于掺混的空气量就会减小,这对燃烧室出口温度的控制提出了更高的要求;另一方面,冷却空气在壁面附近对高温燃气产生的淬熄作用更加明显,这不但会降低燃烧效率进而提高发动机耗油率,还会引起一氧化碳和未燃碳氢排放量的增加,这种淬熄作用在低功率状态下影响更为明显。

2. 尺寸效应影响明显

相比大型发动机燃烧室,涡轴涡桨发动机燃烧室的零件尺寸偏小,燃油喷嘴和涡流器等精密零件的尺寸以及火焰筒进气孔尺寸的细微变化对燃烧室性能影响很大,即燃烧室性能受"尺寸效应"影响明显。例如小流量燃油喷嘴的出油孔径很小,燃油流量受孔径尺寸偏差影响大;燃烧室火焰筒上有大量直径小于 1 mm 的冷却小孔,由于目前加工工艺水平的限制,小孔的实际加工尺寸会存在不同程度的偏差,这将影响燃烧室的流量分配,进而导致燃烧室性能发生变化。

3. 冷却技术挑战大

涡轴涡桨发动机燃烧室火焰筒的冷却表面积相对较大,在冷气量一定的情况下,冷却效率要求更高;火焰筒腔高较小,高温火焰对火焰筒壁的热辐射影响更大;燃烧室内空气流速较低,对流换热效率不高,燃烧室冷却设计面临很大挑战。此外,对于在野外工作的涡轴涡桨发动机,在设计冷却孔孔径的时候,除了需要考虑冷却效果外,还必须考虑沙尘对气膜孔的堵塞问题。

4. 点火设计难度大

相比大型发动机燃烧室,涡轴涡桨发动机燃烧室火焰筒的压损较小,点火时的燃油流量小,这些因素均不利于获得良好的燃油雾化质量及油气分布,在高空、高原等低温、低压条件下影响更为严重,燃烧室的点火难度很大。

3.2　燃烧室点火

3.2.1　燃烧室点火简介

燃烧室具有可靠的点火性能对航空发动机的地面起动及高空起动至关重要。燃烧室点火过程是一个非常复杂的过程,一般来说,可以分为以下四个阶段。

第一阶段:火核形成。

电火花点燃燃料与空气的混合物形成一定大小的火焰核心,即火核。该阶段的物理机理非常复杂,涉及到火花能量的释放以及对流、耗散、反应过程等因素之间的相互作用。火核能否存在并维持一段时间取决于火核内产生的热量是否大于向周围环境的辐射和湍流扩散导致的热量损失。释热率主要与火花附近的油气比以及火核的尺寸、温度有关,火花附近环境应该接近当量比,而火核的尺寸和温度主要由电火花的能量和点火时间决定。火核内的化学反应必须产生足够的能量,火核必须有足够的尺寸和温度才能形成火焰传播,火核必须发展到某个临界尺寸,否则将会发生淬熄导致反应终止[2]。图 3.2 - 1 给出了电火花点火过程中火焰核心的瞬时发展过程[3]。受到湍流的影响,初始时刻近似球形的火焰锋面发生变形和弯曲。

第二阶段:火焰从火核处开始传播。

这一阶段,主燃区的流速、当量比以及点火位置都会影响火焰的发展和传播。当

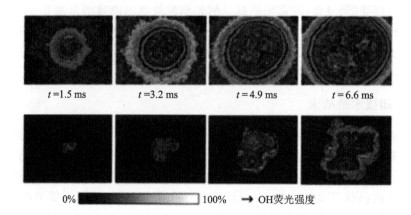

t=1.5 ms   t=3.2 ms   t=4.9 ms   t=6.6 ms

0% ████████ 100%   ➝ OH荧光强度

图 3.2 - 1　电火花点火过程中火焰核心的瞬时发展过程(上图为化学发光,下图为 OH - LIF)[3]

地气流速度增大时,冷态的油气混合物对火焰核心的淬熄作用更加明显,相同当量比下气流速度的增加不利于火焰核心的发展。如图 3.2 - 2 所示,当气流速度较小时,火焰核心在发展过程中仍能保持成团的火焰形态;而当气流速度增加时,火焰核心在发展过程中呈现范围较小的带状、条状甚至是丝状的火焰面结构[4]。当量比的增加能够有效提高火焰核心在旋流液雾中的生存能力,同时也能够增强火焰核心的扩展能力,从而提高点火成功率。点火位置的影响是显而易见的,因为不同的点火位置对应的当地气流速度及当量比都会不一样;此外,不同的点火位置会影响火焰核心的传播路径,从而影响点火时间及点火成功率[4]。

　　第三阶段:在点火所在的单个头部内形成稳定火焰。

　　为保证火焰稳定,主燃区必须存在一个低速区,一般通过在头部设置涡流器进而在主燃区形成低速回流区以稳定火焰,如图 3.2 - 3 所示。在回流区的边界,由于速度梯度大,湍流强度大,能够发生强烈的质量交换和热量交换,有利于燃料的快速雾化和蒸发。同时,在回流区与顺流区的边界,气流湍流度很高而流速较低,有利于创造气流速度等于火焰传播速度的条件,从而为燃料的连续着火和火焰稳定提供基础。此外,进入回流区内部的高温燃气也能够为外围的油气混合物源源不断地提供热量,最终在单个头部内形成稳定的火焰。

　　第四阶段:火焰从单个头部向相邻及其余的头部传播,即所谓的联焰过程。

　　图 3.2 - 4 为一个非预混燃烧室(气态燃料)内部的联焰过程[5]。t=0 ms 时,左边的头部形成的火焰向右边传播;随着火焰向右边传播,t=8 ms 时,火焰被中间头部的回流区捕获,相邻的头部通过回流区进行热量的交换。

　　图 3.2 - 5 给出了与上文对应的失败的联焰过程[5]。中间头部的火焰向右边传播,但其未被右边头部的回流区捕获,火焰无法在右边头部稳定。t=10 ms 时,可以看到右边头部联焰失败。图 3.2 - 6 显示了环形燃烧室经历上述 4 个过程最终点火成功时燃烧室内部的火焰形态[5]。

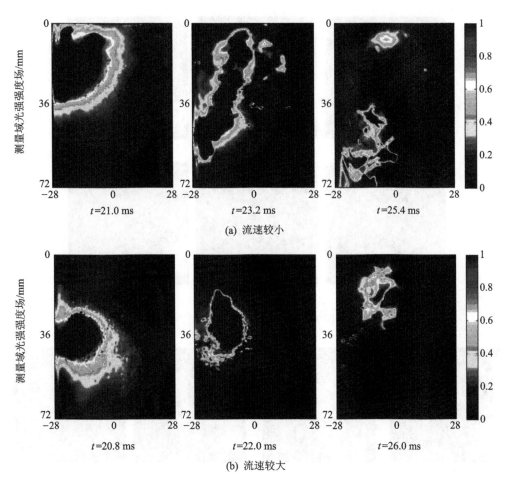

(a) 流速较小

(b) 流速较大

图 3.2-2　气流速度对火核发展的影响[3]

图 3.2-3　回流区示意图

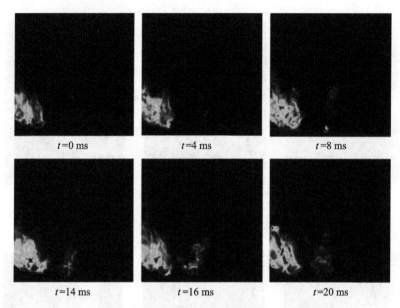

图 3.2 - 4　成功的联焰过程[4]

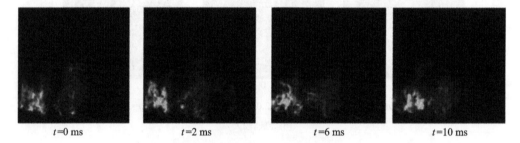

图 3.2 - 5　失败的联焰过程[5]

图 3.2 - 6　燃烧室点火成功时的火焰形态[5]

针对上文提到的燃烧室点火问题,国内外涡轴涡桨发动机燃烧室一般采用以下三种典型的技术途径。

① 单油路离心喷嘴,周向分级供油。

通过周向分级供油方式,燃烧室点火时仅部分燃油喷嘴供油。与全部燃油喷嘴同时供油相比,单个燃油喷嘴的供油流量增加,供油压差提高,进而提高了点火状态时燃油的雾化质量。但是,由于联焰时着火头部需要跨过非供油头部传焰,其难度大于常规方式下相邻头部的联焰。如图 3.2-7 所示,根据分区方式不同,可以采取不同的周向分级供油设计。

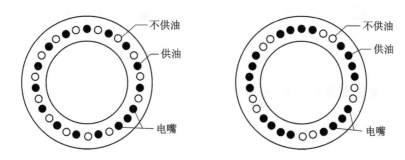

图 3.2-7 周向分级供油示意图

② 双油路离心喷嘴,双油路供油。

航空技术的发展,对涡轴涡桨发动机的点火提出了更高的要求。受限于油泵的供油压力,单油路离心喷嘴很难兼顾大状态下的燃油流量及小状态下的燃油雾化质量要求,因此发展出了双油路离心喷嘴+双油路的供油方式。采用双油路离心喷嘴+双油路供油设计的燃烧室,副油路流量数通常仅为主油路流量数的 1/10~1/4。在点火状态,仅副油路供油,此时,虽然单个燃油喷嘴燃油流量没有增加,但燃油喷嘴压差大幅增加,从而保证了点火状态的燃油雾化质量;在非点火状态,主、副油路同时供油,可实现大油量调节。

③ 起动喷嘴+主喷嘴,多路供油。

多路燃油喷嘴的点火设计主要被欧洲发动机公司所采用。如图 3.2-8 所示,在点火状态,仅起动喷嘴(也称点火喷嘴,部分燃烧室还设置有联焰喷嘴,起动喷嘴和联焰喷嘴同时工作)工作;而在非点火状态,仅主喷嘴工作。法国 Turbomeca 公司的 Arriel 系列发动机燃烧室采用了该技术。这种点火方式能有效提升点火性能,但其控制方法较为复杂,尤其是燃油系统需要分成多路并采用分时供油的方式。

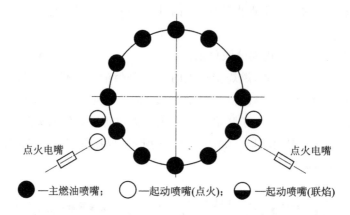

● —主燃油喷嘴；　○ —起动喷嘴(点火)；　◑ —起动喷嘴(联焰)

图 3.2 - 8　多路燃油喷嘴工作模式示意图

3.2.2　燃烧室点火的影响因素

影响点火性能的主要因素包括点火系统性能、流动变量、燃料参数及燃烧室结构参数等，以下进行简要介绍。

1. 点火系统性能

燃烧室的点火方式主要有两种，一种是直接点火，即利用点火装置输出的高压低频电流使点火电嘴电极间产生火花放电，或利用半导体表面放电，产生高能火花点燃燃烧室内的油气混合物；另一种是间接点火，即专门设立一个小预燃室，在预燃室内创造一个利于点火的环境实现点火，由预燃室喷出的火舌点燃主燃烧室。直接点火的优点是结构简单、重量轻、点火电嘴位置易于调整，并且维护方便；缺点是点火能量较低。间接点火的优点是点火能量大，火舌穿透深度大，易于点燃主燃烧室内的油气混合物；缺点是结构复杂、重量大、操作和维护不方便，且供油系统复杂。由于空间上的限制，涡轴涡桨等中小型发动机一般不采用预燃室，但值得指出的是，部分涡轴发动机燃烧室采用起动喷嘴或联焰喷嘴（也可以二者结合）的方法以提高燃烧室的点火可靠性。随着燃烧技术的发展，目前的燃烧室设计更倾向于采用结构更简单的直接点火方式，因此以下主要介绍直接点火。

点火系统的性能参数包括火花能量、火花持续时间以及火花放电频率，这些特征参数取决于点火装置、存储电容器和点火电嘴等的设计。

通常情况下，点火器释放的能量占电容器放电过程中释放总能量的比例随着压力、间隙宽度和气流速度的增加而增加。电容器中所储存的总能量中，只有小部分被有效地用于加热可燃混合物。因此，在考虑实际点火环境的前提下，需要权衡火花持续时间及火花放电频率的影响。当火花放电频率较高时，能量损失非常大；而如果火花持续时间太长，能量在大量的流动混合物中扩散，将使得燃气温度不足以引发点火。

发动机地面起动过程中,空气流量和燃料流量都随着转速上升而逐渐增加,但两者增加的速率不相等,导致在点火电嘴周围的油气混合浓度有很大的波动,只有当火花放电与当地空气混合物浓度在可燃范围之内同时发生时,点火才能成功。在这样的条件下,提高火花频率很有可能比提高火花能量有效得多。虽然高火花频率是有利的,但是对于给定尺寸的点火装置,高火花频率只能以降低火花能量为代价的方式获得。因此,选取点火装置的原则是在保证火花能量能满足最恶劣条件点火要求的前提下,尽可能提高火花频率。

此外,点火电嘴的位置对点火性能也有较大的影响。点火器必须位于主燃区,这样着火后形成的高温燃气能够回流到上游并提供点燃新鲜混气所需的热量。工程上,通常把点火电嘴放置在火焰筒外环靠近喷雾锥的外边缘,使点火电嘴附近有恰当的油气比。点火电嘴不能被过多的燃油浸湿表面,因为燃油蒸发会吸收大量的热量,导致火花能量减小。点火电嘴插入深度也不能太深,以避免其改变燃烧室内部流场。此外,燃油打在点火电嘴表面,还可能导致其表面积碳或烧蚀。

2. 流动变量

流动变量包括气流压力、气流温度、气流速度、油气比等。

气流压力对点火性能有明显的影响。一般来说,随着飞行高度的增加,点火越来越困难,这是因为随着高度的增加,大气压力越来越低,空气也越来越稀薄,因而使燃烧反应速度下降,同时点火电嘴火花能量也随着压力的降低而减小,这些原因造成了低压点火的困难。对于异相燃料/空气混合物,压力对最小点火能量的影响程度取决于燃料蒸发速率。初始点火时,点火过程完全受化学反应速率的控制,这时最小点火能量 $E_{\min}$ 与压力 p 的关系可近似描述为 $E_{\min} \propto p^{-2.0}$。如果蒸发速率是控制因素,则 $E_{\min} \propto p^{-0.5}$。压力指数一般在 $-0.5 \sim -2.0$ 之间,当压力或油气比降低时接近 -2.0。

实验表明,气流温度越低,点火越困难,需要的点火能量也越大。高空点火困难一方面是因为低压条件,同时低温也是一个重要的影响因素。这是很容易预见的:低温条件下需要更多的能量将燃料/空气混合物加热到反应温度,同时低温环境下蒸发速率更低,更大比例的火花能量被吸收以用于蒸发燃料液滴。

气流速度对点火的影响应该从点火过程的不同阶段分别加以分析。一方面,前文已经提及,在火核形成阶段,空气速度的增高不利于火焰核心的存活和发展。空气速度较低时,火焰核心更容易发展成为完整的旋流火焰。另一方面,空气速度增高,旋流强度增加,回流增强,同时燃油的雾化质量得到改善,这些改变可能有利于点火过程的第三阶段。

点火时的油气比应该以主燃区的有效油气比(蒸发到空气中的燃料与空气质量的比值)来衡量。这是因为,点火条件下,只有蒸发的燃料能参与点火过程,此时总燃料中蒸发的份额才主要由挥发性和雾化质量决定。因此,主燃区的平均油气比没有实际意义,而点火性能由有效油气比来支配。当主燃区的有效油气比接近化学恰当比时,点火条件是最理想的。

3. 燃料参数

燃料参数主要包括燃料类型、喷雾特性等。

不同类型的燃料具有不同的燃料特性,燃料特性对点火性能的影响主要体现在点火过程中燃料蒸气在点火电嘴周围和整个主燃区的浓度。燃料的蒸发速率主要取决于其挥发性及喷雾总表面积两个因素。燃料喷雾的总表面积直接与喷雾索太尔平均直径 SMD 相关,主要受燃料粘性的影响。

点火时的燃油雾化粒度和燃油分布也直接影响燃烧室点火。一般来说,降低喷雾中燃料液滴的平均颗粒直径,能有效地改善燃烧室的点火特性,液滴直径越小,蒸发的速率越大,液滴平均直径的减小会使最小点火能量明显下降。另外,燃料液滴的空间分布对点火也非常重要。点火电嘴附近的燃油浓度,特别是气相浓度,是影响点火性能的关键。

4. 燃烧室结构参数

关于燃烧室的结构参数,本节主要介绍燃烧室的喷嘴间距(相邻喷嘴的周向距离)。

在不考虑燃烧室单个头部燃油流量的基础上,喷嘴间距主要影响燃烧室的联焰性能。喷嘴间距的变化会直接影响相邻头部之间火焰的传播路径[6]。图 3.2 - 9 对比了某燃烧室不同喷嘴间距条件下的火焰传播过程。当相邻两喷嘴的间距为 9 cm 时,相邻头部火焰的连接点更靠近喷嘴位置,联焰方式直接而迅速;当相邻两喷嘴的间距增大到 18 cm 时,火焰的连接方式发生了变化:已经着火头部的火焰先向下游传播,在更下游的位置引燃其相邻头部,如图 3.2 - 9 中箭头所示。喷嘴间距增大时,联焰时间也随之增加。

更详细的喷雾特性解释了上述现象,如图 3.2 - 10 所示。当喷嘴间距为 9 cm 时,相邻喷嘴之间的区域充满油气混合物,火焰能够沿着图中直线箭头直接传播至相邻头部;当喷嘴间距增大到 15 cm 时,上述区域没有可供火焰稳定燃烧的油气混合物,火焰必须先向下游发展并扩大,继而沿图中拱形箭头回传至相邻头部。

图 3.2 - 11 对比了四种燃料、不同喷嘴间距条件下的点火延迟时间。可以看到,对于上述燃烧室,当 $d \leqslant 13$ cm 时,点火延迟时间与喷嘴间距基本呈线性关系,这是因为火焰的传播方向为上述直线方向。当喷嘴间距超过 13 cm 时,点火延迟时间不再呈线性增加,此时火焰传播模式为上述"拱形"传播。采用不同的燃料类型,点火延迟时间会发生变化,在喷嘴间距较大时体现得更为明显。

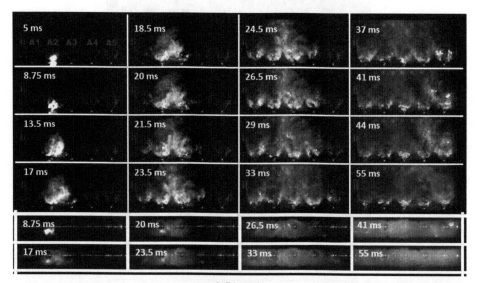

(a) 喷嘴间距为9 cm

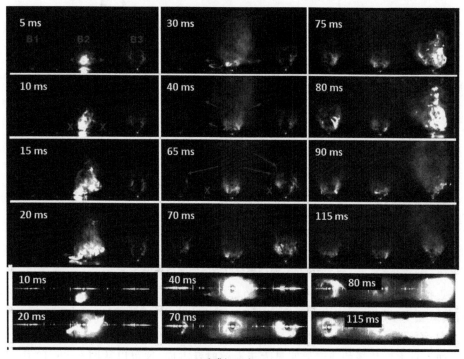

(b) 喷嘴间距为18 cm

图 3.2 - 9　不同喷嘴间距条件下的联焰过程

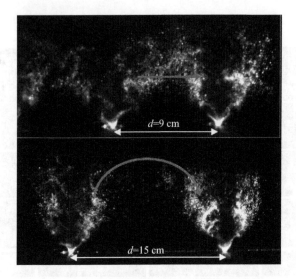

图 3.2-10　不同喷嘴间距条件下的喷雾特性

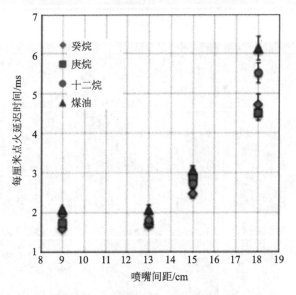

图 3.2-11　点火延迟时间随喷嘴间距的变化

　　火焰沿周向的传播速度与涡流器的旋向有关[5]。如图 3.2-12 所示的联焰过程,其试验中采用的涡流器特性如下:沿着火焰筒外壁,其出口气流切向速度沿逆时针方向;而沿着火焰筒内壁,其出口气流切向速度沿顺时针方向。试验结果表明,火焰沿逆时针方向传播的速度要明显大于沿顺时针方向,这可以从图 3.2-12 中观察到。相邻两头部之间的火焰传播速度存在差异。当增大火焰筒内部流速、减小当量比、增大相邻头部间距时,上述火焰传播速度差异性体现得更为明显。总体上来说,给定当量比,随着气流速度的增加,火焰传播速度略有减小;给定当量比和气流速度,火焰传播速度随着头部间距的减小而增加；给定气流速度和头部间距，火焰传播速度随着当量比的增加而增加。相比气流速度，头部间距是影响火焰传播和联焰更重要的因素。

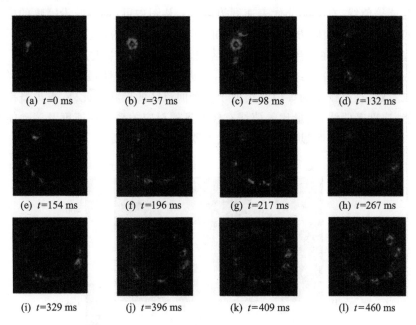

图 3.2－12　涡流器的旋向对联焰过程的影响

3.2.3　点火预测技术

燃烧室的点火预测一般都基于经验及试验。随着计算机及 CFD 技术的发展，燃烧室的点火预测有了更快捷高效的途径。除上文所述燃烧室点火过程的第一阶段外，第二至第四阶段相关的问题可以有效地利用数值模拟的手段（比如大涡模拟（Lage Eddy Simulation，LES））开展研究，LES 已经被证明能够较好地对这些阶段进行预测。

燃烧室的点火性能可以用点火概率来评估。这是因为，燃烧室的点火过程是一个极其复杂的高湍流度气液两相耦合流动、雾化、蒸发及化学反应的非定常随机过程。一方面，燃油的气动雾化需要保证燃油液滴与周围空气之间存在较大的相对速度，由于燃油粘性和表面张力的影响，要达到点火所需的雾化粒度，作用在燃油液滴上的相对气动力必须足够大，因此燃油与空气在一定限制空间内必然存在较强且具有一定拟序结构（具有某种特定次序或规律的湍流结构）的湍流作用。由于湍流的影响，油气两相流动必然在局部当量比、流动速度、湍流特性上带有明显的脉动特征和随机特性。另一方面，燃油液滴在空间分布的离散性和不均匀性，使得其点燃过程具有一定的随机统计特性[3]。点火所需的点火电嘴打火次数及点火延迟时间可以通过试验获取。此外,某个火花出现时燃烧室被点着的概率可以通过计算得到[7]。

在进行燃烧室点火预测时,也可以通过对流场、油雾场进行综合分析,得到主燃区各个位置的点火成功概率,如图 3.2 - 13～图 3.2 - 15 所示。图 3.2 - 15 左半部分代表湍动能等值线,右半部分代表速度等值线。从图中可以看到,沿喷嘴的中心区域($r=0～10$ mm,r 沿展向方向)点火成功的可能性是最低的,这些区域火核不太可能发展成稳定的火焰。在 $r=10～30$ mm 区域,点火成功概率上升到了 70%。在 $z<10$ mm(z 沿轴向方向)、$r≥30$ mm 区域,点火成功的可能性最大,超过 80%。从图中还可以看到,点火概率的等值线类似于一个回流区的形状。此外,点火概率等值线与湍动能、速度等值线、当量比等值线有较明显的对应关系。在速度及湍动能较小的区域,点火成功的概率明显增加。这为点火器位置的选择提供了指导。

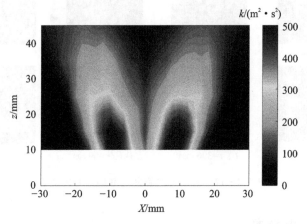

图 3.2 - 13　湍动能分布

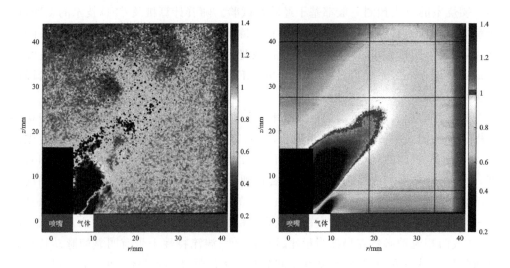

图 3.2 - 14　当量比分布

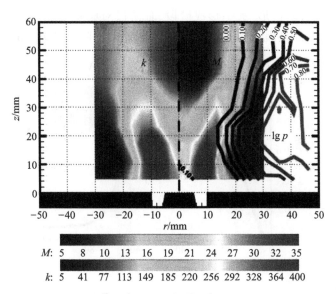

图 3.2 - 15　点火概率分布

　　燃烧室的联焰性能也可通过数值计算的手段来评估。图 3.2 - 16 给出了联焰过程数值模拟与试验结果的对比[8]。可以看到,数值模拟与试验具有较高的吻合度,能够较准确地捕获火焰传播过程及火焰轮廓。初始阶段($t=10$ ms),火焰形成"拱形"结构。此后,火焰分别沿顺时针及逆时针方向传播。靠近涡流器出口位置处的火焰传播领先于燃烧室下游。图 3.2 - 17 给出了计算得到的与图 3.2 - 16 中各个过程对应的燃烧室热量释放的变化。图中的 I 阶段对应火核的形成与传播;II 阶段对应图

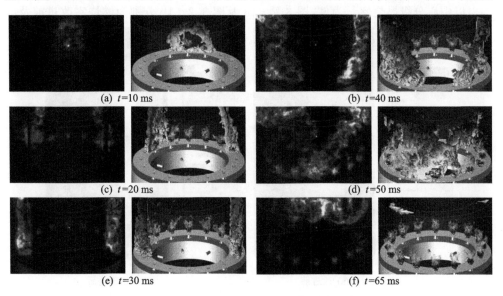

(a) $t=10$ ms　　　　　　　　　　　　(b) $t=40$ ms

(c) $t=20$ ms　　　　　　　　　　　　(d) $t=50$ ms

(e) $t=30$ ms　　　　　　　　　　　　(f) $t=65$ ms

图 3.2 - 16　环形燃烧室点火过程数值模拟[7]

中的(a)、(b)过程,即"拱形"火焰形成阶段;Ⅲ阶段对应联焰过程,即 10~50 ms 阶段。Ⅳ阶段热量下降是因为燃烧产物排出燃烧室,而Ⅴ阶段对应稳定燃烧阶段。

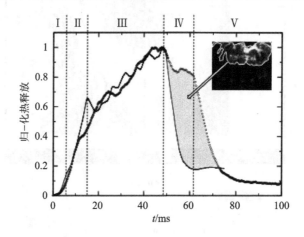

图 3.2-17　热释放随时间的变化[7]

3.2.4　改善燃烧室点火的措施

燃烧室点火是一个非常复杂的过程,它受到燃烧室本身气动性能和结构的影响,还受外界各种因素的影响和制约,改善燃烧室的点火性能应该从燃烧室本身的气动设计、点火装置参数、点火装置类型以及点火装置的位置等方面综合考虑[9-19]。

以中心分级燃烧室[8]为例,图 3.2-18 及图 3.2-19 分别为燃烧室改进前及改

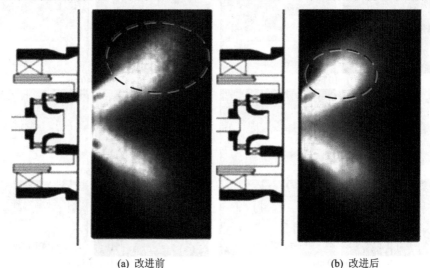

(a) 改进前　　　　　　　　(b) 改进后

图 3.2-18　点火差异原因分析(油雾分布)

进后的油雾场及流场。从油雾场方面分析,改进前,大部分燃料向外喷射到主燃级气流中,值班级火焰很难建立,因此点火性能较差;而改进后,较多的燃料被限制在回流区内部,有利于提高点火性能。从流场方面分析,改进前,主燃区的外围存在一个速度更高的夹带气流,不利于火核的形成和传播;而改进后,该夹带气流的速度减小,有利于火核向上游回流区发展,从而提高点火性能。

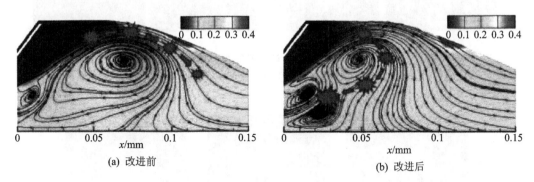

图 3.2 - 19　点火差异原因分析(流场分布)

　　涡流器对主燃区的流场有重要影响,其气动结构也会极大地影响燃烧室的点火性能。因此,对其局部细节结构进行优化也是改善燃烧室点火性能的重要方法。研究发现,贫油分级燃烧室(见图 3.2 - 20)值班级唇口长度和值班级一级叶片角度对燃烧室的点火性能有明显的影响[10]。随着唇口变长和叶片角度变小,燃烧室的点火性能有所提高。如图 3.2 - 21 及图 3.2 - 22 所示,当唇口变长、旋流叶片角度减小时,燃油喷雾向燃烧室中心发生偏移。特别是当叶片角度为 0°时,燃油喷射位置更靠近燃烧室中心,燃烧室就越容易获得较好的点火性能。为了更为详尽地了解点火过程,可以采用高速摄影的方法辅助研究。在一级旋流叶片为 0°的情况下,通过高速视频记录显示,火核可以在点火器尖端附近生成,并沿回流区向燃烧室上游发展且最终稳定。而当一级旋流叶片为 45°时,火核向上游移动的机会更小。

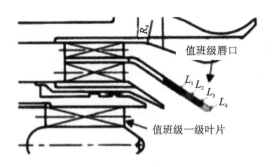

图 3.2 - 20　喷油分级燃烧室结构示意图

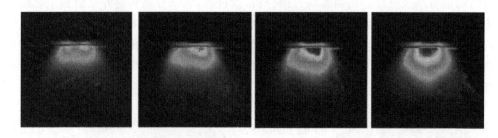

图 3.2-21　不同唇口长度条件下的油雾分布
（从左到右唇口长度分别对应图 3.2-20 中的 L_1、L_2、L_3、L_4）

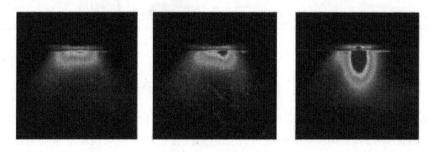

图 3.2-22　不同叶片角条件下的油雾分布
（从左到右值班级一级叶片角分别为 $-45°$、$-20°$、$0°$）

优化文氏管出口张角可以改善燃烧室点火性能。如图 3.2-23 及图 3.2-24 所示，图中所示情况 2 的点火性能明显优于情况 1[11]。这是因为，首先，情况 2 的文氏管出口面积更大，能够形成更薄的一层油膜，同时涡流器一、二级旋流的相互作用更强，有利于燃油的雾化；其次，分析速度场（见图 3.2-25）可以发现，情况 2 文氏管出口与点火器之间存在连续的剪切层，能够为火核的产生和回传提供通道。这些研究

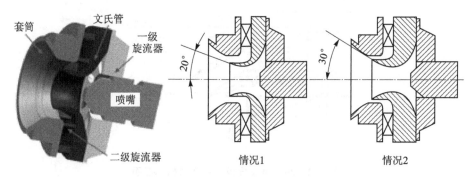

图 3.2-23　具有不同文氏管形状的涡流器[11]

说明,要保证燃烧室可靠点火,在形成初始火核的基础上,火核的传播路径非常关键,如图 3.2-26 所示,火核必须能够回传至回流区的上游才能够最终形成稳定的火焰,这可以通过优化主燃区的流场和油雾场来实现。此外,通过优化文氏管喉道直径、套筒出口张角及形状、涡流器旋流数等因素,也可改善燃烧室的点火性能。

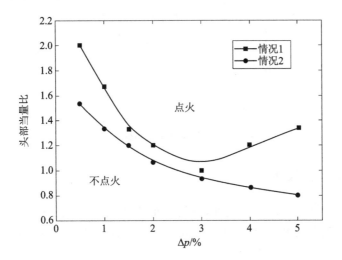

图 3.2-24 文氏管形状对燃烧室点火性能的影响[11]

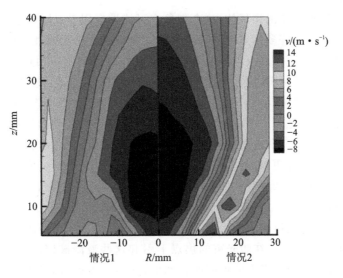

图 3.2-25 涡流器出口速度分布[11]

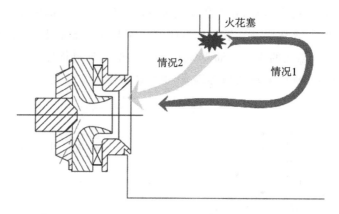

图 3.2 - 26   火核的传播路径示意图[11]

3.2.5   新型点火技术

除了常规的电火花点火方式外,燃烧室的点火技术还包括热表面点火、化学点火、补氧点火、激光点火、等离子体点火等。本小节仅介绍激光点火及等离子体点火技术。

1. 激光点火技术

激光束聚集输出能击穿气体,这个现象有可能被应用于点燃可燃混合物,并且与传统点火方式相比有许多优点。这种点火方式允许在主燃区中最有利于点火的位置准确定位点火,能避免将点火器安装在火焰筒壁面时带来的各种热损失。这些损失对点火过程有显著的影响,因为初期的火焰中心非常靠近电极,此时的电极是点火初期最容易受影响的部位,而且还会受到流过点火电嘴表面的冷却气膜的影响。

到目前为止,激光点火的研究范围主要被限定在火花塞试验器和往复式发动机中。这些研究得出的一个重要结论是:与传统点火方式相比,激光点火的点火边界要宽很多(点火油气比更低)。为了达到适航标准中对降低氮氧化合物排放量的规定,燃烧室被要求在越来越贫油的情况下运行,这个结论说明激光点火在燃烧室中有较好的应用前景。

对于液体燃料,燃料液滴的出现带来了一个重要问题:在强激光束的照射下这些液滴会发生什么变化。在激光束的焦点下引起这些液滴破碎的任何过程,以及燃料液滴的形成,都能增加点火的可能性。然而,在会聚束处(即激光强度不足以导致液滴破碎的区域)液滴的存在,会降低到达焦点的能量。目前,研究人员对这种新颖的点火方式给予了极大的关注,但是这种点火方式要实现工程应用,还需要更多的研究和发展[20]。

2. 等离子体点火技术

等离子体是固体、液体、气体之外的物质第四态,达到一定电导率的等离子体又称磁流体。等离子体按照典型存在形式可分为热平衡等离子体和非平衡等离子体。热平衡等离子体的电子、原子、质子等粒子的温度相同且非常高,典型的如太阳。非平衡等离子体只有电子温度很高,而其他粒子的温度较低,宏观上仍表现出较低温度气体的性质,如介质阻挡放电(DBD)、辉光放电产生的等离子体均为非平衡等离子体。一般来说,应用于燃烧室的等离子体点火器产生的等离子体射流介于两者之间。

等离子体在燃烧室的应用主要基于其三种效应,即点火效应、助燃效应及气动效应。这三种效应在提升燃烧室的点火性能方面均有较好的应用前景。

等离子体点火效应是指利用等离子体的高温、射流及带有活性粒子等特性对燃料点火,相比常规点火,其点火能量显著提高,能够拓宽燃烧室的点火边界,缩短点火时间。

等离子体助燃效应是指通过在工作气体中放电,利用产生的非平衡等离子体的化学活性提高燃料的点火性能及燃烧特性。其实质是等离子体中高能电子与反应物分子的非弹性碰撞,使反应物分子内能增加或能量转移及"形变",导致分子键松弛、断裂或裂解成自由基,也可能发生电离和离解等过程,从宏观上可观察到反应物分子发生了电击穿,即放电现象。放电过程中产生了大量的活性原子、基团,从而影响燃烧系统的化学平衡,加速燃烧的化学动力学过程。等离子体的助燃效应在改善燃烧室点熄火、温度场、燃烧效率、冷却及污染物排放方面都具有潜在的应用前景。

图 3.2-27 对比了等离子体介入后燃烧室温度场的变化(等离子体发生装置安装于涡流器的中心)[21]。可以看到,等离子体介入后,燃烧室的出口最高温度明显下降。研究表明,相比低温燃气,等离子体的介入对高温燃气 CO 及 NO_x 的生成有明显的影响。在当量比 0.68~0.91 之间,等离子体形成过程中产生的自由基有利于 CO 的氧化,但同时也加大了 NO_x 的生成。二者取决于燃气温度、组分及等离子体生成

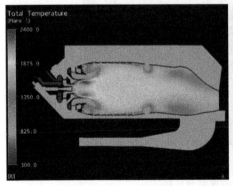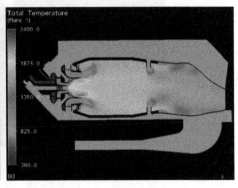

图 3.2-27　等离子体对燃烧室温度场的影响(右图带等离子体)

器的功率。这对等离子体应用于高温环境提出了挑战。

等离子体气动效应影响燃烧室流场的原理是：通过设置于燃烧室上下两侧电极间的强电场将燃烧室中的气流电离，并使等离子体在洛伦兹力作用下沿电场梯度方向进行定向运动，带电粒子在运动过程中与燃烧室中的中性气体分子碰撞，发生动量交换，诱导燃烧室内空气根据电场强度分布定向流动，改变燃烧室内的速度分布特性，产生旋涡使其紊流化，从而增加燃烧室内的紊流度，起到增强燃料空气混合、扩大火焰稳定区域的作用。图 3.2 - 28 为施加不同强度等离子体激励时的火焰形态[22]。

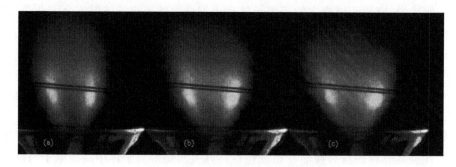

图 3.2 - 28 等离子体对火焰形态的影响

研究表明，在无焰燃烧中施加等离子体激励后，燃烧区的形状会发生改变，如图 3.2 - 29 所示[23]。施加等离子体激励后，反应区的长度变短，而宽度增加。施加等离子体激励后，形成了中间产物，并且气流得到加速，气流加速有利于燃料、氧化剂及中间产物的混合，这些效应使得点火延迟时间缩短，因此燃料在更短的时间内完成氧化反应，体现在反应区形状上，即反应区长度变短，宽度增加。

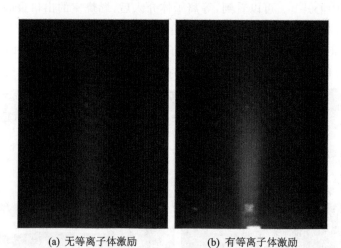

(a) 无等离子体激励   (b) 有等离子体激励

图 3.2 - 29 反应区形状比较

|3.3 火焰稳定|

3.3.1 火焰稳定机理简介

为了获得更低的火焰温度进而产生更低的 NO_x 排放,要求现代航空发动机燃烧室在更加贫油的状态下运转工作。燃烧室在接近贫油熄火(Lean Blow Out, LBO)边界的条件下工作运转增加了贫油熄火的风险。熄火会对航空发动机造成重大的安全隐患。因此,关于拓宽火焰稳定边界的相关技术是十分重要的。

所谓火焰稳定是指燃烧过程中,火焰峰能驻留在燃烧室内的预定区域,既不会被气流吹熄,也无明显的脉动。讨论火焰稳定机理前需明白几组概念。

第一组概念是层流燃烧与湍流燃烧。与流体力学中的层流流动和湍流流动相对应,存在所谓层流燃烧和湍流燃烧。层流燃烧时,依靠分子扩散将高温燃烧产物的热量传递给未燃混气,使其温度升高,直至着火。如此一层一层地使火焰峰向着未燃混气推进,这个推进速度称为层流火焰传播速度。这种燃烧就称为层流燃烧。湍流燃烧则是依靠气体微团的质量迁移将高温燃气的热量传递给新鲜未燃混气,使其温度升高直至着火。气体微团的质量迁移简称为湍流扩散,这种扩散速度即为湍流火焰传播速度。由于气体微团的尺度比分子大若干数量级,因此湍流扩散所传递的热量比分子扩散大得多。表观上,层流火焰峰表面平整光滑,火焰面薄,噪声低;而湍流火焰峰表面凹凸不平,火焰面较厚,噪声高。在涡轴涡桨发动机燃烧室中都是湍流燃烧。

第二组概念是预混燃烧与扩散燃烧。燃料在进入燃烧室之前已与空气充分混合,分布均匀,燃烧的发生是在均匀混气中进行,这种燃烧即为预混燃烧。预混燃烧速度完全取决于燃料的化学反应速度,因此预混燃烧又称为动力燃烧。反之,燃料与空气以分开状态进入燃烧室,燃料在燃烧室内与空气边混合边燃烧,这种燃烧即为扩散燃烧。扩散燃烧过程除了化学反应外,还有雾化、蒸发、混合等一系列物理过程。因此,扩散燃烧速度除了受化学反应速率的影响外,还受燃料雾化、蒸发和混合快慢的影响。在涡轴涡桨发动机燃烧室中多属扩散燃烧。

第三组概念是燃烧不稳定性和火焰稳定。燃烧不稳定性中的"不稳定"指的是有一定频率、一定模式的压力波动,又称为振荡燃烧。在涡轴涡桨发动机燃烧室中很少出现振荡燃烧,主要原因有:火焰筒尺寸小,多属扩散燃烧;另外,火焰筒上的主燃孔、掺混孔和冷却孔的进气对振荡起阻尼作用。火焰稳定中的"稳定"指的是不要熄火。

在涡轴涡桨发动机燃烧室中,通常是在火焰筒头部安装涡流器,使流经涡流器进

涡轴涡桨发动机燃烧室先进技术

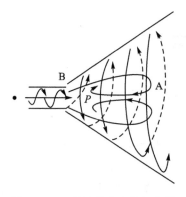

图 3.3 - 1　旋流稳定火焰示意图

入火焰筒的空气产生旋转。当旋转强度足够大时,中心压力将下降到足以产生逆向流动,因此产生回流,如图 3.3 - 1 所示。在图 3.3 - 1 中,回流气体 A 与主流气体 B(新鲜油气混合物)的交界面上,湍流度很大,两股气流间产生强烈的质量交换,因此一旦在 P 点被点燃并形成火焰峰后,回流气体的温度将上升到接近火焰温度。高温气体逆向流动,将巨大热量连续不断地向上游传输,在通过湍流交换使新鲜混气团在流向 P 点的过程中被不断加热,当该混气团接受的热量足够多时,就能维持在 P 点附近被不断点燃,形成自动点火源;相反,如果回流气体的流量太小,或回流温度太低,以致新鲜混气团接受的热量不足时,着火点 P 将向下游移动,并可能最终导致熄火。

参考文献[24]使用化学发光图像法和同步的三维粒子图像测速技术(Particle Image Velocimetry,PIV)、氢氧离子平面激光诱导荧光(OH - Planner Laser Induced Fluorescence,OH - PLIF)方法研究部分预混旋流火焰的贫油熄火。在 1 个大气压(1 个大气压=101 kPa)下的气相燃气轮机模型燃烧室中,由甲烷和空气产生的火焰在内部剪切层展示出一个明显的旋涡核心(Precessing Vortex Core,PVC)。速度场和氢氧离子场表明接近贫油熄火(LBO)时本质上有两个区域在发生反应,即沿着 PVC 的螺旋区域和环绕更低滞止点的火焰根部。沿着 PVC 的区域火焰更稳定是因为涡中心的应力更低而且燃气和新鲜空气的掺混更快。接近喷嘴出口的火焰根部的特征是具有相反流动方向的热燃气和相对富油的新鲜空气。由于高应力的存在,火焰根部接近贫油熄火时本质上是不稳定的,展现出频繁熄火和再点火的特点。

图 3.3 - 2 展示了熄火前稳态工作期间平均的氢氧离子场化学发光量和速度场。火焰形状和流场非常类似于略高的当量比下的全稳态工作情况。氢氧离子信号作为热释放位置的标志,表明热释放区域的轴向位置在 $y=5$ mm 和 $y=40$ mm 之间,径向位置在 $r<35$ mm 范围内,流场是典型的限制域旋流火焰,由从燃烧室涡流器进入

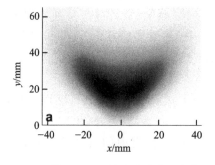
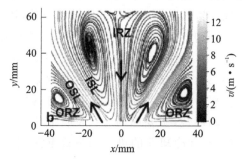

图 3.3 - 2　熄火前稳态工作期间的平均氢氧离子场化学发光量和速度场

火焰筒的新鲜空气的锥形主流、内部旋流区和外部旋流区组成。强速度梯度存在于内流与内部旋流区之间的内部剪切层和内流与外部回流区之间的外部剪切层,如图 3.3－2 所示,一个连续的旋流涡,即 PVC 在内部剪切层里面。

主燃区燃油/空气混合物的比例分布和温度分布如图 3.3－3 所示。混合物分数 f 是来自燃油喷嘴测量体积中的质量分数。对于甲烷和空气,恰当比的值是 0.055,全局当量比是 0.55,对应的恰当比的值是 0.031。可以看出,内部旋流区富油,而外部旋流区贫油。这种影响在 $y=5$ mm 处表现得最明显。测量限制在 $y \geqslant 5$ mm 的位置,而恰当比最大值的位置在 $x=8$ mm 处,由于掺混的作用,越往下游,恰当比越低。

图 3.3－3 表明由于反应进行,射流区域的温度从 $y=5$ mm 处的 600 K 升高到了 $y=40$ mm 处的 1 400 K。由于燃油贫、富状态的不同,内部旋流区的温度明显高于外部旋流区的温度。

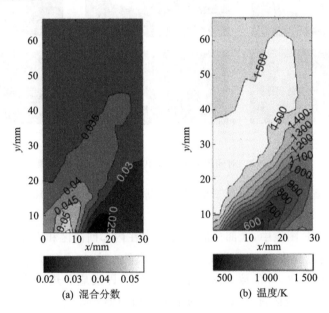

(a) 混合分数 (b) 温度/K

图 3.3－3　主燃区燃油/空气混合物的比例分布和温度分布

图 3.3－4 展示了稳态工作期间瞬态的氢氧离子场化学发光图像。热释放区域形成了一个二维喷射的螺旋结构,由虚线标识,表明火焰的放热与 PVC 同步。

这种现象进一步由时间序列的同步 PIV 和 OH－PLIF 测量所证实,如图 3.3－5 所示。速度场表明涡呈之字形分布,沿着内部剪切层向下游移动,如图 3.3－5 中箭头所示。二维横截面之字形的分布是三维螺旋 PVC 结构的表现。

对应的火焰结构由灰度化的 OH－PLIF 图像表征。高水平的 OH(亮灰色)区域表明超平衡的 OH 在反应区中形成,其寿命是 1 ms。中等和低水平的 OH(中等和暗灰)代表燃气的 OH 浓度已经向平衡态衰减,同时燃气向远离反应区的方向输

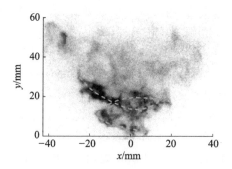

图 3.3 - 4　稳态工作期间瞬态的氢氧离子场化学发光图像

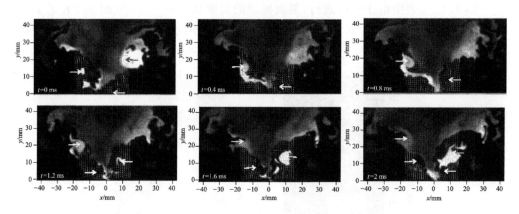

图 3.3 - 5　时间序列的同步 PIV 和 OH - PLIF 图像

运。没有 OH(黑色)表示气体处于低温或中等温度($T<1\,500$ K),比如未燃气体可能与燃气的掺混。

在 OH - PLIF 图像中,大部分的 OH 集中在内部回流区和内部剪切层。这是由内部回流区更高的温度和相对富油的气体造成的。高水平 OH 表明反应区通常接近涡中心,这在图 3.3 - 6 的放大图像中有所强调,即反应和热释放大部分发生在沿着 PVC 的区域。反应区首先以 OH 的小袋形结构形式分别出现在 $t=0$ ms 的左侧和 $t=1.2$ ms 的右侧,然后,反应区从涡中心扩散,同时涡向下游移动。

一些实验和数值研究表明,当量比低的时候贫油预混甲烷空气火焰的伸展熄火边界极大地下降。对一个预混反向喷射火焰,发现熄火伸展率从当量比为 0.75 时的 $1\,800$ s^{-1} 降低到了当量比为 0.55 时的 460 s^{-1}。对于目前的流场,计算了主要的应变率,在实体旋转发生的涡中心,应变率的绝对值(<500 s^{-1})最低。在内部剪切层和内部回流区的其他大部分区域,应变率的值$>1\,000$ s^{-1}。熄火伸展率的下降解释了在当量比为 0.55 时,火焰区域和 PVC 同轴分布。偏好这种同轴分布的第二个影响是 PVC 位于主流未燃气体和回流区已燃气体中间。以实体旋转为特征的内部涡核心被一个区域围绕,在该区域,距离中心越远,气流速度越低。速度的下降暗示着高的应变率,导致加速掺混和热量辐射至未燃气体。

除了旋流火焰区域外,还有第二个反应发生的区域,位于喷嘴上方的火焰根部。如图 3.3－6 所示,火焰根部围绕着瞬时滞止点,此处是来自喷嘴的新鲜空气和来自内部回流区的已燃气体相遇的位置。与螺旋形火焰区域不同的是,这个区域的应变率非常高。图 3.3－6 所示的例子中,滞止点的二维主应变率是 5 620 s^{-1}(膨胀应力)和 4 058 s^{-1}(压应力)。这些值明显大于当量比为 0.55 时 460 s^{-1} 下的伸展熄火边界。由于局部相对富油,火焰根部一定程度上承受了高应力,这暗示着更高的熄火极限;而且,与来自内部回流区已燃气体的相遇,导致了有效的热量向新鲜空气供应。尽管这样,由于存在高应力,火焰根部极易受伸展熄火的影响,特别是在贫油状态。从图 3.3－6 可以看出,在滞止点右侧 OH 的浓度降低,这是局部熄火的表现。

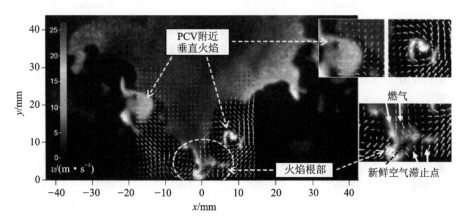

图 3.3－6 涡中心和火焰根部的火焰区域高亮,矢量颜色代表速度绝对值

火焰分成近似螺旋区域和火焰根部,可以在图 3.3－7 所示水平部分的测试中看到。当月牙形区域沿着内部剪切层并且火焰根部位于内部回流区时,螺旋火焰出现。进一步可以看出,两个区域至少暂时是关联的。类似的关联出现在 $t=0.4$ ms 和 $t=0.8$ ms 垂直部分(见图 3.3－5)的时间解析序列上。在 $t=1.2$ ms 时关联消失,表示关联可能中断,也可能表示关联离开了所示截面。

观测到的现象说明,两个火焰区域是相互依赖的。一方面,火焰根部本质上要求来自螺旋区域的内部回流区的热燃气向上游流动;另一方面,火焰根部是螺旋区域上游尾部附近热量的来源,因此有助于新鲜空气在螺旋区域的点火。

如前文所述,火焰根部受高应力影响因而容易伸展熄火,尤其在贫油状态。图 3.3－8(a)展示了一组时间序列的化学发光图像,该图像是在火焰根部熄火($t=0.8$ ms)和之后的立刻点火($t=2$ ms)的稳定工作期间拍摄的。这样的前期事件通常都是在稳定工作期间看到的,表明火焰根部的脆弱性,由于螺旋区域火焰的传播,也能看出再点火的能力。

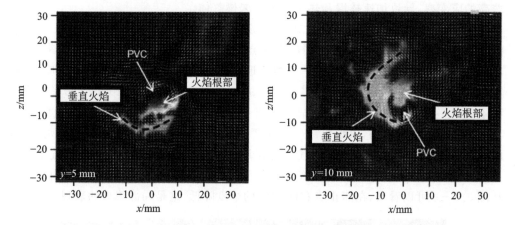

图 3.3 - 7　水平方向 $y=5$ mm 和 $y=10$ mm 处的瞬时 PIV 和
OH - PLIF 测量，矢量颜色代表轴向速度

　　由于应力或当量比的间歇波动，火焰根部很难再点火。这个过程发生在最终的 LBO 期间，如图 3.3 - 8(b)所示。在 $t=0$ ms 时刻，火焰根部已经熄灭。再点火不会发生，随后从 $t=0.8$ ms 时刻，螺旋形火焰区域也消失。

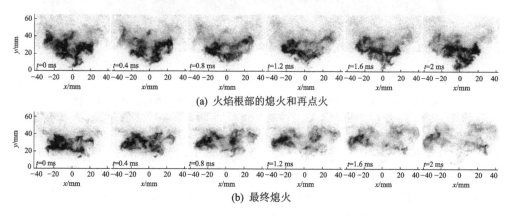

(a) 火焰根部的熄火和再点火

(b) 最终熄火

图 3.3 - 8　时序氢氧离子场化学反应

　　图 3.3 - 9 展示了 PIV 和 OH - PLIF 测量的一个类似 LBO 事件的时间序列图像。在 $t=0$ ms 时刻，火焰根部熄灭但是螺旋火焰仍然存在。与稳态条件下火焰根部是活跃的(见图 3.3 - 5)不同，这种状态涡核心的点火不可能发生，而且最终会发生熄火。以上结果证明，火焰根部提供的热量对火焰稳定起到了重要作用。对一些 LBO 研究的分析表明，这些研究过程中火焰根部首先熄灭，这些研究使用同步的 PIV 和 OH - PLIF 测量。如果熄火持续时间超过 2 ms(对应于 PVC 的一个旋转)，则整个火焰熄灭。在高应力和低伸展熄火边界的联合影响下，火焰根部变得脆弱。有几种最终能够引发熄火的明显过程，包括携带温度低的未燃气体进入内部回流区

和应力或混合物分数间歇性的变化。当火焰根部接近熄火时,即使这些过程细微地存在,也能够引发熄火。

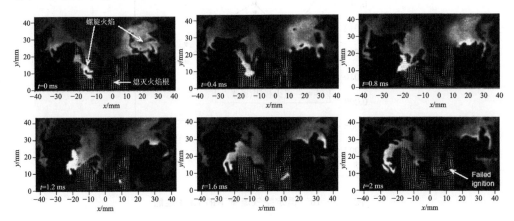

图 3.3 - 9 PIV 和 OH - PLIF 测量的类似 LBO 的时间序列图像

结果表明,在这个区域适当地修正流场或混合物分数,可以将 LBO 极限降低到更低的贫油状态。

3.3.2 燃烧室火焰稳定的影响因素

1. 燃料喷射方式的影响

控制贫油熄火边界的一个关键因素是燃料喷射方式。燃油的不均匀分布,确保了燃烧发生在混合物浓度比平均值高出许多的某些位置。这意味着即使当名义油气比降到正常贫油熄火边界以下时,由于在燃烧区域存在着混合物接近化学恰当比的微小区域,所以火焰仍能继续存在。因此离心喷嘴以宽的燃烧范围,尤其是良好的贫油熄火边界而著称。相反,气动雾化喷嘴能提供更好的燃料/空气混合,但是其燃烧范围相当窄。克服气动雾化喷嘴不良熄火性能的方法包括:采用旋流杯设计或增加稳定火焰的离心喷嘴作为副油路。火焰熄火问题在贫油预混预蒸发燃烧室中比在其他任何燃烧室都显得重要,因为该燃烧室必须持续在靠近贫油熄火边界工作。

2. 喷雾特性的影响

(1) 喷嘴罩间隙对燃烧性能的影响

图 3.3 - 10 给出了喷嘴罩间隙对贫油熄火性能的影响。为区分喷嘴罩间隙和喷嘴在涡流器中的轴向位置对 LBO 性能的影响,研究人员进行了涡流器中喷嘴不同轴向位置的试验。喷嘴罩出口与涡流器之间的轴向相对位置为 s_1,燃油喷嘴出口与涡流器的轴向相对位置为 s_2,喷嘴罩的间隙为 h,如图 3.3 - 11 所示。

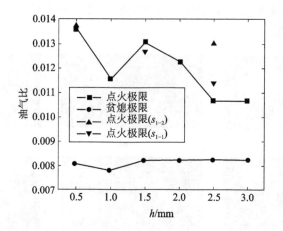

图 3.3 - 10　恒定空气流量下的 LBO 性能

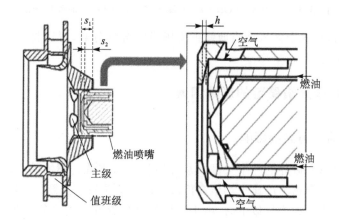

图 3.3 - 11　涡流器和离心喷嘴结构

　　图 3.3 - 12 给出了 LBO 附近的火焰模式。当 $h=0.5$ mm 时,火焰锚定在燃烧室头部环绕涡流器和主燃孔的区域,见图 3.3 - 12(a)。图 3.3 - 12(b)中的火焰模式是非常混乱的,不是成功的点火案例,是比较不同试验方案下的点火模式,在航空发动机燃烧室中应避免这种火焰模式,因为这种火焰模式可能会导致高温燃气烧蚀文氏管。

　　火焰稳定在燃烧室中的作用机理如图 3.3 - 13 所示。在图 3.3 - 13(a)中,对于 $h=0.5$ mm,在点火条件下火焰基底位于燃烧室头部周围的旋流杯和燃烧室主燃孔的衬管,因为有低速区域,入射的气体速度与火焰基底的碰撞速度相匹配。然而,在 $h=2.5$ mm 的情况下,火焰基底位于一次和二次旋流空气之间的剪切层。

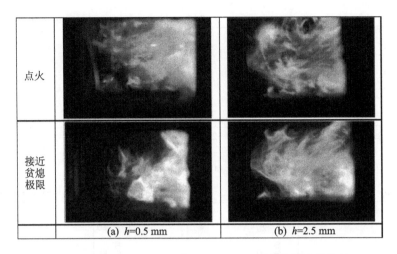

图 3.3 - 12 $h=0.5$ mm 和 $h=2.5$ mm 时火焰模式的比较

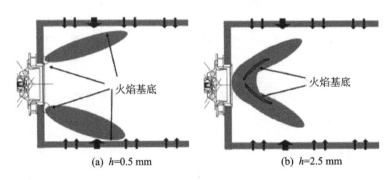

图 3.3 - 13   在近 LBO 条件下火焰稳定作用机理示意图

(2) 喷嘴罩间隙对喷雾模式的影响

图 3.3 - 14 给出了 $h=0.5$ mm 时 LBO 附近的液滴空间分布。燃烧室参考速度从 6.29~8.80 m/s 不等。在图 3.3 - 14(a)中,液滴分散并集中在喷雾锥的外围,空心喷雾的内表面直径约为 20 mm。此外,喷雾角随燃烧室参考速度的增加而减小。在这种情况下,空心锥形喷雾的发展与离心喷嘴产生的空心锥形喷雾有很大的不同。在喷雾发展过程中,离心喷嘴产生的空心锥形喷雾中的液滴会分散并填充整个截面平面。而图 3.3 - 14(a)中空心锥形喷雾中的液滴仅向外扩散,在下游喷雾中心仍然没有液滴。当燃料压差改变为接近 LBO 条件时,喷雾的收缩幅度较大,这些液滴集中在燃烧室涡流器下游的中心,如图 3.3 - 14(b)所示。

图 3.3 - 15 给出了在接近 LBO 条件下 $h=2.5$ mm 时液滴的空间分布情况。参考速度与图 3.3 - 14 中的速度相同。喷雾中的液滴集中在涡流器出口中心附近。随着参考速度的增加,喷雾模式几乎没有变化。

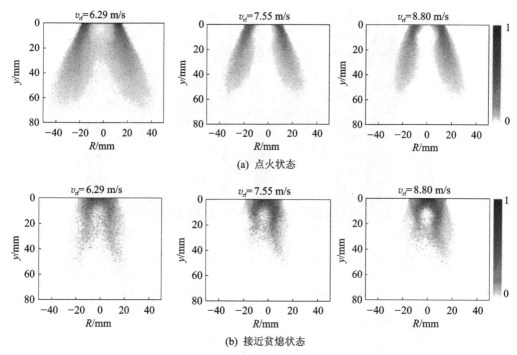

(a) 点火状态

(b) 接近贫熄状态

图 3.3-14　喷嘴间隙为 $h=0.5$ mm 的喷雾模式

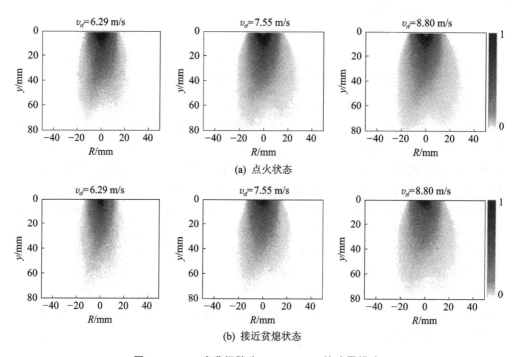

(a) 点火状态

(b) 接近贫熄状态

图 3.3-15　喷嘴间隙为 $h=2.5$ mm 的喷雾模式

（3）喷嘴罩间隙对索太尔平均直径 SMD 的影响

图 3.3 - 16 给出了在接近 LBO 的条件下，喷雾罩间隙对 SMD 和液滴尺寸分布指数(n)的影响。在接近 LBO 条件下，随着燃烧室参考速度的增加，SMD 和 n 都减小了；在接近 LBO 条件下，随着 SMD 的减小，液滴直径分布的均匀性降低。相对 $h=2.5$ mm 而言，$h=0.5$ mm 时的 SMD 更小，液滴尺寸分布指数(n)也更小。因此，如果以液滴大小作为喷雾质量好坏的标准，则在 $h=0.5$ mm 时涡流器表现更好；如果以液滴尺寸分布的均匀性作为喷雾质量好坏的标准，则在 $h=0.25$ mm 时旋流器、涡流器表现更好。

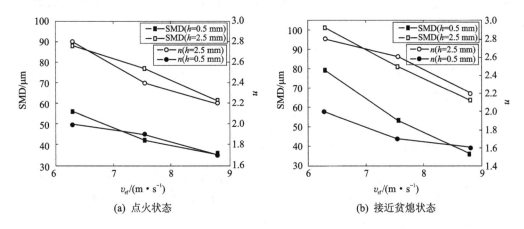

(a) 点火状态　　　　　　　　　(b) 接近贫熄状态

图 3.3 - 16　在接近 LBO 条件下，随着参考速度的变化，喷雾罩间隙对 SMD 和 n 的影响

（4）喷雾与燃烧性能之间的关系

燃烧室平均液滴尺寸、液滴尺寸分布、液滴形态、流场等参数对燃烧室性能的控制起着重要作用。然而，本节更关注的是喷雾与火焰稳定之间的关系，探讨哪些喷雾性能对 LBO 有利。火焰稳定要求入射气体的速度和火焰基底的燃烧速度相匹配。在接近 LBO 条件下，喷雾质量通过确定火焰基底本地燃烧速度和火焰传播而影响火焰稳定性。

基于前文所述的燃烧室涡流器的喷雾和燃烧性能，喷嘴罩间隙通过影响喷雾特性从而对火焰形态和点火性能有较大的影响。在 LBO 条件下，火焰形态及稳定性与喷雾形态有直接而密切的关系。

通过将燃料压力差从点火状态迅速减小到接近 LBO 状态，产生了贫油熄火，如图 3.3 - 12(a)所示。贫油熄火是因为喷雾减少导致的，见图 3.3 - 14。在快速减小燃料压差过程中，径向向外火焰无法传播到燃烧室的中心。然而，在接近 LBO 条件下，如果逐渐减小燃料点火压差，则径向外部火焰可能传播到燃烧室中心，火焰可能锚定在燃烧室中心，火焰模式与图 3.3 - 12(b)相同。

图 3.3 - 15 中的喷雾模式对应于图 3.3 - 12(b)中的火焰。在点火和接近 LBO 条件下，火焰可以锚定在燃烧室中心，因为喷雾中的液滴集中在燃烧室的中心。在将

燃料压差从点火状态快速减小到接近 LBO 状态的过程中,火焰是稳定的。在点火和接近 LBO 条件下,$h=0.5$ mm 时的 SMD 都小于 $h=2.5$ mm 时的 SMD,但在 $h=2.5$ mm 时液滴尺寸更均匀。与喷雾模式对点火性能的影响相比,SMD 和 n 并不是 LBO 的主要影响因素。

3.3.3 火焰稳定边界预测

从目前国外研究资料中发现,有较多研究熄火过程的模型。其观点大致可分为两类:一类是基于均匀混气反应的非线性尾流区的观点,即认为当新鲜的均匀混气由初始状态温度提高到点火温度所需时间大于混气化学反应时间时即熄火;另一类观点则把注意力集中在尾流区附近的剪切层上,认为熄火的发生是由于新鲜混气在剪切层内停留的时间太短而不能被热的回流区点燃,因此熄火准则就是点火延迟时间等于在回流区及剪切层内的停留时间。第一类观点被 Ballal 和 Lefebrve 采用,形成了 Lefebrve 模型;第二类观点由 Plee 和 Mellor 发展为特征时间模型。

1. Lefebrve 贫油熄火模型

Lefebrve 按照能量平衡的观点,提出热平衡模型,认为燃烧室油气混合物熄火是当主燃区的释热率不足以把进入燃烧室的新鲜混气加热到所要求的燃烧反应温度时,不能将新鲜油气混合物点燃而发生的熄火现象。

燃烧室的贫油熄火界限通常以整个燃烧室的油气比来表示。Lefebrve 根据大量燃烧室的贫油熄火数据整理出以下贫油熄火油气比表达式:

$$q_{\text{lbo}} = \left[\frac{\text{Af}_{\text{pz}}}{V_{\text{c}}}\right]\left[\frac{m_{\text{a}}}{p_3^{1.3}\exp\left(\dfrac{T_3}{300\text{ K}}\right)}\right]\left[\frac{D_{\text{SM}}^2}{\beta q_{\text{LCV}}}\right] \tag{3.3-1}$$

式中,V_{c} 为燃烧区体积,指在稀释空气进入主燃孔前的主燃区体积;Af_{pz} 为燃烧室常数,无相关数据时,可参照表 3.3-1 的相似机型数据;D_{SM} 为燃油 SMD 的数值,β 为燃油的有效蒸发常数,q_{LCV} 为燃油的低热值,m_{a}、p_3 和 T_3 分别为燃烧室进口的空气流量、压力和温度。

分析燃料属性及燃烧室工况对几种航空发动机燃烧室(包括 J79-17A、J79-17C、F101、TF41、TF39、J85、TF33、F100)熄火性能的影响,得到了燃烧效率、贫油熄火极限、燃油属性、燃烧室结构特点、燃烧室工况等一些关键概念之间的定量关系,所得结论之一是:贫油熄火极限与燃料的化学属性相关性较弱,与决定雾化质量和喷雾蒸发率的燃料物理属性相关性较强。

表 3.3 - 1　Lefebrve 半经验公式中不同机型的模型常数

机　型	Af_{pz}	机　型	Af_{pz}
J79 - 17A	0.22	TF39	0.18
J79 - 17C	0.22	J85	0.30
F101	0.22	F100	0.16

2. Lefebrve 贫油熄火模型改进一

在 Lefebrve 计算熄火的半经验公式中,燃油雾化粒径 D_{SM} 项是对熄火油气比影响较大的参数。但是在旋流进气燃烧室中,旋流对雾化的影响是不可忽视的。为了得到各个工况下的 D_{SM} 值,通过实验测量是较为准确的方法;但是面对工况较多的情况,实验测量工作量加大,也给预测熄火极限带来很多困难。针对旋流进气燃烧室,可参考 Feras Z. Batarseh 等人提出的 D_{SM} 计算公式来进行 D_{SM} 的计算,即

$$\alpha \sim \frac{\nu_L^{\frac{2}{3}} \sigma^{\frac{1}{3}} L^{\frac{2}{15}} \rho_L^{\frac{1}{3}}}{\nu_A^{\frac{2}{15}} \rho_A^{\frac{2}{3}} \upsilon_A^{\frac{6}{5}}} \qquad (3.3-2)$$

$$D_{SM} = 6.2\alpha \qquad (3.3-3)$$

式中,ν_L 和 ν_A 分别为燃油和空气的粘性系数;σ 为燃油的表面张力;L 为液膜长度,对于图 3.3 - 17 中的喷嘴结构,L 为文氏管喉部至文氏管出口的轴向距离;ρ_A 为空气密度,ρ_L 为燃油密度;υ_A 为涡流器出口空气速度,可认为该速度为涡流器出口截面平均速度。

参考文献[17]对上述 D_{SM} 的计算公式进行了试验验证,选定几组对应的空气流量与燃油流量,模拟在熄火附近点的工况下,雾化实验测得的 D_{SM} 示于图 3.3 - 18 中,直线为 $D_{SM} = 6.2\alpha$。试验结果与该直线具有较好的拟合性,说明式(3.3 - 2)和式(3.3 - 3)对旋流进气燃烧室的 D_{SM} 预测结果可靠。

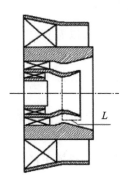

图 3.3 - 17　喷嘴结构示意图

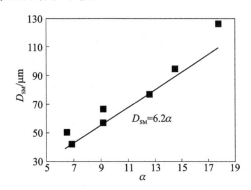

图 3.3 - 18　雾化试验结果和公式比较

从图 3.3 - 18 中可以看出,随着空气流速的增加,D_{SM} 呈现逐渐减小的趋势,这一结果说明涡流器的雾化主要受空气流速的影响,空气流速的增加加强了涡流器中两级空气之间的剪切力,促进液膜破碎,改善了雾化。

参考文献[17]在三级涡流器上对改进后的 Lefebrve 贫油熄火模型进行了试验验证。三级涡流器旋向为一二级反向、二三级同向,分别设计了 3 组不同的排气角度,表征不同的旋流强度,如表 3.3 - 2 所列。

表 3.3 - 2　3 组不同涡流器排气角度实验方案

实验方案序号	$\alpha_1/(°)$	$\alpha_2/(°)$	$\alpha_3/(°)$
1	40	50	42
2	40	50	48
3	40	50	54

注:α_1、α_2、α_3 分别为第一、二、三级涡流器叶片安装角。

图 3.3 - 19 显示了在油量减少过程中火焰形状的变化。从图 3.3 - 19(a)中可以看到,油气比较大时,火焰长且充满整个主燃区。随着油量的减少,火焰变得越来越小,在临近熄火点时,火焰变得非常不稳定,见图 3.3 - 19(c)。

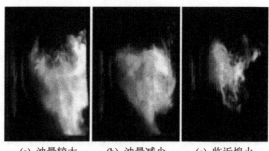

(a) 油量较大　　　(b) 油量减少　　　(c) 临近熄火

图 3.3 - 19　熄火过程中的典型火焰形态

表 3.3 - 2 中 3 组实验所得结果如图 3.3 - 20 所示,从图中可以看到:

① 当进口气流速度小于 8 m/s 时,随着进口气流速度的增加,熄火油气比 q_{lbo} 逐渐降低,熄火油气比由 0.015 降到 0.008,这是因为进气量增加改善了喷嘴的雾化质量,同时燃油雾化压力较高,使得燃烧室不容易熄火。

② 当进口气流速度大于 8 m/s 时,随着空气量的增加,熄火油气比逐渐稳定在 0.008 附近。

根据熄火模型可以预测的方案 2 和方案 3 燃烧室在不同进气流速下的熄火油气比,模型预测结果和实验结果见图 3.3 - 21 和图 3.3 - 22。

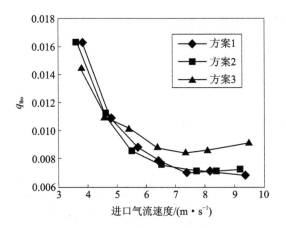

图 3.3-20　各试验方案下熄火油气比随进口气流速度的变化曲线

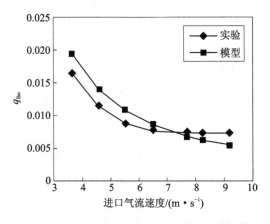

图 3.3-21　方案 2 计算结果与试验结果比较

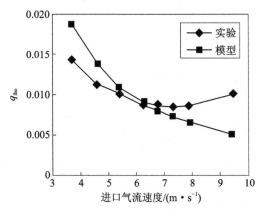

图 3.3-22　方案 3 计算结果与试验结果比较

3. Lefebrve 贫油熄火模型改进二

Lefebrve 的 LBO 表达的物理模型如图 3.3 – 23 所示[25]。模型所作的物理假设如下：

① 所有入口空气流都参与燃料混合并在 LBO 燃烧。

② 湍流火焰充满整个燃烧室 LBO。

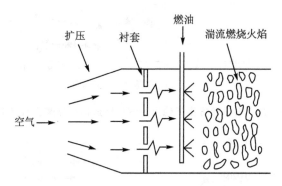

图 3.3 – 23　Lefebrve 的 LBO 表达的物理模型

根据上述物理模型，LBO 预测均匀混合物的相关性推导如下：

$$q_{lbo} \propto \left[\frac{\dot{m}_a}{V_c p_3^n \exp\left(T_3/b\right)} \right] x \tag{3.3 – 4}$$

式中，q_{lbo} 表示贫油熄火油气比；$\dot{m}_a$ 为空气流量；V_c 为燃烧区体积，指在稀释空气进入孔前的主燃区体积；p_3 和 T_3 分别为燃烧室进口的压力和温度，n、b 和 x 表示常数。

基于式（3.3 – 4）进行修改说明，汽化和雾化影响燃料的热值。最后，根据实验结果，V_c、$\dot{m}_a$ 和 p_3 的值分别为 1、1 和 1.3，因此，最简单的 Lefebrve LBO 模型变成了下式：

$$q_{lbo} = \left(\frac{Af_{pz}}{V_c} \right) \left[\frac{\dot{m}_a}{p_3^{1.3} \exp\left(T_3/300\ \text{K}\right)} \right] \left(\frac{D_0^2}{\lambda_{eff} LHV} \right) \tag{3.3 – 5}$$

式中，Af_{pz} 为燃烧室常数，LHV 为燃料高热值，D_0 为初始平均液滴直径，λ_{eff} 为有效蒸发系数。

但是，很明显，燃烧室主燃区结构变化的影响在模型中没有体现。

试验结果表明，在 LBO 附近，火焰的大小相对整个燃烧室空间所占比例非常小。此外，火焰的大小对于不同的燃烧室是不同的，表现为不同的 LBO 边界。因此，有人认为火焰体积可能与燃烧室的 LBO 边界有关。

基于以上分析，新的物理假设如下：

① 燃料和空气在主燃区已充分混合，分布均匀。

② 进气流分为两部分：一部分是指涡流器进气和通过火焰筒壁进入主燃区的

空气,这部分空气参与燃烧;另一部分是指掺混用气,不参与燃烧。

③ 除了头部进气以外的气流都沿着火焰筒壁均匀地进入火焰筒内,通过火焰筒壁进入主燃区的空气与湍流火焰区的尺寸大小成正比。

图 3.3 - 24 中描述了基于 FV 概念的新物理模型。

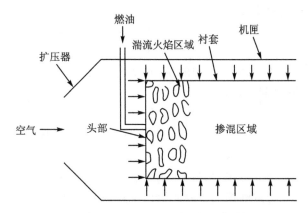

图 3.3 - 24　FV 相关式的物理模型

根据上述假设式(3.3 - 4)和式(3.3 - 5),结合以上物理模型,用参与燃油雾化和燃烧用气量 $m_{a,c}$ 代替整个燃烧室进气流量 m_a,用主燃区火焰体积 V_f 代替整个燃烧室容积 V_c。因此,主燃区贫油熄火油气比(LBO FAR)可表示如下:

$$q_{lbo,c} \propto \left[\frac{\dot{m}_a}{V_f p_3^n \exp(T_3/b)} \right] x \tag{3.3 - 6}$$

因为,f_c 表示燃烧空气的比例,所以燃烧空气 $m_{a,c}$ 可表示如下:

$$m_{a,c} = \dot{f}_c \cdot \dot{m}_a \tag{3.3 - 7}$$

同样,燃烧室贫油熄火油气比 q_{lbo} 与主燃区贫油熄火油气比 $q_{lbo,c}$ 之间的关系可以表示为

$$q_{lbo} = f_c \cdot q_{lbo,c} \tag{3.3 - 8}$$

另外,根据假设式(3.3 - 5),燃烧用气包括涡流器进气 α 和通过火焰筒壁进入主燃区的空气。根据假设式(3.3 - 6),通过火焰筒壁进入主燃区的空气与湍流火焰区的尺寸大小成正比。因此,通过火焰筒壁进入火焰筒内参与燃烧的空气量表示为 $(1-\alpha)V_f/V_c$。最后,所有参与燃烧的空气量可表示为

$$f_c = \alpha + (1-\alpha) \frac{V_f}{V_c} \tag{3.3 - 9}$$

将式(3.3 - 7)和式(3.3 - 8)中的 $q_{lbo,c}$ 和 $m_{a,c}$ 代入式(3.3 - 6)得到

$$q_{lbo} \propto f_c \cdot \left[\frac{f_c \dot{m}_a}{V_f p_3^n \exp(T_3/b)} \right] x \tag{3.3 - 10}$$

对于不同种类的燃油与空气混合物,需要考虑雾化、蒸发特性的影响,另外,还需

要考虑燃料热值的影响。最后,式(3.3-10)可以表示为

$$q_{lbo} = K\left(\frac{f_c^2}{V_f}\right)\left(\frac{\dot{m}_a}{p_3^{1.3}\exp(T_3/300\text{ K})}\right)\left(\frac{D_0^2}{\lambda_{eff}\text{LHV}}\right) \qquad (3.3-11)$$

式中,K 为 FV 模型定义的常数。

火焰体积无量纲数定义为

$$\beta = \frac{V_f}{V_c} \qquad (3.3-12)$$

将式(3.3-9)和式(3.3-12)中的 f_c 和 β 代入式(3.3-11)得到 FV 模型,它将火焰体积与 LBO 联系起来,即

$$q_{lbo} = K\left[\frac{\alpha}{\sqrt{\beta}} + (1-\alpha)\sqrt{\beta}\right]^2\left(\frac{1}{V_c}\right)\left[\frac{\dot{m}_a}{p_3^{1.3}\exp(T_3/300\text{ K})}\right]\left(\frac{D_0^2}{\lambda_{eff}\text{LHV}}\right)$$

$$(3.3-13)$$

在改进的 FV 模型中,α 和 β 是两个关键参数,因为这两个参数使得涡流器进气量和主燃区结构变化对贫油熄火边界的影响在模型中得到体现。

由 Lefebvre 模型和 FV 模型预测的 LBO 当量比模型与实验值的比较显示在图 3.3-25 中,横坐标表示无量纲火焰体积,纵坐标表示 LBO 等价比。从式(3.3-13)可以看出,Lefebrve 模型中采用的是燃烧室体积而不是火焰体积,因此,当改变与火焰体积相关的某结构参数时,Lefebrve 模型的预测值保持不变。由于 FV 模型通过参数 β 将火焰体积与 LBO 之间建立起了联系,所以 FV 模型的预测值会随着结构参数的改变而发生变化。

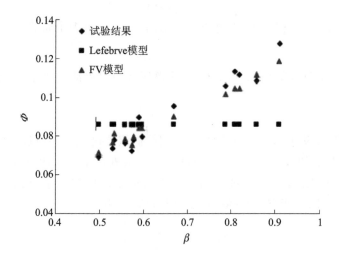

图 3.3-25 不同 LBO 模型的预测值和测量值的比较

3.3.4 火焰稳定优化技术

目前国际民航组织对航空发动机的污染排放管控日趋严格,由此推进了低污染燃烧技术的快速发展。先进的低污染燃烧室可以分为三种:富燃/快速淬熄/贫燃(RQL)燃烧室、贫油预混预蒸发(LPP)燃烧室和贫油直喷(LDI)燃烧室。从低污染燃烧理论来看,实际上有两种路线:富燃和贫燃。RQL 技术属于富燃,另外两个属于贫燃。相较于富燃路线,贫燃路线有更多的减少 NO_x 的潜力,尤其是随着当前民航发动机工作压力的升高,贫燃路线比富燃路线有更大的优势。这些燃烧室在改善低污染问题的同时,也会带来贫油燃烧火焰不稳定的问题。

对于现代航空发动机燃烧室来说,改善火焰稳定的一个主要研究方向是如何组织头部的燃烧。例如可以采取改变燃烧室头部几何结构、分区供油的方案、中心分级和多点喷射的燃烧室方案等来拓宽火焰稳定边界。

图 3.3-26 为某带有三级旋流的三头部中心分级燃烧室结构示意图,进口气流按照沿轴线相反的方向,从燃烧室尾部进入,这是涡轴涡桨发动机回流燃烧室的特点,一部分空气直接进入掺混孔,剩下的空气通过燃烧室头部的三级涡流器进入火焰筒。该方案取消了主燃孔和补燃孔结构。燃油供给值班级和主级。较少的一部分燃油进入中心值班喷嘴,进而被内旋流空气雾化。剩余的燃油通过主级侧壁的一些孔直接进入主级(第三级)涡流器的叶片通道,实现分区域燃烧;同时还研究了不使用分级技术的带有双级涡流器的燃烧室,如图 3.3-27 所示,与分级燃烧室不同的是,除了掺混孔外,主燃孔和补燃孔均保留。

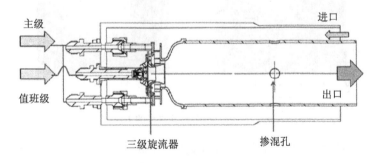

图 3.3-26 三级旋流的三头部中心分级燃烧室结构示意图

对于分级燃烧室的高功率状态,主级和值班级同时提供燃油,然而在贫油熄火状态,只有值班级供油到内部旋流雾化。因此,值班级区的当量比是局部富油的,油气混合物更容易被点燃并稳定火焰。但是对于传统的双级涡流器,燃油被所有从涡流器前端进入的空气雾化,此时总油气比相对于分级燃烧室的值班级的油气比更低,因此需要一个更加高的油气比来稳定火焰。

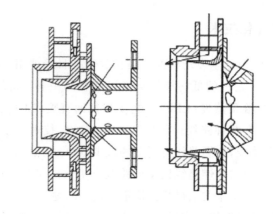

图 3.3 - 27 不使用分级技术的双级涡流器

为了研究这个有趣的现象,采用平面激光图像技术研究喷嘴性能。图 3.3 - 28 的左图显示的是距离喷嘴出口水平面 15 mm 的时均 LIF 图像。左图代表传统的双级涡流器方案,右图代表分级方案。双级涡流器方案的燃油集中在一片环形区域,这个环形区域的尺寸很小,当轴向位置在 5～30 mm 的时候,小液滴的圆尺寸不变。但是对于燃油分级喷射,在喷嘴出口 15 mm 的位置,燃油充满了半个横截面,如图 3.3 - 28 的右图所示。激光图像试验结果表明,分级方案周向燃油分布更加均匀。

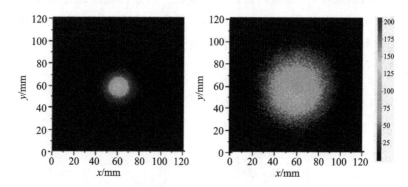

图 3.3 - 28 传统方案与分级方案的 LIF 图像对比

研究人员同样评估了喷嘴中心截面的燃油分布。图 3.3 - 29 表示在相同的压力损失下的燃油分布。左图表示传统双级涡流器方案的时均雾化分布,雾化锥角相对较小,大部分液滴集中在靠近涡流器出口的油雾中心,液滴无法进入回流区,会造成点火困难。相比于双级涡流器方案的油雾,分级方案头部有更大的雾化锥角,同时中心几乎无液滴。被旋流雾化后的燃油进入值班级回流区,因而燃油分级设计在点火性能方面有一些优势,可以预测,燃油分级方案的熄火边界也会比双级涡流器方案要宽。

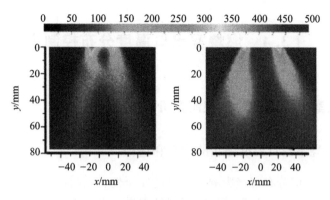

图 3.3 - 29　相同的压力损失下的燃油分布

图 3.3 - 30 示出了两种方案之间的贫油熄火油气比边界。上面的曲线表示的是双级涡流器的贫油熄火油气比边界随着参考速度变化的关系,下面的曲线对应的是分级方案。当参考速度从 5.4 m/s 提高至 8.8 m/s 时,分级方案的熄火油气比边界介于 0.003～0.006 之间。随着空气流量的增加,喷嘴雾化效果变好,火焰更容易稳定,因此贫油熄火油气比边界随着参考速度的增加而降低。

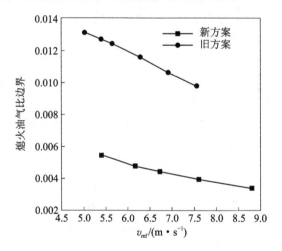

图 3.3 - 30　贫油熄火油气比对比

双级涡流器方案和分级方案的贫油熄火油气比边界的变化趋势相同。然而,双级方案贫油熄火油气比边界非常高,超出分级方案的 2 倍。当参考速度为 5 m/s 时,贫油熄火油气比边界达到 0.013。当参考速度从 5 m/s 增加至 7.5 m/s 时,贫油熄火油气比边界显著下降。试验表明,相较于双级涡流器方案,燃油分级方案有更宽的贫油熄火油气比边界。

│3.4 燃烧室出口温度分布控制│

3.4.1 燃烧室出口温度分布控制简介

1. 控制燃烧室出口温度分布的意义和途径

燃烧室出口温度分布直接影响发动机的安全性、可靠性、寿命及排放,是燃烧室最重要的技术指标之一。随着高性能军用航空燃气涡轮发动机技术的发展,发动机涡轮前温度从早期的不到 1 000 K 提高到了如今现役发动机的 1 700~1 800 K,预计 2030 年后发动机涡轮前温度可达 2 000 K 左右,涡轮部件冷却系统的工作环境会更趋恶劣,相应的燃烧室出口温度周向分布的均匀性以及温度沿径向分布的特性等对涡轮性能以及导向器叶片寿命的影响将更加显著。燃烧室出口的局部热点会使涡轮部件局部应力增大,易产生裂纹,严重时可导致一级导向器叶片前缘烧蚀,烧蚀掉块还可能打伤涡轮叶片,造成故障。燃烧室出口叶根部位温度偏高,会导致涡轮转子叶片根部热应力增大,可能造成涡轮轮盘榫齿出现裂纹甚至断裂,这会严重影响发动机的安全运行。因此,为保证涡轮在恶劣条件下长期稳定工作,严格控制出口温度分布的均匀性以及良好的沿叶高的温度分布,是发动机燃烧室研制中的关键问题之一。

涡轴涡桨发动机燃烧室的气动负荷大,尺寸效应明显,在燃烧室的研制中,需要从燃烧室设计、加工以及出口温度分布调试三个方面综合控制燃烧室的出口温度分布。其中合理的燃烧室气动设计和结构设计是燃烧室具有良好出口温度分布的基础。而涡轴涡桨燃烧室一般尺寸较小、结构紧凑,燃烧室一些关键零件的加工质量以及各零组件的配合也会对出口温度分布有较大影响。此外,在燃烧室的实际研制中一般还需要通过部件试验调试来改善燃烧室的出口温度分布,具体途径包括掺混孔的优化、燃油雾化装置的匹配优化等。在未来,随着涡轴涡桨发动机性能的提高,主要从头部油气分布控制、主动燃烧控制、掺混控制等方面进一步优化燃烧室的出口温度分布。

2. 燃烧室出口温度分布的评估及分析

(1) 燃烧室出口温度分布评估

评估燃烧室出口温度分布的指标一般包括影响发动机功率输出、燃烧室下游热端部件寿命和耐久性等参数[26]。

① 燃烧室出口的平均温度(T_4)。对于发动机总体性能来说,提高推重比的一个主要技术手段就是提高涡轮进口温度,即燃烧室出口平均温度。

② 燃烧室出口周向温度分布系数(OTDF)。该参数与高压涡轮导向器能够承受住的最大热负荷直接相关。

③ 燃烧室出口径向温度分布系数(RTDF)。该参数与涡轮叶片寿命直接相关。

(2) 燃烧室出口温度分布分析

在燃烧室出口温度分布的分析方面,除常用的 OTDF 和 RTDF 等指标外,国内外学者还进行了很多探索研究,如刘富强等人提出了用局部扇形区域径向温度沿叶高的分布特性这一概念来考核燃烧室出口温度品质[27]。王兵等人对多组温度场数据进行对比分析,建立了径向、周向分布曲线以及可视化图形等[28]。张树林等人引入模糊原理,介绍了一种温度场数据的统计方法[29]。除了国内所要求的指标外,在国外,俄罗斯对出口温度场的分析,还包括质量系数及曲线斜度等[28]。

此外,为深入分析燃烧室出口温度分布试验数据,国内有学者[30]基于数理统计理论和燃烧室出口温度的分布特性,总结归纳了大量出口温度分布数据的分析方法,并通过联机分析处理 Online Analytical Processing(OLAP)技术的思路[31]形成涵盖整体、局部、微观、动态四个维度的出口温度分布数据分析体系。该方法提出通过相关系数可定量分析全环温度分布中不同扇形区域温度分布的一致性以及不同燃烧室出口温度分布出现差异的位置和程度。

3.4.2　燃烧室出口温度分布的影响因素

燃烧室出口温度分布综合反映燃烧室内燃烧组织和掺混的完善程度,出口温度分布的好坏是各种复杂因素综合作用的结果,既包括燃烧室的气动热力设计,如燃烧室头部燃烧组织,主燃孔、掺混孔的布置等[32-33],又包括燃烧室零部件的加工质量,如江立军[34]等人指出套筒与冷却片配合间隙对防止冷却片积碳和烧蚀有积极作用,但当间隙宽度过大时,会对燃烧室出口温度场品质产生显著不利影响。

1. 燃烧室气动参数

燃烧室的气动参数(如燃烧室的进口空气参数、火焰筒的总压损失等)对燃烧室出口温度分布有着直接影响。

① 燃烧室进口气流分布会影响燃烧室的空气流量分配,对直流燃烧室,进口流场变化对火焰筒上各进气孔的空气流量有一定影响,从而影响燃烧室出口温度分布;对回流燃烧室,由于空气经过了两次 180°的转弯,因而相对直流燃烧室而言,燃烧室工作过程受进口流场影响较小,对进口流场畸变也不太敏感。

罗·罗公司利用 Allison 250 - C20B 双入口燃烧室(见图 3.4 - 1)研究了燃烧室入口空气分布对燃烧室出口温度场的影响[35]。该燃烧室可通过双进气通道大范围调节进口空气分布,并采用水冷的热电偶耙获取燃烧室出口截面的温度分布,试验模拟发动机正常巡航状态。

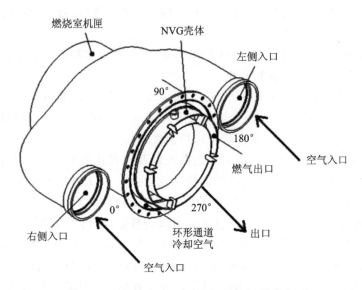

图 3.4 - 1　Allison 250 - C20B 双入口燃烧室

　　研究结果表明,改变双进口通道的空气流量分配会显著影响燃烧室出口温度分布的均匀性,进口空气 4% 的不均匀分布会导致出口温度场的 OTDF 发生 15% 的变化。主要原因是双进口空气通道的燃烧室在火焰筒内部产生了一个椭圆形的旋流结构(见图 3.4 - 2),导致出口会出现 90°间隔的高温区和低温区;而非均匀的入口空气分配使椭圆形旋流结构歪斜,并在空气流量大的一侧附近形成最接近化学当量比的区域,从而使热点温度升高。在相反的一侧,热点温度降低,最终使出口温度场恶化。

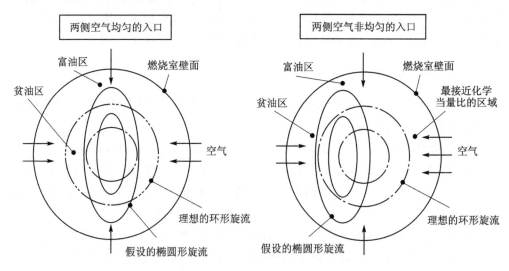

图 3.4 - 2　入口通道燃烧室内部气动示意图

② 燃烧室进口温度影响燃油雾化及燃烧化学反应。一般而言,随着燃烧室进口温度的升高,出口温度分布系数 OTDF 会降低,这与进口温度促进燃烧化学反应有关,进口温度越高,燃烧化学反应越快,火焰筒燃气分布更均匀,有利于 OTDF 的降低。

③ 燃烧室进口压力越高,燃烧化学反应越快,燃烧效率越高,燃烧更充分,这有利于降低燃烧室出口温度分布系数。但当燃烧室进口压力达到一定水平后,其对出口温度分布的影响较小,这与燃烧室进口压力对化学反应的影响呈指数关系有关。如同一燃烧室在进行模拟状态和全参数状态下的试验时,由于全参数状态燃烧室进口空气压力较高,燃烧室出口温度分布一般较模拟状态下更好。

④ 火焰筒的总压损失决定了火焰筒进气的速度,并通过改变火焰筒进气射流穿透深度和掺混过程来影响燃烧室的出口温度分布。火焰筒进气速度取决于火焰筒的开孔面积,在保证压力损失达到设计指标的前提下,减小开孔面积,提高孔的进气速度,使进气孔射流的穿透深度加大,可以改善混合特性,这对提高燃烧性能和出口温度分布极为有利。但火焰筒进气的穿透深度也不宜太深,否则会影响对面一侧壁面冷气的覆盖。

2. 燃烧室结构参数

影响燃烧室出口温度分布的燃烧室结构参数主要有燃烧室的长度、火焰筒参考截面积、火焰筒的腔体形状、火焰筒的开孔面积以及排气弯管造型等。

① 理论上说,燃烧室尺寸越长,气流在燃烧室内停留的时间也越长,燃烧更完全,燃气的掺混也越充分,因而燃烧室出口温度分布越均匀。但是燃烧室又不允许太长,因为长度增加,一方面使火焰筒表面积增加,需要更多的冷却气量;另一方面会使得发动机的长度和重量增加。

② 火焰筒参考截面积的大小对燃烧室出口温度场也有一定的影响,火焰筒参考截面积越大,火焰筒内的流速会越低,燃气在火焰筒内的停留时间相对较长,对稳定燃烧和点火都有利,对燃烧室出口温度分布也较好;但是火焰筒的截面积过大,意味着环形通道尺寸变小,通道内气流速度过高,压力损失加大,火焰筒的进气孔穿透深度减小,掺混减弱,这对燃烧室出口温度均匀分布不利。

③ 在进行燃烧室结构设计时,由于强度、刚性和连接的需要,一般在扩压器内都设置支板、管子等结构,而且是不均匀分布,这些结构会破坏燃烧室进气的均匀性,从而恶化出口温度分布。

3. 火焰筒头部

火焰筒头部作为燃烧室组织燃烧的核心单元,其设计的好坏对于燃烧室出口温度分布至关重要。燃油喷嘴和涡流器的组合雾化是一种较为先进的头部设计,它有利于头部火焰稳定、高效燃烧、防积碳、低污染排放、高空再点火、燃烧室贫油熄火等性能,并且在大状态下油气混合均匀,这有利于提高出口温度分布的均匀性,因而火焰筒头部广泛采用该种结构形式。

(1) 涡流器的影响

火焰筒头部的涡流器是燃烧室最关键的零件之一,其对火焰筒头部回流区火焰的强弱和大小起着决定性的作用,若涡流器的类型和结构合适,不仅可产生足够大小和强度的回流区保证火焰稳定,而且还可改善燃烧室头部气流组织及出口温度场。涡流器的种类很多,从级数来分就有单级涡流器、双级涡流器和三级涡流器等,其中双级涡流器是一种应用较多的涡流器,它能改善燃烧室火焰稳定性和燃油雾化质量,加强湍流混合,有利于出口温度分布,并降低排气污染,因此常被一些先进发动机燃烧室采用。双级涡流器又可分为斜切径向、双轴向和双径向涡流器等多种,其中斜切径向涡流器因气动雾化与回流区形成一体化设计,工作性能稳定可靠,被回流燃烧室广泛采用。

涡流器的关键设计参数包括涡流器的级数、各级的旋向、文氏管、套筒的结构、涡流器的旋流数等,它与火焰筒的主燃孔共同作用,控制了燃油的进一步雾化以及燃油在头部的流动特性,进而影响燃烧室的出口温度分布。从旋向组合来看,同向旋流和反向旋流的涡流器,其旋流数是一样的,意味着初始旋流切向运动所产生的逆压梯度一样,但反向旋转的涡流器下游切向速度衰减快,下游逆压梯度恢复快,导致了在同样的位置上轴向逆压更大,因此反向旋转的组合与同向组合相比,回流区更大更强[36]。这有利于燃油的雾化,并获得良好的出口温度分布。从套筒出口结构来看,平滑套筒出口和扩张套筒出口流场有很大的不同[37],见图 3.4-3。平滑套筒壁面出现附壁效应,流动仍然附着在套筒上,涡流器下游出现非常宽的低速回流区,从燃烧室设计角度来说,平滑套筒产生的附壁流场会使火焰回流到头部壁面附近,容易造成头部壁温高的问题;但另一方面燃油散布在头部更大范围,这利于出口温度分布的均匀性。

(2) 燃油喷嘴性能的影响

燃油喷嘴的喷雾特性包括喷嘴的喷雾锥角、喷雾粒度以及喷雾不均匀度等。燃油喷嘴的喷雾锥角过小、喷雾粒度过大以及喷雾不均匀度过大都会使火焰筒头部的局部燃油浓度不均匀,从而引起燃烧室出口温度分布不均匀。此外,燃油喷嘴数量与喷嘴的间距密切相关,喷嘴多,间距小,喷嘴之间的油锥有一定重叠,使火焰筒头部的燃油周向分布较为均匀;反之,燃油喷嘴的间距过大,引起燃油周向分布不均匀,这对出口温度周向分布和壁温分布不利。

燃烧室进口燃油分布对燃烧室出口温度分布影响较大。特别是燃油喷嘴之间喷

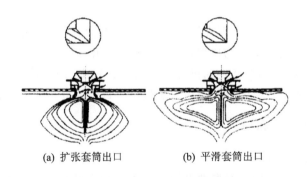

(a) 扩张套筒出口　　　　　(b) 平滑套筒出口

图 3.4 - 3　不同套筒出口的涡流器流场的比较

雾上的差异,会引起燃油浓度局部过浓,使出口温度分布出现局部过热点。因此严格控制燃油喷嘴的喷雾质量以及周向、径向分布不均匀度极为重要。

(3) 燃油喷嘴与涡流器匹配的影响

燃油喷嘴和涡流器匹配得好坏直接影响燃油在主燃区的雾化性能、分布以及燃烧性能,从而间接影响燃烧室出口温度分布。

一方面,同一台份的燃油喷嘴之间存在性能差异,涡流器之间也存在性能差异,这将引起火焰筒各头部油气比分布的不均匀;另外,同一个火焰筒的头部上,燃油喷嘴相对于涡流器的偏心量以及燃油喷嘴插入涡流器的深度也会影响喷嘴的喷雾锥角、雾化粒径、喷雾不均匀度等,同样会引起主燃区油气比分布不均匀,燃烧不均匀,进而对燃烧室出口温度场产生影响。Cohen J. M.[38]曾对燃油喷嘴相对于涡流器轴向、径向、周向位置产生偏移时的油雾分布进行了试验研究,发现当偏移量超过一定程度时(如径向偏差 0.5 mm),油雾分布便变得极不均匀。Han. Y. M.[39] 的研究进一步表明,当燃油喷嘴相对涡流器轴向移动 3 mm 或 −3 mm 时,不但油雾的空间分布发生了较大变化,而且回流区的强度和范围也受影响,显然这会恶化燃烧室的出口温度分布。

另一方面,喷嘴与涡流器匹配的油气比控制在特定的范围内,可以减弱油气比变化对燃烧室出口温度分布的影响。Wei Dai、Yuzhen Lin[40] 等人通过三头部的回流燃烧室试验研究发现,当燃烧室油气比在 0.022~0.03 的范围内,对应涡流器出口气油比在 7.27~5.33 的范围内时,油气比对燃烧室出口温度分布的影响很小。进一步通过马尔文试验发现,涡流器出口气油比在 5~40 时,液滴分布指数 n 在不同的压降下,不会随着气油比的变化而变化,燃油被完全雾化,油气比对液滴直径和均匀性的影响可以忽略,因此不会影响燃烧室出口的温度分布。

(4) 燃油总管流量不均匀度的影响

燃油总管流量不均匀度(或简称燃油总管不均匀度)是由燃油喷嘴之间流量不均匀和燃油分配器分配的流量不均匀两个原因引起的。总管流量不均匀可引起火焰筒头部燃油浓度分布不均匀,使得火焰筒头部燃气温度周向分布不均匀,从而影响燃烧室出口温度分布。此外,由于存在燃油自重效应,燃油总管下方燃油量增加,使燃烧室出口下方区域出现高温点的概率增大,从而恶化出口温度分布的均匀性。但相对于涡扇等大发动机,涡轴涡桨发动机燃烧室的直径较小,普遍在 500 mm 以下,因此燃油总管不均匀性以及燃油自重效应对燃烧室出口温度分布的影响较小。

4. 火焰筒进气孔布局

(1) 主燃孔进气的影响

火焰筒主燃孔的作用是对燃油系统喷射出的油雾补充氧气进行燃烧,并控制头部回流区尺寸。通过主燃孔的进气可以增加主燃区燃气的紊流度,加强燃气与冷却空气的质量与能量交换,但主燃孔进气除补充燃烧氧气外,还会对核心火焰产生淬熄作用,从而对燃烧室出口温度分布造成不利影响。

(2) 掺混孔进气的影响

对于掺混孔的影响,早在 20 世纪 50 年代就开始了相关研究,如将燃烧室掺混段抽象为一个交错射流模型,研究在不同的湍流度、旋流强度等来流条件下,射流孔几何特性(直径、间距、排数等)和射流主流动量比等参数对温度均匀性的影响。研究发现,在确定掺混距离下,射流/主流动量比是最重要的影响因素,而且与掺混孔间距存在最佳配比,也就是说,处理好射流速度和孔布局之间的关系是一个关键。主流旋转对燃气掺混有一定的促进作用;二次流道内不规则流动对掺混特性有极为不利的影响,可通过加装挡板予以消除。此外,适当的混合长度和射流孔周向间距都是获得良好温度场品质的必要条件。

5. 主燃区特性

主燃区出口的速度分布和温度分布会影响燃烧室出口的温度分布特性。丁国玉等人[41]用数值模拟的方法对不同主燃区出口特征下的速度分布和温度分布进行模拟,获得了不同主燃区出口特征下的出口温度场。结果表明:在均匀的主燃区出口速度分布下,燃烧室出口温度场更均匀;当主燃区最高温度点向火焰筒内、外壁面靠近时,OTDF 和 RTDF 都会迅速增大。

6. 燃烧室加工误差

燃烧室性能取决于设计水平的高低,但加工质量的好坏对燃烧室性能也有很大影响。加工误差既会使燃烧室装配变得困难,也可能改变燃烧室流场和油雾场的空间分布,从而影响燃烧室的性能。燃油喷嘴、涡流器、火焰筒的加工误差对燃烧室性能的影响尤其大,为了尽量减少加工误差对燃烧室性能的不利影响,必须对加工过程实行全面质量管理并进行必要的筛选试验,如燃油喷嘴和涡流器性能筛选试验、燃油喷嘴和涡流器匹配试验、燃油总管不均匀度调试试验等。主要的加工影响因素如下。

（1）火焰筒壁面上进气孔的加工

采用发散冷却的火焰筒壁面上一般开有各种大小不同的数千个小孔,小孔的直径一般较小,特别针对涡轴涡桨发动机的燃烧室,大部分小孔的孔径在 1.5 mm 以下,目前火焰筒上最小的进气孔直径只有 0.35 mm,如果小孔的加工误差为 ±0.05 mm,加工后小孔的最大面积与最小面积相差 40% 以上,燃烧室的气动参数和空气流量分配都会随之发生变化,从而影响燃烧室出口温度分布。

（2）燃油喷嘴的加工

涡轴涡桨发动机燃油喷嘴尺寸小,结构复杂,加工难度大。其中,喷口、涡流片细节尺寸加工是否到位、微型孔/槽毛刺去除是否干净、喷口与涡流片尺寸匹配是否合理以及组合焊接变形程度等都会直接影响燃油喷嘴的流量特性及雾化性能,进而影响燃烧室的出口温度分布。

（3）涡流器的加工

涡流器一般采用铸造件,流道铸造表面的粗糙度、叶片根部和套筒的型面等对涡流器性能有较大影响,因此在铸造时要严格控制,必须保证满足设计图样的要求。

7. 燃烧室长期工作

随着燃烧室工作时间的延长,出口温度场的热点温度、温度分布系数等会发生变化或者恶化。变化程度与燃烧室运行的时间和工作状态有关,但也具有一定的随机性。对于造成变化的直接原因还不完全明确,但一般认为燃油喷嘴端面和火焰筒头部的积碳、燃烧室头部导流片烧蚀变形、火焰筒筒体的变形以及燃油总管流量分布均匀性的变化是可能的原因。

一方面,燃油喷嘴的积碳会造成喷口局部的阻塞,会阻碍雾锥的形成,导致燃油分布不均,燃油雾化质量变差,进而影响出口温度分布的均匀性。另一方面,火焰筒头部的积碳,包括燃油喷嘴喷口周围、涡流器文氏管、套筒内壁面、导流片、火焰筒内壁等,这些积碳会引起火焰筒内空气流量分配以及进气孔射流穿透深度的变化,破坏气流的正常流动,从而导致燃烧室出口温度的变化。此外,火焰筒属于薄壁件,在冷热循环的交替作用下,会膨胀扭曲,发生永久变形,从而影响燃烧室出口温度分布的变化。Clayton Kotzer[42]针对罗·罗公司 T56-A-15 燃气涡轮发动机的环管燃烧室,采用 3D 激光扫描定量分析了 20 个长期运行的火焰筒腔体复杂几何形状的变化,以及相应的火焰筒出口温度分布的变化,结果表明,火焰筒腔体发生较小的变形就会引起出口温度分布较大的变化。进一步的三维数值计算分析发现,出口温度分布变化的主要原因是掺混射流与燃气的混合程度降低,产生了温度更高、区域更集中的热点(见图 3.4-4),从而使燃烧室出口温度分布系数增大。

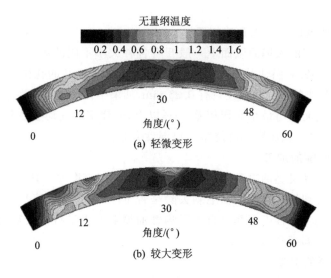

图 3.4-4 出口温度场的变化

3.4.3 燃烧室出口温度分布预测

1. 经验分析

常采用经验分析法对燃烧室出口温度分布系数 OTDF 进行预估,它是基于燃烧室简单的物理化学分析并通过大量的试验数据拟合得到的。一般认为,影响出口温度分布系数最至关重要的两个参数是火焰筒长度和火焰筒的压降,前者控制有效掺混的时间和距离,后者决定掺混射流的穿透深度以及射流空气与燃烧产物的混合率。通过对单管、环管和环形燃烧室的有关试验数据进行分析,得出[43]

$$\mathrm{OTDF} = f\left(\frac{L_{\mathrm{L}}}{D_{\mathrm{L}}} \times \frac{\Delta P_{\mathrm{L}}}{q_{\mathrm{ref}}}\right)$$

式中,$\Delta P_{\mathrm{L}}/q_{\mathrm{ref}}$ 是火焰筒的压力损失因子,L_{L} 是火焰筒的长度,D_{L} 是火焰筒的直径或高度。

目前涡轴涡桨发动机广泛采用环形回流燃烧室,来自压气机的高压空气在其内部拐了两个 180°的大弯,然后再流入涡轮。相对于直流燃烧室,回流燃烧室会有更大的流动损失和摩擦损失,且气流还需通过第二个转弯收敛加速,出口温度分布特性会有一定的差别。因此,研究人员根据对多种回流燃烧室设计参数、试验数据等的统计分析,推算出了新的经验常数来提高 OTDF 预估值的准确性。但经验分析法是针对特定的燃烧室方案,并基于大量的试验数据拟合得到的,因此预估燃烧室 OTDF 的经验公式其通用性受到限制。

2. 数值计算

随着计算机硬件水平的大幅提高以及 CFD(计算流体力学)、CCD(计算燃烧学)等的迅速发展,数值模拟正逐步引入燃烧室的设计,并发挥越来越重要的作用。尤其是在高温升燃烧室的设计方面,通过对燃烧室出口温度分布的数值计算评估,有助于加深对燃烧室内部物理化学过程的理解,改善影响燃烧室出口温度分布的空气流动、燃油雾化、油气混合等,从而大大减小试验工作量,缩短研制周期。

目前国外的 PW、GE 和 RR 等发动机公司已将燃烧室数值仿真技术用于各种类型燃烧室流场计算和预估燃烧室出口温度分布等性能上,所得到的各参数分布对了解燃烧室内各工作过程及指导燃烧室设计非常有用。但在进行燃烧室的热态计算时,由于离散相的 DPM 模型还难以真实模拟喷嘴的雾化情况,非预混概率密度函数还难以模拟真实的燃烧情况,因此温度场的计算结果还不能完全与真实的温度场一致。Co'sKu'Catori 等人[44]采用试验和数值计算的方法对某小型发动机燃烧室的出口温度分布进行了对比分析研究,结果如图 3.4-5 所示,数值计算与试验测试得出的出口最高温度相当,但出口平均温度相差 5.4%,从而导致 OTDF 相差 25.4%。进一步研究发现,高温区域的模拟结果和试验结果一致,但在火焰筒下游的低温区域模拟与试验的稳态结果不一致。分析认为,这可能是由于采用的雾化模型不适合。

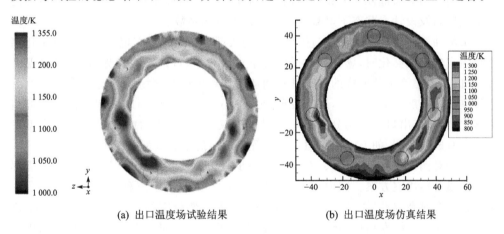

(a) 出口温度场试验结果   (b) 出口温度场仿真结果

图 3.4-5 出口温度分布

在未来,采用更为接近实际的湍流模型、燃烧模型、两相流模型和辐射换热模型等物理模型,利用并行计算技术进行更大规模的燃烧室数值计算,对模型、算法、软件进行广泛的验证和确认,可以进一步提高数值计算精度,这是预估燃烧室出口温度分布系数的重要发展方向。

3.4.4 燃烧室出口温度分布控制优化技术

美国 IHPTET 计划在 15 年内将燃烧室出口温度分布系数降低 60%。在该计划中提到了降低燃烧室出口温度分布系数的两个方法。第一个方法是从燃油喷射/火焰稳定组合考虑,优化头部油气混合的均匀程度,并降低对贫油熄火性能的影响,从根本上解决出口温度分布不均匀的问题,从而降低燃烧室出口温度分布系数。第二个方法是采用燃烧室出口温度分布系数主动控制技术,通过各头部燃油量的主动调节,获得更均匀的出口温度分布,从而降低燃烧室出口温度分布系数,这项技术已在 IHPTET 计划中的 JTAGGI 燃烧室系统中得到初步验证。此外,通过掺混孔的设计可以有效控制燃烧室的出口温度分布,针对涡轴涡桨发动机广泛采用的回流燃烧室,需特别考虑大曲率空间内气流 180°偏转对出口温度分布的影响。

1. 头部油气分布控制

燃烧室出口温度分布系数的大小很大程度上取决于火焰筒头部油气混合的均匀程度,头部油气混合越均匀,越有利于获得均匀的燃烧室出口温度分布。但在燃烧室的设计中,头部油气分布的均匀性与燃烧室工作的稳定性是互相矛盾的两个因素,因此具体到火焰筒头部油气分布的控制时,需要综合权衡慢车状态下燃烧室的贫油熄火油气比以及设计点状态下燃烧室的出口温度分布系数。

头部油气分布控制主要通过燃油喷射与头部流场组织来实现。早期单纯采用离心喷嘴实现燃油雾化时,燃烧室在低状态下点火容易,贫油熄火边界宽,但在高温升发动机中,火焰筒头部形成的油雾锥富油从而导致出口温度场极不均匀[45]。为改善燃烧室出口温度场的均匀性,逐步发展形成了小流量离心喷嘴匹配双级涡流器的组合雾化装置,其出口温度场分布质量明显优于仅用离心喷嘴的形式[46],这在多型发动机上有成功应用,如 F100、F101、T700 等发动机的燃烧室都采用了该技术。

随着对涡流器研究的深入,有学者进一步提出燃油喷嘴匹配三级涡流器的头部组合高温升燃烧室方案。国内彭云晖、林宇震等[47]人研究了三种不同三级涡流器头部组合方案对高温升燃烧室出口温度分布的影响。燃烧室的总油气比为 0.033,比目前推重比 8 一级发动机燃烧室的油气比提高了 20%。研究表明:外涡流器与中间涡流器旋向相反,头部当量比小更有利于得到均匀的出口温度分布。因此头部当量比应与涡流器旋向共同考虑,才能优化燃烧室出口温度分布系数。

2. 主动燃烧控制

主动燃烧控制(Active Combustor Control,ACC)就是通过迅速改变燃烧参数实现对燃烧过程的控制。在多用途、经济可承受的先进涡轮发动机(VAATE)计划中,智能发动机是研制的重点之一,而主动燃烧控制是实现燃烧室"智能化"、解决下一代高性能发动机燃烧室技术难点的重要途径,也是未来发动机燃烧室发展的重要方向。

采用该技术可以根据测量得到的出口温度等参数,利用自动控制技术,实现各头部燃油量的主动调节,从而有效降低燃烧室出口温度分布系数。由于需要实时反馈燃烧室出口温度场的参数,并掌握不同工作条件下燃烧室的工作规律,因此相比于常规的控制燃烧室出口温度分布的手段,主动燃烧控制技术的难度会明显增大,目前国内在这方面的研究几乎是空白,而国外已经有了实质性的进展。

Honeywell 和 NASA 研究中心合作开发的燃烧室出口温度分布系数主动闭环控制系统[48],其目的是降低排放和涡轮导叶的温度梯度,从而提高发动机的性能和寿命。该控制系统如图 3.4-6 所示,包括温度传感器(分布在涡轮进口导叶上)、可变的燃油流量调节器,以及数字执行控制逻辑。燃烧室总的燃油流量受发动机控制,而分配到每个燃油喷嘴的流量受燃烧室出口温度分布系数主动控制系统控制。

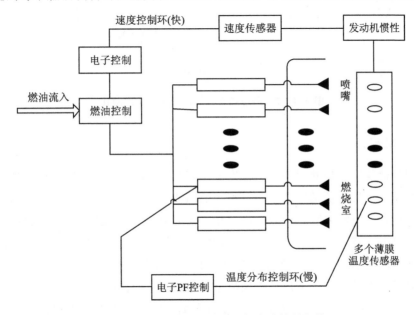

图 3.4-6 出口温度分布系数主动控制系统

目前对该系统已开发和分析了多个不同等级的控制策略,包括最佳(性能指数为基础)控制、综合控制、平衡控制、空间平均控制以及模糊逻辑控制等,并已完成了每一种控制策略的模拟研究;此外,以 Allied Signal Engines 为对象,研究了主动控制系统对燃烧室出口温度系数的改善,结果如图 3.4-7 所示,虚线是主动控制系统关闭时的温度分布,实线是主动控制系统打开时的温度分布。虽然没有完全消除平均温度的偏离,但是峰值温度下降了,等同于降低了温度分布系数。进一步试验分析表明,在巡航状态燃烧室出口温度分布系数降低量达到了 52%,在中间状态降低了 43%。

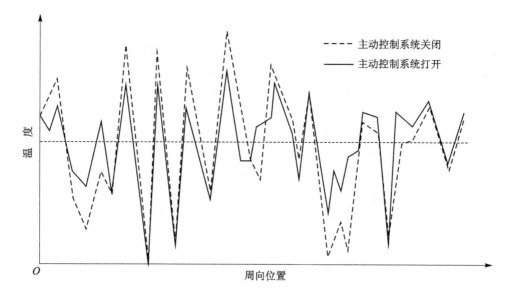

图 3.4 - 7　燃烧室出口温度分布曲线的对比

3. 掺混控制

为保证燃烧室出口获得满意的温度分布,掺混气射流必须有足够的穿透深度和适当的数量。圆形射流的穿透率是其直径的函数。若掺混孔的总面积是大量小孔面积之和,则容易造成穿透深度不够,高温中心会延伸穿过掺混区。若采用少量大孔,则由于过高的穿透率和不恰当的掺混,将会产生低温中心。因此,为保证良好的出口温度分布,设计过程的第一步就要确定掺混孔的最佳数量和尺寸。

涡轴涡桨发动机广泛采用环形回流燃烧室,相对于直流燃烧室,在进行掺混区的设计时,需综合考虑排气弯管对出口温度分布的影响。国内有学者以涡轴涡桨回流燃烧室为对象,采用数值计算的方法,系统研究了大曲率有限空间内掺混射流与主燃气流的混合特性,得到了掺混孔排布、孔径、轴向位置、孔形等在弯曲收缩通道内对出口温度分布的影响规律。

随着温升的提高,燃烧和冷却空气量增加,掺混用气越来越少。为提高燃烧室的耐热能力,SNECMA 公司还开发了高温陶瓷基复合材料(Ceramic Matrix Composite,CMC)的燃烧室,由于火焰筒的冷气量大幅减小,因此可用于掺混的空气量相应增大,从而可获得更均匀的出口温度分布。

| 3.5 污染排放 |

3.5.1 燃烧室污染排放简介

航空发动机的排放物主要分为气态成分和固态成分两大类。其中气态成分主要包括完全燃烧产物二氧化碳(CO_2)、水蒸气(H_2O),不完全燃烧产物一氧化碳(CO)、未燃碳氢(Unburned Hydrocarbon,UHC),氮氧化物(NO_x,含 NO 和 NO_2)和硫化物(SO_x)等,固态成分主要是碳烟颗粒物。国际民航组织(International Civil Aviation Organization,ICAO)在 1981 年颁布的标准中规定航空发动机的排放污染物为 CO、UHC、NO_x 和冒烟四种。

航空发动机排放物对环境的危害主要分为两大类:一类是对局部空气质量(Local Air Quality)的影响,主要是影响机场附近的空气质量,对乘客、机场工作人员和周围居民的身体造成伤害;另一类是对全球气候变化(Global Climate Change)的影响[49]。国际上航空发动机的污染排放标准是由国际民航组织颁布的,并由其下属的航空环境保护委员会(Committee on Aviation Environmental Protection,CAEP)来组织制定。在 ICAO 适航规定的附件 16 第Ⅱ卷《航空发动机的排出物》中,对两大类航空发动机作出规定,一类是用于亚声速推进的涡轮喷气和涡轮风扇发动机;另一类是用于超声速推进的涡轮喷气和涡轮风扇发动机。而美国联邦航空管理局(Federal Aviation Administration,FAA)在 FAR34 部中除了规定上述两大类型发动机污染排放物标准外,针对输出功率 1 000 kW 以上的涡轴和涡桨发动机的排气冒烟也有所规定。我国民航总局(Civil Aviation Administration of China,CAAC)在 CCAR34 部中针对输出功率 1 000 kW 以上涡桨发动机的排气冒烟有所规定,但未对涡轴类发动机的污染排放有所限制。目前 ICAO 所执行的污染排放标准主要针对 3 000 ft(1 ft=0.305 m)以下高度空域,对于气态污染物采用一个标准的着陆起飞循环(Landing and Take-off,LTO)计算污染排放(见图 3.5 - 1),其定义为在一个 LTO 循环产生的总排放污染物与起飞推力之比。一个标准的 LTO 循环包括起飞、爬升、进场和滑行/地面慢车 4 个状态。需要特别关注的是,最近几年 CAEP 对航空发动机排放的 CO_2 和非挥发性颗粒物愈发关注,并在着手制定相关标准。在 2016 年的 CAEP/10 会议上建议对上述两种排放物进行限制并制定相应的排放标准,其中有关 CO_2 的排放标准将应用在 2023 年以后的产品上。此外,在不远的将来,运行时间最长的高空巡航状态也将被列入污染排放的考察工况,这将对发动机燃烧室的设计提出更高的要求。

涡轴涡桨等中小功率发动机由于空气流量小、使用时间短,污染物排放量相对于大型民用发动机而言要小得多,因此 ICAO 目前并未对涡轴涡桨等发动机的污染排

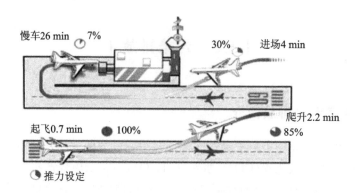

慢车26 min 7% 30% 进场4 min

起飞0.7 min 100% 爬升2.2 min 85%

推力设定

图 3.5 - 1 标准的着陆起飞循环

放进行规定。但这并不意味着涡轴涡桨发动机的污染排放不需要关注。一方面，ICAO 的排放标准日益严格，特别是对 NO_x 排放的要求越来越高，预计 ICAO 在不远的将来将会对涡轴涡桨发动机污染排放水平进行严格规定，以确保直升机和小型涡桨飞机等不会成为城市空气污染的较大污染源；另一方面，部分欧美国家早已针对涡轴涡桨等中小型发动机制定了相应的排放标准，部分先进制造商也正在深入研究适用于涡轴涡桨发动机的低污染燃烧技术，以提高技术门槛，增强产品在市场上的竞争力，并为未来市场对发动机的需求进行技术储备。美国环境保护局（EPA）早在1972 年就曾提议制定了最初的污染排放标准，其中就包括推力小于 6 000 lb(1 lb＝0.454 kg)或当量轴功率小于 4 400 kW(6 000 马力)的小型发动机。该标准并未考虑涡喷涡扇与涡轴涡桨的差异，因此在 1973 年对其进行了修改，针对不同类型的发动机提出了不同的标准要求[50]；而且，瑞士和瑞典针对包含涡轴涡桨发动机在内的所有航空发动机制定了严格的污染排放收费标准，根据发动机污染排放等级增收不同的附加费用[51]，这对于燃烧室低污染燃烧技术的发展意义重大，极大地推动了涡轴涡桨类发动机低污染燃烧技术的发展。

与大型航空发动机相比，涡轴涡桨等中小型航空发动机具有其自身的特点。一方面对中小型发动机而言，重量和成本较大型发动机更为重要，这使得大型发动机上成熟的低排放技术不能通过简单的"缩放"直接应用到中小型发动机上，因此双环腔等分级方法在中小型航空发动机上明显不适用；另一方面，中小型发动机结构尺寸小，难以实现过于复杂的低排放技术或者实现这些技术的成本非常高。早期的中小型发动机燃烧室的燃烧效率较低，排气冒烟比较严重，UHC、CO 和碳烟排放的控制是重点。为降低中小型发动机燃烧室 UHC 和 CO 的排放，主要采取了以下措施：① 采用空气雾化喷嘴来改善燃油雾化质量；② 对燃烧室内各部分空气量重新分配，使主燃区的当量比接近于最佳值；③ 增加主燃区容积或停留时间；④ 减小气膜冷却空气量，提高火焰筒壁面温度；⑤ 分级供油，分区燃烧。在低功率情况下，减小喷嘴数目，减少燃烧区容积，从而改善燃油雾化，提高燃烧区局部油气比。而在排气冒烟的控制方面,主要是改进燃烧室设计,防止局部富油。如采用空气雾化喷嘴取代压力雾化喷嘴,这不仅可减少冒烟,而且对控制 CO、UHC 和 NO$_x$ 都有利;或者主燃区采用化学恰当比或贫油设计,这样可防止局部富油,减少冒烟。此外,增加主燃区气流穿透深度或减少气膜冷却空气也是较有效的措施。20 世纪 90 年代后,降低 NO$_x$ 排放成为中小型发动机燃烧室低污染研究的重要方向。为降低涡轴涡桨等中小型发动机的污染排放,研究低 NO$_x$ 燃烧技术,欧美国家实施了一系列的低污染燃烧室研究计划。美国 NASA 的刘易斯研究中心在 Small Engine Technology (SET) 项目中针对贫油燃烧技术展开了不同层次的低 NO$_x$ 排放研究,并提出了周向分级燃烧、径向分级燃烧、贫油直接喷射(LDI)燃烧和贫油预混预蒸发(LPP)燃烧等低污染技术[52]。美国 Garrett 公司在 NASA 的小型航空发动机污染排放减少计划中基于 TFE731 发动机进行了小发回流燃烧室污染排放减少技术的研究,重点研究了空气雾化燃油喷嘴、变几何结构的空气涡流器和轴向分级的预混预蒸发燃烧技术[53]。欧洲在其"洁净天空"项目(Clean Sky Program)的支持下开展了 TECH800 和绿色涡轴等多个有关低污染燃烧技术研究与验证的计划,使燃烧室的污染排放有了明显降低。此外,欧洲在其 LOPOCOTEP 项目中针对涡轴涡桨等中小型发动机的污染排放制定了相应的减排目标,并由 MTU 公司、SNECMA 公司和 AVIO 公司等对燃烧室的低污染排放技术进行了大量的研究[54],在小型回流燃烧室上研究了 LPP 低污染燃烧技术和RQL 低污染燃烧技术的可行性,在中型直流燃烧室上研究了部分预混预蒸发的低污染燃烧技术(见图 3.5 − 2)。

   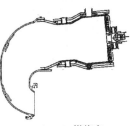

(a) 变几何结构燃烧室　　(b) 轴向分级燃烧室　　(c) LPP燃烧室　　　　(d) RQL燃烧室

图 3.5 − 2　几种典型的涡轴涡桨低污染燃烧室

在过去的 20 年里,涡轴涡桨发动机低污染燃烧技术不断进步,不仅在降低 CO、UHC 和排气冒烟等方面取得了较大成功,而且在控制 NO$_x$ 排放方面也取得了突破性进展。目前主要低污染燃烧技术可分为贫油燃烧和富油燃烧两种不同的研发策略,两种技术各有优劣,各有应用。富油燃烧具有燃烧稳定性好、结构简单、成本低和无自燃、回火问题,但同时富油燃烧也会带来冒烟的风险,且其污染排放潜力有限,火焰筒壁温较高。而贫油燃烧具有降低污染潜力大、出口温度分布品质较好、壁温低的优势,但也会带来燃烧不稳定、自燃回火、结构复杂、重量大等问题。因此,针对中小型航空发动机的特点,应灵活选择相应的技术方案。对发动机功率超过 3 000 kW

或是空气流量超过 10 kg/s 的燃烧室,上述两种技术方案均可采用,应根据现有的技术条件合理选择燃烧技术方案。目前的发展趋势倾向于向贫油燃烧发展,以获取更低的污染排放。对于发动机功率小于 3 000 kW 或是空气流量小于 10 kg/s 的燃烧室,受限于其结构尺寸、重量和成本要求,应尽量选择富油燃烧的技术方案,以达到降低研发成本的目的。

3.5.2　燃烧室污染排放的影响因素

因燃烧室工况的不同,燃烧室污染排放的变化规律不同,其基本排放规律如图 3.5 - 3 所示。与大型发动机相比,涡轴涡桨等中小型发动机燃烧室在慢车工况下的 CO 和 UHC 排放一般会更高,而在高工况下的 NO_x 排放则会较低[50]。这主要是由于小型燃烧室在低工况下的进口压力和温度更低,而火焰筒的面积与体积比更大,且小型发动机受成本影响更大,早期的燃烧室多采用简单且价格低廉的燃油喷射装置及火焰筒结构,导致早期的小型燃烧室的 CO 和 UHC 排放较高。而小型燃烧室在大状态下的进口温度和压力较低,导致大状态下的 NO_x 排放也相应更少。

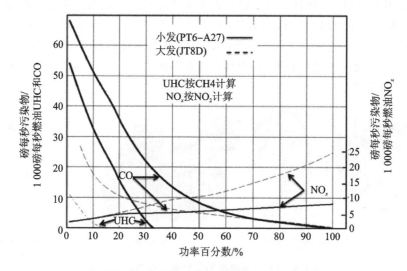

图 3.5 - 3　大发与小发的污染排放特性对比[50]

在燃烧室中,影响 CO 生成的主要因素有燃烧室进口工况(如进口压力、温度)、燃油雾化质量、停留时间、主燃区当量比和冷却淬熄等[55]。在涡轴涡桨等中小型发动机燃烧室中主要通过改善燃油雾化质量、改进冷却方式、减少淬熄效应、加大主燃区容积、增加停留时间,以及采用分级燃烧、调整主燃区当量比等措施来减少 CO 的排放[51]。如 PWC 公司在 PT6A - 67 回流燃烧室的基础上,在 PT6C - 67 回流燃烧室(见图 3.5 - 4)通过加大主燃区,增加停留时间,并为燃油喷嘴配备两股气流改善雾化,改善壁面淬熄效应,使 UHC 和 CO 的排放有了显著降低。对于现代先进燃烧室,由于循环参数较高,燃油雾化技术有了大幅提高,且采用了先进的壁面冷却技术,燃烧室在慢车状态下的 CO 排放水平控制得几乎可以忽略不计。

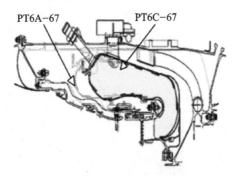

图 3.5 - 4　PT6A - 67 和 PT6C - 67 的回流燃烧室[51]

UHC 也是碳氢燃料氧化过程的中间产物,会迅速反应生成 CO,因此 UHC 伴随着 CO 生成,其随发动机工况的变化趋势与 CO 一致,但其化学反应过程比 CO 更复杂。在航空发动机中,可以认为 UHC 和 CO 的生成规律是一样的,但由于 UHC 氧化过程比 CO 快,因此它的含量比 CO 要小得多(见图 3.5 - 5)。UHC 的产生主要是燃油雾化和混合质量不好、低温低压下反应速率低、燃烧不充分以及局部淬熄等原因造成的,从 UHC 形成的机理来看,其主要受物理因素的控制。一般通过改善燃油雾化质量和油气混合均匀性、提高空气温度和压力、加大主燃区化学反应速率以及改善火焰筒壁面冷却等方式来控制 UHC。

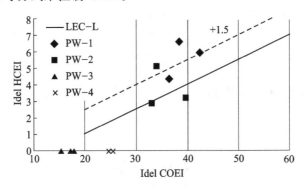

图 3.5 - 5　CO 和 UHC 之间的关系曲线[56]

NO_x 主要是指 NO 和 NO_2,在实际的燃烧过程中,首先产生的是 NO,然后部分 NO 继续氧化生成 NO_2。根据生成机理的不同,NO 可分为热力 NO、瞬发 NO 和燃料 NO,其中热力 NO 是燃烧室 NO_x 产生的主要来源。目前减少 NO_x 排放的措施都是通过控制燃烧最高温度从而有效控制热力 NO 的生成而实现的,在燃烧室中一般采取控制当量比来控制最高温度。因此,降低 NO_x 主要有两种燃烧组织方式,即贫油燃烧和富油燃烧[57](见图 3.5 - 6)。此外燃烧室进口工况(如温度、压力)、燃气停留时间、燃油雾化和混合以及燃料种类等也是影响 NO_x 生成的重要因素[55]。美国 NASA 格林研究中心采用矩形试验件在高温高压条件下试验研究了燃烧室工况参数对多点喷射燃烧室 NO_x 排放的影响,其研究结果表明,NO_x 排放指数与燃烧室进口温度呈指数关系变化,与油气比、进口压力和燃烧室压降呈幂函数关系变化[58]。

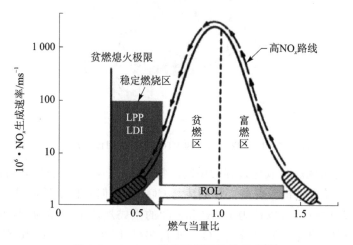

图 3.5 - 6 NO_x 排放随当量比的关系[57]

燃烧室出口排气冒烟的主要成分是碳烟,其主要生成机理是碳氢燃料在高温缺氧环境下发生高温分解形成小分子碳氢化合物和碳氢根,然后经过一系列的氧化、热解、裂化、脱氢、焦化和聚合等反应生成[59]。碳烟的形成与局部燃油过富、温度过高有关。燃烧室中碳烟主要在喷嘴下游主燃区内产生,头部喷出的燃油与空气未均匀混合,下游的回流将高温燃气带回喷嘴附近,燃油在高温缺氧的环境下很容易产生大量的碳烟颗粒,特别是大功率状态下,碳烟的生成量很大[60-61]。

3.5.3 燃烧室污染排放预测

1. 经验公式法预估污染排放

经验公式法基于燃烧室简单的物理化学分析并通过大量的试验数据拟合得到。一般的经验公式会将和燃烧室相关的参数列入参考范围,如燃烧室尺寸、设计特征、运行工况以及燃料类型和燃料喷雾特征。经验公式法预估污染排放简单且准确度较高,能给燃烧工程师方向性的指导,便于将与排放相关的复杂问题简单化,但此方法也有如下缺点:① 需要以大量的试验数据为依托,且部分数据很难获取;② 经验公式中往往包含一些指数项,这种指数项会将试验数据的误差放大;③ 经验公式法无法评估燃烧室设计改动对污染排放的影响;④ 经验公式中的系数是由具体燃烧室的试验数据拟合得到的,通用性受到极大的限制。

从 20 世纪 70 年代开始,Lefebvre 和 Mellor 等人经过大量的燃烧室试验,在对燃烧室内物理化学过程进行分析的基础上提出了大量的与燃烧室污染排放、燃烧效率等有关的经验关系式,对燃烧室设计起到了很好的支撑和指导作用。Rizk 和 Mongia 等人在 Lefebvre 和 Mellor 的基础上继承和发展了经验公式法,使得经验公式法预估污染排放的精度进一步提高。基于试验的经验公式对于发动机初步设计而言还是比较复杂,Norman 等人基于 ICAO 中公开的 databank 数据提出了一个简单的 NO_x 计算方法,称为 $P_3 - T_3$ 方法[62]。这种方法基于地面测量的排放数据可以外推出地面和高空不同工况下的排放值,并且可以应用于所有的发动机。而 Martin 和德国宇航中心的 DLR 认为,$P_3 - T_3$ 方法需要获取燃烧室的工况参数信息,还是比较复杂,因此提出了燃油流量法,分别叫作波音燃油流量法 2(简称 BFFM2)和 DLR 燃油流量法[62]。需要注意的是,BFFM2 适用于计算不同飞行高度的 NO_x、CO 和 UHC 排放,而 DLR 方法仅适用于计算不同飞行高度的 NO_x 排放。

由于燃烧室内复杂的物理和化学反应耦合在一起,目前的基础理论分析还很难将燃烧室内的污染排放预测准确,而公开文献中的经验公式是基于老型号燃烧室的试验数据拟合得到的,对新设计的发动机适用性有待提高,因此 Marc 和 A. Tsalsvoutas 等人采用不同的方法对 NO_x 的经验公式进行了优化。其中 Marc 等人采用非线性最小平方方法和人工神经网络方法对 Lefebvre 和 Odgers 的经验公式进行了优化[63-64]。A. Tsalsvoutas 等人则采用多维下山法对公开文献中的 NO_x 公式进行了改进和修正,使 NO_x 的预测结果有了大幅提高,并且提出了预测 NO_x 的三个通用公式[65]。

2. 化学网络反应器法预估污染排放

化学网络反应器法(Chemical Reactor Network,CRN)是基于 CFD 燃烧场的模拟结果,将燃烧区域划分为几个甚至几十个区域,按照流动或温度等燃烧室内部物理特性对这些区域进行反应器性质的定义,将各区域相连编织成网络,采用简化、半详细或详细化学动力学反应机理进行排放的预估方法。它是经验公式法和三维 CFD 计算方法的一种折中方案,借助均匀搅拌、部分混合和柱塞流等反应器模型构建反应器网络模型模拟燃烧室中的燃烧过程,包括贫油熄火、CO 和 NO_x 排放等,并且具有较高的精度。该方法已经过几十年的发展,预测能力有了极大的提升,能够处理详细的化学反应机理。它的优点一是 CRN 模型能够较灵活地处理各类燃烧室,对于流场、温度场、反应物浓度场等不同特点,用于模拟计算的网络模型具有较强的针对性;二是 CRN 和 CFD 两种方法可以进行耦合,先根据 CFD 模拟结果构建 CRN 模型,再采用详细化学反应机理对燃烧室污染排放特性进行计算,可以减小 CFD 计算中采用简化反应机理预测污染物产生的误差,把两者结合起来可以更准确地对燃烧室污染排放特性进行评估。CRN 方法最主要的问题是很难准确地对燃烧室进行分区并获取详细的燃烧室内部信息;对于复杂的湍流燃烧,当前仍缺乏有效的划分工具及划分标准,从而很难给定准确的燃气停留时间、微尺度的油气混合特性等参数,进而影响污染排放预估的准确性。

　　美国 NASA 格林研究中心曾针对单环腔燃烧室(SAC)、富油-淬熄-贫油燃烧室(RQL)和贫油燃烧室等不同的燃烧室类型发展了化学反应器法模型用于概念设计阶段预测污染排放[66]。典型的单环腔燃烧室(SAC)主燃区被划分为 9 个 PSR 搅拌器,每个反应器输入的质量流量和燃料流量都是由特定主燃区的当量比决定的,这就决定了不混合度的标准差的分布。该 CRN 模型具有不错的预测结果。对 CFM56 - 7B27 发动机的适航取证数据进行 CRN 预测评估,也表现出非常好的符合性。而RQL 燃烧室的 CRN 模型是在 SAC 燃烧室 CRN 模型基础上修改得到的。其主要将SAC 的主燃区替换为"富油燃烧主燃区",本质上是和 SAC 的主燃区相同的,并使用相同的蒸发和不混合模型。中间区用"淬熄/混合区"取代,用一个部分混合反应器(PaSR)代替 SAC 中的完全搅拌反应器(PSR)来模拟混合区,用一个气体混合反应器模拟剩余淬熄气和热燃气间的混合,贫油区和掺混区与 SAC 的模型是一样的(见图 3.5 - 7)。与 CFM56 - 7B27 发动机的适航取证数据相比,RQL 燃烧室 CRN 预测评估结果显示其 NO_x 排放降低了 66%。而针对贫油燃烧(Lean - Burn),低排放燃烧室的 CRN 模型主燃区用两个分支来分别模拟主燃级和预燃级。主燃级包括一个PSR 和一个 PFR 串联来模拟一个湍流预ески火焰,预燃级则由一组并行的 PSR 模拟,类似于 SAC 燃烧室主燃区。中间区和掺混区分别用 PSR 和 PFR 表示。

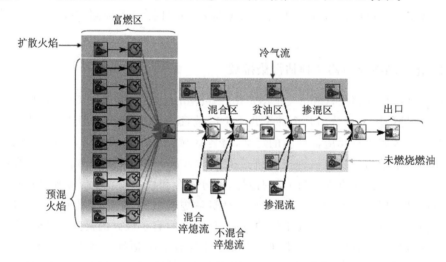

图 3.5 - 7　RQL 燃烧室的 CRN 模型[66]

3. 数值模拟法预估污染排放

　　基于 CFD 的三维数值模拟法是一种更为通用的方法,不受研究对象、结构和工作参数的限制。这种方法一般采用简化的化学反应机理对燃烧室进行三维数值计算,获取燃烧室内的温度场和组分场等信息,然后采用后处理方法,计算得到 NO_x

和碳烟等排放物的浓度。这种方法与上述两种方法相比,可以获取污染物在燃烧室中的内部信息,但由于采用简化机理,污染物的计算精度有待进一步提高。数值模拟法进行污染排放预估按湍流模拟类型可分为直接模拟、大涡模拟、Reynolds 平均法模拟。前两种模拟方法准确度较高,但需要大量的计算时间,并对计算硬件提出了很高的要求;而 Reynolds 平均法可以采用工程上成熟的湍流模型、燃烧模型以及简化的化学反应机理进行流场模拟、排放预估,是较为合适的一种污染物数值模拟方法。在燃烧模型方面,目前主要采用快速化学反应模型,如涡破碎模型(EBU)、涡耗散模型(EDM)、火焰面模型和火焰面生成流形模型(FGM)等。目前燃气轮机燃烧室的数值模拟可以为低污染燃烧室的设计提供定性的指导,但尚未达到定量的精度,还需要在更加准确的湍流燃烧模型和更详细的化学反应机理等方面开展工作。

　　Eric J. Stevens 等人采用部分预混层流火焰面模型对 CFM56 旋流杯进行了计算分析,计算结果表明,该模型比快速反应模型具有更高的精度,但在 NO_x 预测精度上还需改进。Riesmeier 等人采用稳态层流火焰面模型(SLFM)结合欧拉粒子火焰面模型(EPFM)模拟了燃烧室中的 NO_x 和碳烟的生成,结果表明 NO_x 和碳烟都被低估。Moin 等人采用大涡模拟-火焰面/进度变量模型(LES - FPV)模拟普惠公司 RQL 燃烧室扇形段的燃烧过程,模拟过程中考虑了煤油的详细化学反应机理,模拟结果很好地验证了 FPV 模型在航空发动机燃烧室中的适用性。Moriai 等人则采用相同的燃烧模型对该燃烧室的 1/2 缩比模型燃烧室的 NO 和烟浓度进行预测,表明 FPV 模型能够较好地预测复杂结构内 NO 和烟的生成。F. Xu 等人针对霍尼韦尔的 RQL 燃烧室,采用基于 RANS 的有限速率涡耗散模型(FR - ED)和涡耗散概念模型(EDC)进行了 CO 的模拟,计算结果表明,相对准确的反应机理是成功预测 CO 的关键。上述两种模型均能较好地定性和定量地对 CO 进行预测。Gupta 等人对比了火焰面生成流形(FGM)模型和输运 PDF 模型,表明采用输运 PDF 模型在出口温度、NO_x 和 CO 的模拟上具有更高的精度。王海峰等对比了 SLFM、非稳态火焰面模型和 PDF 输运方法在 NO 预测上的差别,表明非稳态火焰面模型和 PDF 输运方法精度较高并且差别不大,但 PDF 输运方法是计算量最大的,目前在工程上还很难大量应用。需要注意的是,由于碳烟生成过程非常复杂,因此在碳烟预测方面的计算精度较差,仅能给出定性的分析。德国宇航中心 DLR 的 T. Blacha 等人采用 CFD 方法并结合碳烟的反应机理对燃烧室内的碳烟生成过程进行了计算分析,结果表明,火焰筒壁面冷却对碳烟的生成有重要影响。Alexander Steinbach 等人针对罗·罗公司的 BR700 燃烧室采用数值模拟的方法计算了不同状态下的碳烟排放。计算结果表明,碳烟主要在富油主燃区形成并在贫油掺混区被氧化消耗,计算结果能够反映碳烟排放随功率变化的趋势,且在起飞和爬升等大状态下与试验数据吻合较好,但在慢车和进场等小状态下误差明显。总的来说,碳烟排放模型还需要进一步的发展和验证。

3.5.4 燃烧室低污染排放技术

对航空发动机燃烧室经过一系列的技术研究和设计改进,小状态下的 CO 和 UHC 以及大状态下的排气冒烟问题已基本得到解决,但随着燃烧室循环参数的提高,NO_x 排放的压力越来越大,目前主要的低污染燃烧技术均为降低 NO_x 排放而研发。在航空发动机燃烧室中,NO_x 的生成速率与温度有很强的相关性,且其生成是一个慢反应过程。实际燃烧室中 NO_x 通常会以远低于平衡值的浓度排出燃烧室,因此降低 NO_x 排放主要从降低燃烧区温度和燃气停留时间两个方面来实现。目前降低 NO_x 排放主要有两种燃烧组织方式,即贫油燃烧和富油燃烧,并形成了燃油分级的轴/径向分级燃烧技术、贫油预混预蒸发(LPP)燃烧技术、双旋预混旋流(TAPS)燃烧技术、贫油直接喷射(LDI)燃烧技术、多点贫油直接喷射燃烧技术(ML-DI)和富油-淬熄-贫油(RQL)燃烧技术等低污染燃烧室技术[67],其中 LPP 燃烧技术、TAPS 燃烧技术和 LDI 燃烧技术属于典型的贫油燃烧,而 RQL 燃烧技术则是典型的富油燃烧技术。NASA 和欧盟的研究表明,在上述贫油燃烧方案中,LPP 燃烧技术适用于压比在 25 以下的发动机,而贫油部分预混燃烧技术(如 TAPS)则适用于压比为 25～60 的发动机,更高压比的发动机则需要采用 LDI 燃烧技术。

1. 轴/径向分级燃烧技术

燃油分级燃烧技术主要有径向分级燃烧技术和轴向分级燃烧技术。其中,双环腔燃烧室(DAC)是径向分级燃烧技术最典型的应用。由于该技术会带来燃烧室结构复杂、喷嘴数目大幅增加、出口温度分布较差、火焰筒壁面冷却难度大以及中间状态燃烧效率较低等一系列问题,在涡轴涡桨等中小型发动机燃烧室中研究较少,本文不再赘述。

轴向分级燃烧的概念由 PW 公司在 NASA 的 ECCP 计划中提出,并在后续的 E^3 计划中对这种分级燃烧技术进行了更为深入的研究,试验结果表明,这种燃烧技术的高空点火和出口温度分布均能达到甚至超过设计指标,除了 NO_x 排放外,所有的排放指标和冒烟量均达到设计要求。在 20 世纪 90 年代,PW 公司将轴向分级燃烧技术应用在 V2500 - A5 发动机上作为低污染燃烧室方案,试验结果表明,在不改变发动机结构的前提下,轴向分级燃烧室具有满意的燃烧稳定性和可操作性,与基准燃烧室相比可降低 40% 以上的 NO_x 排放。在 NASA 的环境可依赖航空(ERA)项目中,为达到 NO_x 排放减少 75% 的目标,PW 公司进一步发展了轴向分级燃烧技术,采用了多点喷射和优化的燃油分级策略,并设计加工了三头部扇形燃烧室,在 NASA 的格林研究中心进行了试验研究,试验结果表明,在整个 LTO 循环下,轴向分级燃烧室在保持极高效率和燃烧稳定性的同时,NO_x 排放相比 CEAP/6 标准减少了 88%,显示该种燃烧技术具有极好的降低 NO_x 排放的前景。此外,美国 NASA 资助的针对涡轴涡桨等小型发动机燃烧室的污染排放减少技术项目(PRTP)中对回流燃烧室轴向分级的低污染燃烧技术开展了三个阶段的研究,其预燃级采用压力雾化喷嘴,主燃级采用贫油预混和贫油直接喷射的方式(见图 3.5－8),试验结果表明,其 NO_x 排放相对于基准方案减少了 70%。日本宇航中心 JAXA 在其 TechCLEAN 计划中为达到相比 CEAP/4 减少 80% 的目标,发展了一种适用于小型发动机的轴向分级的低污染燃烧室,其头部采用贫油分级喷嘴设计,在火焰筒下游设计有污染控制喷嘴(见图 3.5－8)。其单头部和三头部的试验结果表明,该燃烧技术相比 CEAP/4 能够减少 NO_x 排放 82%,同时排气冒烟和 CO 也有大幅减少,显示了轴向分级燃烧技术在涡轴涡桨等中小型发动机燃烧室污染排放减少方面具有较大的潜力[68]。

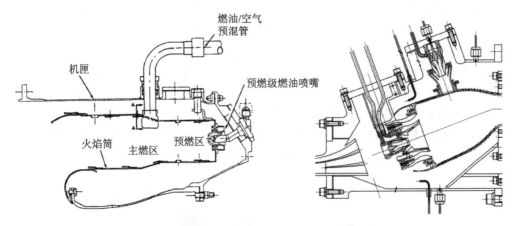

图 3.5－8　轴向分级燃烧室示意图

　　轴向分级燃烧技术也分为预燃级和主燃级,预燃级和主燃级沿燃烧室轴向方向依次布置,预燃级燃油喷嘴安装在火焰筒头部,主燃级燃油喷嘴安装在火焰筒下游的内环或是外环。该种低污染燃烧方式具有主燃级点火快速可靠、燃烧效率高和出口温度场品质好、NO_x 排放少等优点。但不足之处在于燃烧室结构较为复杂、喷嘴数目大幅增加、燃烧室轴向长度增加和火焰筒冷却面积大幅增加而导致的火焰筒冷却困难等;而且,主燃级燃油喷嘴和预燃级燃油喷嘴分开布置,由于轴向分级不能像径向分级那样采用预燃级燃油冷却主燃级燃油喷嘴,因此在上游高温燃气作用下主燃级燃油喷嘴存在结焦积碳的风险。此外,主、预燃级分开也会导致燃烧室机匣需要更高的强度和刚度。

2. 贫油预混预蒸发(LPP)燃烧技术

　　贫油预混预蒸发(LPP)燃烧技术的工作原理是燃油在进入燃烧室前与空气充分混合并蒸发完全,这样进入燃烧室的油气混合物是一种接近于气态且空间分布非常均匀的状态,在接近贫油熄火边界的当量比下燃烧,燃烧区温度低,同时减少停留时间,因此 NO_x 的排放保持在非常低的水平。由于 LPP 燃烧技术是低当量比下的均匀混气燃烧,因此燃气温度均匀且火焰温度不会超过 1 900 K,理论上 LPP 燃烧技术

降低 NO_x 排放的潜力最大,而且由于没有局部富油燃烧,火焰辐射低,碳烟排放可以有效消除,火焰筒壁温水平可大幅降低。同时,当火焰温度低于 1 900 K 时,在 LPP 燃烧室中 NO_x 不会随停留时间的增加而增加,因此燃烧室可以采用较长停留时间的设计来减少 CO 和 UHC 的排放。但由于预混段的存在,LPP 燃烧室在大状态下由于进口温度高,压力高,着火延迟时间显著缩短而面临自燃和回火的风险。此外,接近均匀混合贫油燃烧过程极易与燃烧室的声学特性耦合起来而带来振荡燃烧的风险。因此 LPP 燃烧室普遍适用于低压比(如压比低于 25)的涡轴涡桨等小型发动机,这样相对较低的进口温度和压力能够避免混合段内的自燃。

LPP 燃烧技术的概念由 NASA 资助的 ECCP 项目中发展而来,GE 公司在其 CF6 - 50 的发动机中采用了轴径向分级的低污染燃烧室,其中主燃级就采用了预混预蒸发的设计。在后续 NASA 的同温层巡航污染排放减少计划(SCERP)中,对 LPP 燃烧技术进行了进一步的研究,并进行了自燃、回火和油气混合等方面的基础研究工作。欧洲各发动机公司在 Low NO_x Ⅲ 和 LOPOCOTEP 等研究计划中发展了一系列用于不同等级发动机的 LPP 低污染燃烧室。其中,TM 公司与 AVIO 公司专门针对涡轴涡桨等开展了基于 LPP 的回流低污染燃烧室相关的技术研究(见图 3.5 - 9),全环试验结果表明,其 NO_x 排放相比 CEAP/2 减少了 57%。

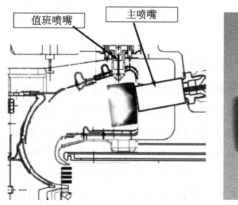

图 3.5 - 9 LPP 低污染燃烧室及燃油喷嘴示意图

虽然 LPP 燃烧技术是最具潜力降低 NO_x 的燃烧方式,但到目前为止在航空发动机上尚无型号应用。除其自身固有的易自燃、回火以及燃烧振荡等问题外,由于航空发动机的应用环境导致其在使用上面临诸多的限制。其一是高空点火性能和贫油熄火性能要求的限制。LPP 燃烧室要实现极贫的均匀混气燃烧,其头部空气流量需要大幅增加,从而导致头部气流速度大幅增加,燃烧室的高空点火性能和贫油熄火性能很难满足要求。其二是小工况下的燃烧效率很难满足。这主要是在小工况下温度、压力都较低,而头部极度贫油,导致火焰淬熄等影响显著,燃烧效率较低。

3. 双环预混旋流(TAPS)燃烧技术

双环预混旋流(TAPS)燃烧技术的原理是由一个中心稳焰的预燃级和同心贫油部分预混燃烧的主燃级构成的,是一种典型的中心分级燃烧方式,具有分层双火焰的特点。TAPS 燃烧室为贫油头部燃烧,火焰温度低,不仅 NO_x 生成量少,且燃烧更干净、完全,具有更低的碳烟排放和非挥发性细小颗粒物,有利于减小热斑和火焰辐射,可以用更少的空气提供更有效的火焰筒壁面冷却。但由于 TAPS 燃烧室的头部空气流量分配高达 70%,是传统燃烧室的 2 倍以上,头部空气流速很高,且点火时,火花需要穿透外围的主燃级点燃预燃级的燃油,因此其高空点火和贫油熄火性能面临较大的技术挑战;而且与传统燃烧室相比,TAPS 燃烧室取消了掺混孔,其出口温度分布设计也是一个难题。此外,由于主燃级采用了贫油部分预混的设计,其与 LPP 燃烧室一样也需要解决自燃、回火以及热声振荡的问题;而且主燃级采用了多点喷射的手段,为实现油气的良好混合,要求喷口数量多,喷口直径较小,喷口的结焦也是一个问题[69]。

TAPS 燃烧室是 GE 公司在 NASA 的先进亚声速发动机计划(Advanced Subsonic Technology Program, AST)和超高效发动机计划(Ultra-Efficient Engine Technology,简称 UEET)的资助下为解决双环腔燃烧室的固有问题而发展起来的。TAPS 燃烧技术最初在双环腔燃烧室上进行了技术研究,后续在 CFM56 的单环腔燃烧室上进行了技术验证并在 GEnx 发动机上转化为产品应用。GE 公司在发展 TAPS 燃烧室的过程中,按照降低 NO_x 排放的程度,已研发了三代 TAPS 燃烧室。第一代燃烧室 TAPSI 的排放目标是 NO_x 比 1997 年采用双环腔低排放燃烧室 DAC2 的发动机降低 50%,并已在 GEnx 上进行了成功应用;第二代燃烧室 TAPSⅡ 的目标是 NO_x 比 TAPSI 方案再低 50%,该燃烧室已在最新的 LEAP 发动机上进行了适航取证,整机试验结果表明,NO_x 的排放相对 CEAP/6 减少了 60%;第三代燃烧室 TAPSⅢ 的目标是在 TAPSⅡ 方案基础上再降低 50%,在 NASA 的 $N+2$ 计划中扇形 5 头部的试验结果表明,NO_x 排放达到了 19%CAEP/6 标准,NO_x 排放降低明显[70]。

第一代 TAPS 燃烧室的主燃级的燃油通过若干个周向均匀分布的直射式喷口直接喷射进入主燃级预混通道内实现燃油的雾化、蒸发及混合。通过对喷射孔数量孔径及轴向位置等的优化,在主燃级出口获得理想的周向和径向均匀油气分布,从而降低主燃级燃烧时的 NO_x 排放。第二代 TAPS 燃烧室在第一代的基础上,为改善主燃级预混段内的油气混合效果,通过采取增加涡流器数量、优化涡流器位置以及对主燃级的燃油喷射进行改进来达到强化油气混合效果的目的。第三代 TAPS 燃烧室与前两代相比,一方面将主燃级的气量分配增大,使主燃级的油气混合更好,油气混合物当量比更低;另一方面优化了预燃级方案,增强预燃级的油气混合效果,如预燃级喷嘴的改进、套筒出口的改进以及预燃级燃油分级方案。

在中小型发动机的应用方面，日本宇航局 JAXA(Japan Aerospace Exploration Agency)在发展清洁发动机技术计划(TechCLEAN)的支持下针对中小推力的航空发动机发展了类似的中心分级燃烧室，称为 Lean-staged 方案，并由川崎重工在小推力环保发动机计划的资助下进行更为深入的研究工作，其全环试验结果表明，其 NO_x 排放能够达到比 CEAP/4 减少 70% 的水平。在美国 NASA 的 N+3 计划中，针对小型商用发动机在远期 2030—2035 年的 NO_x 减排目标为相对 CAEP/6 减少 75%。NASA 的研究者认为采用 RQL 燃烧技术可以减少 NO_x 排放 57% 甚至更多，但达不到减少 75% 的潜力。为此，GE 公司提出了一种适应中小型发动机结构特点的径向布置 TAPS 燃烧室方案，如图 3.5-10 所示。

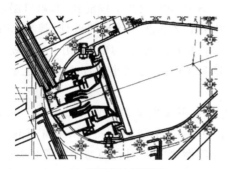 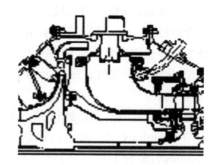

(a) 川崎重工的燃烧室　　　　(b) GE公司的燃烧室

图 3.5-10　川崎重工和 GE 公司的中小型 TAPS 燃烧室示意图

4. 贫油直接喷射(LDI)燃烧技术

贫油直接喷射(LDI)燃烧技术属于贫油低污染燃烧技术，其核心思想是采用贫油燃烧通过降低燃烧区的温度来控制燃烧污染排放。LDI 燃烧技术与 TAPS 类似，采用中心分级，中心预燃级扩散燃烧，与之同心的主燃级为贫油直接喷射，目前主要是罗·罗公司在发展 LDI 低排放燃烧室。LDI 燃烧室头部喷嘴的关键特征是主燃级和预燃级空气形成分叉流动，关键部分是将主燃级和预燃级气动隔离的空气隔离段，这样的空气分流提高了火焰的稳定性。LDI 燃烧室工作时直接把燃油喷入燃烧室内，在喷射点处为局部富油燃烧，以增加燃烧稳定性；又因燃油与空气接触面积大大增加，促使燃油与空气快速混合形成均匀贫油混合气体进行燃烧，消除局部过热点，降低燃气温度，抑制 NO_x 的排放，从而达到超低 NO_x 排放的目标，而且由于贫油燃烧的火焰辐射量更小，相比传统富油燃烧的火焰筒壁温更低，火焰筒寿命更长。虽然喷射点处为富油燃烧，可能会增加 NO_x 生成，但因混合气体在高温区停留时间很短，因此 NO_x 量增加很少。LDI 的燃油直接喷射入火焰区，因此不会有自燃和回火的问题，适合在高压比发动机上使用（如压比高于 60）。但由于航空发动机特殊的使用环境，LDI 燃烧室在研发过程中也面临一系列的挑战。首先，由于 LDI 中燃油缺少预混预蒸发过程,故燃油与空气快速混合形成良好雾化是 LDI 的关键。其次,由于头部大量的进气导致燃烧室点火、熄火性能面临较大的技术挑战,而且复杂的燃油系统以及燃油分级策略导致燃油喷嘴的热管理需要精心设计,以避免燃油喷嘴结焦和积碳。此外,在结构方面,由于燃油喷嘴体型较大,燃烧室机匣的强度也需要进行加强。

　　LDI 燃烧技术最典型的应用是罗·罗公司在 Engine 3E(Efficiency, Environment and Economic)核心机研究项目第三阶段形成的 Lean-burn 燃烧方案(见图 3.5 - 11)。Lean-burn 方案采用中心分级的结构布局,中心为预燃级,外围为主燃级,预燃级为扩散燃烧方式,采用罗·罗公司的空气雾化喷嘴;主燃级为贫油直接喷射燃烧方式,主燃级出口处周向均布若干喷口直接向燃烧区喷射燃油[71]。与 TAPS 燃烧室不同的是,LDI 燃烧室预燃级和主燃级的燃烧区在物理上并没有分开,而是通过剪切层及旋涡相进行耦合相互作用。当预燃级燃烧区在富油情况下燃烧时,主燃级冷气会造成燃烧反应淬熄,导致点火、贫油熄火和燃烧效率的性能恶化。在 LDI 燃烧室中主燃级属于贫油燃烧,燃油与空气混合必须在主燃级喷射口和火焰之间的短距离间完成,属于外部混合形式。主燃级的燃料喷射通常采用预膜空气雾化,主燃级预膜器表面很大,可使油膜展得很薄,并与高速雾化空气相互作用,从而导致燃油层破碎成微小液滴,最后在下游气流分散混合并蒸发。预燃级为富油燃烧,目的是保证低功率运行稳定性及稳定主燃级火焰,特别对于恶劣天气条件下的过渡态稳定运行尤其重要,例如冰雹和雷雨天气。罗·罗公司在 LDI 的喷嘴研发过程中曾研究过预燃级燃料喷射方法(包括压力雾化喷嘴和空气雾化喷嘴)、多种结构形式和方案的预燃级和主燃级的喷嘴、旋流强度和流量分配,以及流道和隔离段形状。

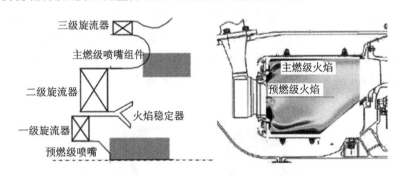

图 3.5 - 11　罗·罗公司 Lean-burn 方案原理图[71]

5. 多点贫油直接喷射(MLDI)燃烧技术

　　多点贫油直接喷射(MLDI)燃烧技术是目前正在研究的一种先进的贫油燃烧低排放技术。MLDI 技术采用阵列式布局,一个全环燃烧室的喷射点多达数百个甚至上千个,通过微喷嘴将燃油与空气直接喷射到火焰区燃烧,在进入燃烧区前燃油迅速雾化并与空气混合均匀,与 LPP 技术相比没有预混预蒸发的过程,所以不存在自燃、回火的风险。

目前,MLDI 燃烧室主要分为三代:第一代 MLDI 低排放燃烧室基本采用的是多个喷嘴组合成阵列形式或扇形多点阵列形式,从头部将燃油直接喷射到燃烧区域中;第二代 MLDI 低污染燃烧室采用的 13 个喷嘴组成 LDI 单元形式,采用中心分级,中心值班级 LDI 单元较大,周围 12 个 LDI 单元结构参数相同;第三代多点 LDI 低污染燃烧室采用的是 7 点 LDI 单元与 5 点 LDI 单元交错排布,组成了三代 LDI 燃烧室环形头部,其扇形机构如图 3.5 - 12 所示。

图 3.5 - 12　第三代 MLDI 结构[72]

相比于第一代 MLDI 燃烧室,第二代 MLDI 燃烧室虽然具有更低的 NO_x 排放、在低工况下的效率高和可操作性更好,但是较多的油路管道使得燃油的管理更加困难。因此在第二代的基础上,第三代对复杂的油路做出了优化,具体的油路如图 3.5 - 13 所示。第三代 MLDI 燃烧室采用 7 点 LDI 单元与 5 点 LDI 单元交错排布,其扇形结构如图 3.5 - 12 所示。首先为了考虑操作性,在 7 点中心布置了一个值班级 LDI,其文氏管有所延长,因此尺寸比其他的 LDI 要稍大,从而导致该 LDI 单元与周围 LDI 单元的混合效果有限,除了该值班 LDI 单元外,周围还布置有两种类型的 LDI 单元,共 6 个。实验得到的 NO_x 排放结果表明,第三代 LDI 很好地达到了 NASA 先进贫油燃烧技术的目标,NO_x 排放量相比 CAEP/6 标准减少了 80%;但是也存在不足,在 30%ICAO 工况时,燃烧效率较低。

(a) 第二代　　　　(b) 第三代

图 3.5 - 13　第二代 MLDI 和第三代 MLDI 的油路结构[73]

虽然 MLDI 燃烧室降低 NO_x 排放的潜力巨大,但由于其每个 LDI 单元仍采用旋流稳火,受贫油熄火极限和出口温度分布限制,工作当量比介于 0.5~0.8 之间,且单个回流区很小,火焰长度短,其高空点火、熄火性能面临巨大挑战,同时由于多点喷射微通道内的燃油结焦问题,以及主动控制的复杂性,目前阵列式多点喷射还处于探索阶段。

6. 富油燃烧-淬熄-贫油燃烧(RQL)燃烧技术

富油-淬熄-贫油(Rich burn - Quench - Lean burn,RQL)燃烧属于富油低污染燃烧技术,采用在燃烧温度较低的富油当量比区间和贫油当量比区间进行燃烧,富油燃烧后,大量的空气进入燃烧区,降低温度,快速地使油气混合物从富油状态变为贫油状态来控制燃烧区的温度,达到降低 NO_x 排放的目的。RQL 燃烧技术具有排放低,燃烧效率高,贫油熄火边界宽,结构简单、成本低,无回火、自燃及不稳定等优点。但同时 RQL 燃烧技术也会带来冒烟的风险,且其污染排放潜力有限,富油燃烧火焰辐射强,火焰筒壁温较高,火焰筒的冷却设计难度较大。

影响 RQL 燃烧室排放水平的参数很多,总体方面,影响污染排放的主要参数有进口温度、压力、参考速度、冷热态驻留时间、富油区当量比、贫油区当量比等。另外,富油燃烧区的雾化特性、掺混区的混合特性以及火焰筒壁面冷却等也对 NO_x 的生成有显著影响。PW 公司在 TALON X 燃烧室研制过程中认为,RQL 燃烧室以下 4 项技术的研究是关键[74]:① 均匀的富油燃烧主燃区。依靠强剪切式燃油喷射系统,产生良好的雾化效果和均匀的旋流混合流动,创造相对均匀的富油燃烧区。② 优化的淬熄混合。利用火焰筒压力降保证射流动量,通过优化掺混孔设计来增强空气对富油燃烧产物的快速掺混、淬熄,防止掺混过程中产生明显的高温区。③ 先进的冷却技术。采用冲击和发散等复合冷却提高壁面冷却效率,降低温度梯度;采用先进的材料和涂层技术,节省冷却气量。④ 缩短的停留时间。通过控制燃烧室全局和局部驻留时间减少 NO_x 排放,前提是不对 CO、UHC 及燃烧效率产生负面影响。

RQL 低污染燃烧技术最成功的应用是 PW 公司的 TALON(Technology for Advanced Low NO_x)系列燃烧室。PW 公司最新发展的低污染 TALON X 燃烧室,NO_x 达到了比 CAEP/6 降 50% 的潜力,并已在其 GTF(齿轮传动风扇)发动机上进行了应用。TALON X 在以前的基础上采用了大量的新技术。在燃油雾化方面,TALON X 采用了强剪切式喷嘴。该喷嘴产生了一个很好的喷雾场。燃油首先通过直射喷嘴喷射到一个大直径的面上,延展为很薄的油膜,经过气流剪切,油膜变为小液滴。这些小液滴很快蒸发,跟旋流空气很快混合,在旋流器出口很短的距离内便形成了很好的均匀油气混合。喷雾角度与主燃区域空气动力学特性可以通过改变两个旋流通道内旋流角度以及流量分配得到调整。在淬熄掺混的设计上,TALON X 采用了优化的单排掺混孔,提高了淬熄区域的混合。在冷却设计上,TALON X 冷却采用了 PW 改进版的浮动壁冷却方式,并采用了先进的材料与涂层技术,使得冷却效率非常高。TALON X 的冷却气量仅占总气量的 20% 左右,很大程度上节省了冷却空气量。此外,TALON X 通过优化燃烧室的体积以及轴长方向截面积变化达到降低燃烧室停留时间,尤其是在淬熄区域停留时间的目的。但停留时间的缩短并不是不受限制的,必须经过严格验证才可以得到合适的、利于 NO_x 减排的停留时间。没有足够的停留时间,燃油无法在燃烧室内燃烧完全,会影响到燃烧室的高空再点火、燃烧效率等很多性能。

此外 GE 公司在 CFM56 燃烧室上采用了 RQL 燃烧技术,通过优化掺混射流的位置、流量分配、开孔形状,将主燃孔后的高温区淬熄降温从而研发了单环腔低污染燃烧室,其排放水平与复杂的双环腔燃烧室基本相当。罗·罗公司的 Phase 5 燃烧室和 Trent 系列燃烧室为降低污染排放,也采用了 RQL 燃烧技术。在燃烧室头部采用纯空气雾化喷嘴,目的也是为了使得富油燃烧区域的喷雾场更加均匀,燃烧场更符合 RQL 设计要求。罗·罗公司的 RQL 燃烧室的冷却设计也采用了双层壁模式,大幅降低了冷却气流量。此外,罗·罗公司史无前例地在 RQL 燃烧室上使用了掺混斗的结构,掺混斗伸入火焰筒内部,这样的设计是为了使得穿透与混合变得更好。

在涡轴涡桨等中小型发动机的应用方面,PWC 公司针对中小型涡轴、涡桨和涡扇发动机,或者更一般地,对于中小型配离心压气机这一类发动机的燃烧室,通过借鉴其大型燃烧室的低污染燃烧技术,并结合中小型发动机燃烧室的特点,提出了相应的低污染燃烧室的发展方案。其燃烧室以采用 RQL 技术的 TALON 低污染燃烧室方案为主,发展了小型发动机回流和直流低污染燃烧室。Honeywell 公司在 JTAGG 计划中对 RQL 燃烧技术进行了大量研究,并在小型重油发动机(SHFE)计划中采用 RQL 燃烧技术有效降低了污染排放,全尺寸发动机的试验结果表明,其能够满足指标要求。MTU 公司在欧洲的 LOPOCOTEP 项目中,将 RQL 燃烧技术移植到中小型发动机回流燃烧室中,设计并加工了全环燃烧室。测试结果显示,与现有技术相比,采用 RQL 低污染燃烧技术的涡轴发动机起飞状态 NO_x 排放减少 30%,巡航状态减排 50%,其技术成熟度达到了 4~5 级。此外,MTU 公司在 Engine 3E(Efficiency, Environment and Economic,简称 E3E 计划)核心机研究项目中联合卡尔斯鲁厄大学和德国宇航局(DLR)一起研发了一种基于 RQL 的单环腔低污染燃烧室,该燃烧室进口温度达到 800 K,进口压力为 2.0 MPa,并进行了全环试验验证。试验表明,该燃烧室 NO_x 排放能达到 1996 年 ICAO 标准的 40% 的水平,而 CO 和 UHC 与现有燃烧室的水平相当。日本宇航局 JAXA 在发展清洁发动机技术计划(简称 TechCLEAN 计划)和小推力环保发动机计划(简称 ECO 计划)的支持下,针对中小型航空发动机燃烧室开展了基于 RQL 燃烧技术的从燃油喷嘴到单头部/多头部一直到全环的燃烧室试验和数值分析研究,技术成熟度已达到 5 级以上。图 3.5 - 14 展示了国外研究的几种典型的适用于涡轴涡桨发动机的 RQL 低污染燃烧室。

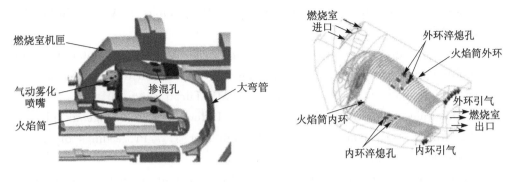

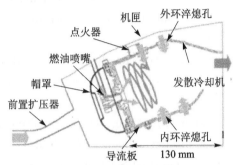

图 3.5-14 几种适用于涡轴涡桨发动机的 RQL 低污染燃烧室

参考文献

[1] 严明超,康尧. 涡轴发动机燃烧室关键技术[J]. 国际航空,2015(10),52-55.

[2] Warnatz J，Maas U，Dibble R W，et al. Combustion [M]. Berlin：Springer，2001.

[3] Kaminski C F，Hult J，Aldén M，et al. Spark ignition of turbulent methane/air mixtures revealed by time-resolved planar laser-induced fluorescence and direct numerical simulations [J]. Proceedings of the combustion institute，2000，28(1)：399-405.

[4] 杨谦. 燃烧室内两相旋流液雾强制点火研究[D]. 北京：北京航空航天大学,2016.

[5] Edouard Machover，Epaminondas Mastorakos. Spark ignition of annular non-premixed combustors[J]. Experimental Thermal and Fluid Science，2016，73：64-70.

[6] Marrero-Santiago J，Verdier A，et al. Experimental study of aeronautical ignition in a swirled confined jet-spray burner[C]//Proceedings of ASME Turbo Expo. 2017.

[7] Lang Andreas，Lecourt Renaud，Giuniani Fabrice. Statistical Evaluation of Ig-

nition Phenomena in Turbojet Engines[C]//Proceedings of ASME Turbo Expo. 2010.

[8] Maxime Philip, Matthieu Boileau, Ronan Vicquelin, et al. Simulation of the Ignition Process in an Annular Multiple-Injector Combustor and Comparison with Experiments[C]//Proceedings of ASME Turbo Expo. 2014.

[9] Mi Xiaotong, Zhang Chi, Wang Bo, et al. Influence of main stage air splits on the ignition performance of teless-II combustor[C]//Proceedings of ASME Turbo Expo. 2017.

[10] Kobayashi M, Ogata H, Oda T, et al. Improvement on ignition performance for a lean staged low NO_x combustor[C]//Proceedings of ASME Turbo Expo. 2011.

[11] Wang Xiaofeng, Lin Yuzhen, Hu Haosheng, et al. Effect of swirl cup's venturi shape on spray structure and ignition process[C]//Proceedings of ASME Turbo Expo. 2014.

[12] Liu Fuqiang, Zhang Kaiyu, Mu Yong, et al. Experimental Investigation on Ignition and Lean Blow-out Performance of a Multi-sector Centrally Staged Combustor[J]. Journal of Thermal Science, 2014, 23(5), 480-485.

[13] Wang Bo, Zhang Chi, Lin Yuzhen, et al. Influnce of Main Swirler Vane Angle on the Ignition Performance of Teless II Combustor[C]//Proceedings of ASME Turbo Expo. 2016.

[14] Fu Zhenbo, Lin Yuzhen, Li Jibao, et al. Experimental investigation on ignition Performance of LESS Combustor[C]//Proceedings of ASME Turbo Expo. 2011.

[15] 康尧,林宇震,霍伟业. 双级旋流杯结构变化对点火特性的影响研究[J]. 推进技术,2014,35(5): 675-680.

[16] Liu Cunxi, Liu Fuqiang, Yang Jinhu. Investigation of the Effects of Spray Characteristics on the Flame Pattern and Combustion Stability of a Swirl-Cup Combustor[J]. Fuel, 2015, 139: 529-536.

[17] Yang Jinhu,Zhang Kaiyu,Liu cunxi. Investigation of the Effect of Pilot Burner on Lean Blow Out Performance of A Staged Injector[J]. Journal of Thermal Science, 2014, 23(6): 600-608.

[18] Kang Yao, Lin Yuzhen, Wang Xiaofeng. Effects of Sleeve Divergence Angle of Dual-Stage Swirl Cup on the Ignition Performance[J]. Proceedings of ASME Turbo Expo 2014: Turbine Technical Conference and Exposition, 2014, 6: 16-20.

[19] 罗国良,宋双文,胡好生,等. 旋流杯空气雾化喷嘴套筒出口形状对小型燃烧室

点火性能的影响[J]. 航空动力学报，2011，26(8)：1708-1712.

[20] Greenhalgh D, Gallagher D. Laser Ignition：Development and Application to Gas Turbine Combustors—A Literature Review[C]. Unpublished work, Cranfield University, UK, 1997.

[21] Serhiy Serbin, Anna Mostipanenko. Improvement of the Gas Turbine Plasma Assisted Combustor Characteristics[C]//49th AIAA Aerospace Science Meeting including the New Horizons Forum and Aerospace Exposition. 2011.

[22] 李钢，徐燕骥，聂超群，等. 等离子体旋流器调控燃烧的机理分析[J]. 高电压技术，2011，37 (6)：1479-1485.

[23] Tomoya Wada，Joseph K, et al. Plasma assisted MILD combustion[C]//53rd AIAA Aerospace Science Meeting. 2015.

[24] Stohr M，Boxx I. Dynamics of Lean Blowout of a Swirl-Stabilized Flame in a Gas Turbine Model Combustor[J]. Proceedings of the Combustion Institute，2011：2953-2960.

[25] Hu Bin，Huang Yong，Wang Fang. FIA Method for LBO Limit Predictions of Aero-Engine Combustors Based on FV Model[J]. Aerospace Science and Technology，2013，28：435-446.

[26] [英]勒菲沃 A H，鲍拉尔 D R.燃气涡轮发动机燃烧[M]. 3 版.刘永泉，等译. 北京：航空工业出版社，2016.

[27] 刘富强，房爱兵，崔玉峰，等. 回流环形燃烧室出口温度场的试验[J]. 航空动力学报，2012，27(1)：48-54.

[28] 王兵，范玮，蔡士祥. 某型涡扇发动机环形燃烧室温度场分布研究[D]. 西安：西北工业大学，2005.

[29] 张树林，杨宝兴，王洪斌，等. 航空发动机涡轮前温度场数据分析方法[J]. 航空发动机，2007，33(4)：23-27.

[30] 邬俊，徐艳冰，王启道，等.燃烧室出口温度场多维度分析的方法研究[J]. 航空科学技术，2018，29(12)：34-39.

[31] 范明，孟小峰，等. 数据挖掘概念与技术[M]. 北京：机械工业出版社，2001.

[32] Bishop C K，Allan W. Effect of fuel nozzle condition on gas turbine combustion chamber exit temperature distributions[R]. ASME, GT2010-23441, 2010.

[33] Fureby C，Grinstein F F，Li G，et al. An experimental and computational study of a multi-swirl gas turbine combustor[J]. Proceeding of the Combustion Institute，2007，31(2)：3107-3114.

[34] 江立军，曹俊，严明超，等.套筒配合间隙对燃烧室出口温度场品质的影响[J]. 推进技术，2016，37(6)：1015-1021.

［35］Maqsood O，Laviolette M，Woodason R. Effects of inlet air distortion on gas turbine combustion chamber exit temperature profiles［C］. ASME，GT2015-43365，2015.

［36］Mehta J，Shin H，Wisler D. Mean velocity and turbulent flow-field characteristics inside an advanced combustor swirl cup［R］. AIAA，1989：89-0215.

［37］Wang H Y，McDonell V G，Samuelsen G S. Influence of hardware design on the flow field structures and the patterns of droplet dispersion［J］. Journal of Engineering for Gas Turbines and Power，1995，117：282-289.

［38］Cohen J M，Rosf jord T J. Influences on the Uniformity of Sprays Produced by Gas Turbine Hing Shear Nozzle/Swirler Assemblies［R］. AIAA，1990：90-2193.

［39］Han Y M，et al. Effects of Fuel Nozzle Displacement on Pre-Filming Airblast Atomization［R］. ASME，1998：GT1998-360.

［40］Dai Wei，Lin Yuzhen. Effect of Primary Zone Operating Condition for Dilution Mixing Behavior in a Gas Turbine effect［R］. ASME，2015：GT2015-42484.

［41］丁国玉，何小民，金义，等. 主燃区出口特征影响出口温度场性能的数值研究［J］. 航空发动机，2012，38(4)：17-21.

［42］Clayton Kotzer，Marc La Violette，William Allan. Effect of combustion chamber geometry uponexit temperature profiles［R］. ASME GT2009-60156，2009.

［43］Chin J S，Lefebvre A H. Effective Values of Evaporation Constant for Hydrocarb on Fuel Drops［C］. Proceedings of the Twentieth Automotive Technology Development Contractor Coordination Meeting，1982：325-332.

［44］Co`sKu`Catori，Ahmet Topal，Sltkl Uslu，et al. Exit Temperature Profile Measurement and CFD Comparisons on Small Scale Turbojet Combustor with Air Blast Atomizer Configuration［C］. AIAA，2014：3525.

［45］Reilly R S，Smith C E，Dubell T L，et al. Exploratory Development Program to Improve Combustor Dome Operating Characteristics［R］. AIAA，1981：1351.

［46］George B C，Tiller A R，LeTourneau J J. Pattern Factor Improvement in the F-100 Primary Combustion System［R］. ASME，1981：25.

［47］彭云晖，林宇震，刘高恩. 三旋流器燃烧室出口温度分布的初步试验研究［J］. 航空动力学报，2007，22(4)：0554-0558.

［48］Bob McCarty，Chris Tomondi. Ray McGinley Honeywell Engines and System，Phoenix，Arizona. Reliable and Affordable Control Systems Active

Combustor Pttern Factor Control[R]. NASA，2004：213097. Atmospheric Effects of Aviation：First Report of the Subsonic Assessment Project，NASA Reference Publication 1385，May 1996.

[49] ICAO International Civil Aviation Organization. Introduction：Aviation Outlook ICAO Environmental Report[R]，2010.

[50] Eatock H C，Plucinsky J C，Saintsbury J A. Designing Small Gas turbine Engines for Low Noise and Clean Exhaust[R]. AIAA paper 73-1154,1973.

[51] Sampath P，Verhiel J，McCaldon K，et al. Low Emission Technology for Small Aviation Gas Turbine Engines[R]. AIAA paper 2003-2564,2003

[52] Reynolds R，Srinivasan R，Myers G，et al. Small Engine Technology(SET)-Task4，Regional Turboprop/Turbofan Engine Advanced Combustor Study [R]. NASA/CR-2003-212470，2003.

[53] Bruce T W，Davis F G，Kuhn T E，et al. Pollution Reduction Technology Program Small Jet Aircraft Engines[R]. NASA CR-159415，1978.

[54] Olivier Penanhoat. Low Emissions Combustor Technology Developments in the European Programmes Lopocotep and TLC[C]. ICAS，2006.

[55] 林宇震,许全宏,刘高恩. 燃气轮机燃烧室[M]. 北京：国防工业出版社，2008.

[56] Mongia Hukam C. $N+3$ and $N+4$ Generation Aeropropulsion Engine Combustors：Part3：Small Engines' Emissions and Axial Staging Combustion Technology[C]. ASME GT2013-94572，2013.

[57] 徐华胜,邓远灏,马存祥. 民用航空发动机低排放燃烧室技术[J]. 航空科学技术，2012.

[58] Tacina Kathleen M，Lee ChiMing. NASA Glenn High Pressure Low NO_x Emissions Research[R]. NASA/TM-2008-214974，2008.

[59] Graham S C，Homer J B，Rosenfeld J L. The Formation and Coagulation of Soot Aerosols [R]. International Shock Tube Symposium，10th Proceedings，1975.

[60] Oliver Lammel，Klaus Peter Geigle，Rainer Luckerath,et al. Investigation of Soot Formation and Oxidation in a High-Pressure Gas Turbine Model Combustor by Laser Techniques[R]. ASME GT2007-27902，2007.

[61] Andrea Giusti，Epaminondas Mastorakos，Christoph Hassa,et al. Investigaton of Flame Structure and Soot Formation in a Single Sector Model Combustor Using Experiments and Numerical Simulations Based on the LES/CMC Approach[R]. ASME GT2017-63620，2017.

[62] Chandrasekaran N，Guha A. Study of Prediction Methods for NO_x Emission from Turbofan Engines[J]. Journal of Propulsion and Power，2012，28(1)：

170-180.

[63] Marc LaViolette, Ruben Perez. On the Prediction of Pollutant Emission Indices from Gas Turbine Combustion Chambers [R]. ASME GT2012-70038, 2012.

[64] Marc LaViolette, Michael Strawson. On the Prediction of Nitrogen Oxides from Gas Turbine Combustion Chambers Using Neural Networks[R]. ASME GT2008-50566, 2008.

[65] Tsalavoutas A, Kelaidis M, Thoma N, et al. Correlations Adaptation for Optimal Emissions Prediction[R]. ASME GT2007-27060, 2007.

[66] Mavris D. Enhanced Emission Prediction Modeling and Analysis for Conceptual Design[R]. NASA Grant Number NNX07AO08A, 2010.

[67] Liu Yize, Sun Xiaoxiao, Sethi Vishal, et al. Review of modern low emissions combustion technologies for aero gas turbine engines[J]. Progress in Aerospace Sciences, 2007, 94: 12-45.

[68] Takeshi Yamamoto, Kazuo Shimodaira, Seiji Yoshida, et al. Evalution of Lean Axially Staged Combustion Under LTO Cycle Conditions of a Small Aircraft Engine[C]. ASME GT2013-95496, 2013.

[69] Foust Michael J, Thomsen D. Development of the GE Aviation Low Emission TAPS Combustor for Next Generation Aircraft Engines[C]. AIAA 2012-0936, 2012.

[70] John Herbon, John Aicholtz, Shih Yang Hsieh, et al. $N+2$ Advanced Low NO_x Combustor Technology Final Report [R], NASA/CR-2017-219410, 2017.

[71] Wilfert G, Sieber J, Rolt A, et al. New Environmental Friendly Aero Engine Core Concepts [C]. ISABE 2007-1120, 2007.

[72] Ajmani K, Mongia H C, Lee P. Parametric Design of Injectors for LDI-3 Combustors[R]. NASA-2015-0023044, 2015.

[73] Samuelsen G S, Brouwer J, Vardakas M A, et al. Experimental and Modeling Investigation of the Effect of Air Preheat on the Formation of NO_x in an RQL Combustor[J]. Heat Mass Transfer, 2013,49: 219-231.

[74] McKinney R G, Sepulveda D, Sowa W, et al. The Pratt & Whitney TALON X Low Emissions Combustor: Revolutionary Results with Evolutionary Technology[C]. AIAA 2007-386, 2007.

第 4 章
燃烧室热防护

| 4.1　燃烧室热防护简介 |

热防护设计是燃烧室设计的要点之一,其设计的主要内容有火焰筒冷却设计、燃油喷嘴及燃烧室机匣隔热设计等方面。近年来,越来越多的燃烧室火焰筒在先进冷却结构的基础上还在燃气面喷涂热障涂层,可见涂层技术也是先进燃烧室热防护设计的主要内容。

在过去的几十年里,为了获得较长的燃烧室部件寿命,发展了各种冷却方法。美国在 IHPTET 计划、E3 计划等资助下,开发了多斜孔发散冷却、双层壁的浮壁冷却、冲击＋逆向对流＋气膜冷却、逆向平行流翅壁冷却等多种先进的冷却结构。从国外先进燃烧室冷却技术应用来看,燃烧室冷却设计技术的发展主要为以下两方面:一是强化冷侧壁面换热,通过在冷侧壁面增加冲击换热来提高冷却效率(即复合冷却);二是进一步强化热侧隔热,通过提高冷却气的覆盖区域及冷却气贴壁率来提高冷却效率。层板、浮动壁等冷却结构会大幅增加火焰筒结构的复杂性以及重量,而且其冷却效率提升程度有限,不宜在小型航空发动机燃烧室全面采用。发散冷却(Effusion Cooling)又称为全覆盖气膜冷却(Full Coverage Film Cooling)或多斜孔冷却,也有文献称为多孔壁冷却[1],是一种高效的火焰筒壁面冷却方式,已在国外较多的高温升发动机燃烧室中使用。而冲击＋发散冷却进一步强化了热侧换热,是比发散冷却更加高效的冷却技术,在对火焰筒结构复杂性和重量影响有限的前提下能大幅提高冷却效率,减少冷却用气量,是小型航空发动机燃烧室冷却技术发展的主要方向。

高温升和长寿命是先进发动机燃烧室设计的主要技术挑战(见图 4.1-1),在燃烧室燃气温度升高的同时,火焰筒壁面冷却可用空气量及空气的冷却能力均急剧下降,这对燃烧室的冷却提出了巨大的挑战。对于民用发动机燃烧室,一方面需减少冷却气量以获得较低的燃气温度,从而获得较低的污染排放;另一方面需优化冷却设计,以获得尽可能长的部件使用寿命。因此,采用先进高效冷却设计是先进燃烧室设计的关键之一。此外,燃烧室火焰筒尽管经受到的机械应力与发动机其他部件相比较小,但要求承受高温和剧烈的温度梯度变化,这些均损害其结构的完整性。为了保证火焰筒的寿命,需使温度和温度梯度降到合理水平[2]。对于目前使用的镍基或钴基合金,如 GH3536、GH3625 及 GH5188,承受的最高工作温度一般在 950 ℃ 以下,当温度高于这一水平时,这些材料的机械强度迅速下降。因此,需采用有针对性的冷却设计,使材料在较适宜的工作温度范围内安全可靠地工作。

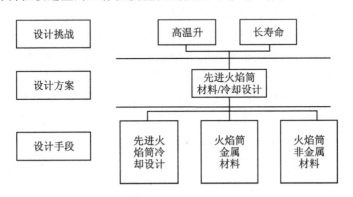

图 4.1 - 1   燃烧室设计挑战及主要手段[3]

图 4.1 - 2 为典型回流燃烧室结构。

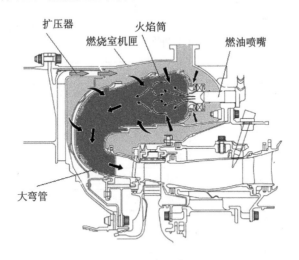

图 4.1 - 2   典型回流燃烧室结构

由图 4.1 - 2 可见,该燃烧室热防护设计主要包括以下方面:

① 燃烧室火焰筒冷却设计:随着燃烧室进口温度、压力和温升的增加,火焰筒可用冷却空气减少,需要选择合适的冷却方式以保证燃烧室性能和火焰筒寿命;火焰

筒冷却设计包括火焰筒头部冷却设计、火焰筒内外环冷却设计和大、小弯管冷却设计等内容。由于气流流动存在一定的差异,火焰筒不同部位冷却设计也具有不同的特点。

② 燃油喷嘴热防护设计:IHPTET 的研究表明,燃油温度高于 400 K 时碳的沉积速度快速增加,若燃油温度从 450 K 升高到 480 K,则喷嘴寿命从 1 000 h 减少到 20 h。目前燃烧室两股通道气流温度大多在 750 K 以上,因此需对燃油喷嘴进行热防护设计,以保证燃油喷嘴在全寿命周期内的性能。

③ 燃烧室机匣热防护设计:随着燃烧室进口气流温度升高,燃烧室机匣温度也不断升高,机匣热损失也随着增加,不但降低了发动机的热效率,也导致机舱温度升高。因此,高温升燃烧室,尤其是民用发动机燃烧室需开展机匣热防护设计。

表 4.1 - 1 为典型涡轴涡桨发动机燃烧室火焰筒、燃油喷嘴和燃烧室机匣的主要热防护方式。由表可见,燃烧室火焰筒主要冷却方式有气膜冷却(含机加环及 Z 形环)、发散冷却、冲击冷却和冲击+气膜冷却等主要类型;此外,燃油喷嘴主要通过在喷嘴杆外部设计隔热套管,在燃烧室机匣外部包裹隔热屏的方式达到隔热的目的。

表 4.1 - 1　燃烧室典型结构热防护方式

序　号	典型结构		热防护方式	应用发动机
1	火焰筒	火焰筒头部	冲击冷却(导流板)	T700、MTR390
			气膜槽冷却(导流环)	T800
			气膜槽冷却(背对背气膜)	PW150
			冲击+气膜槽冷却	RD - 600
2		火焰筒内外环	机加环气膜槽冷却	T700、MTR390、TV3 - 117、AI - 222
			发散冷却	T800、阿赫耶
			Z 形环气膜冷却+热障涂层	PW150
			气膜冷却(焊接冷却环)	RTM322
			冲击+气膜冷却	RD - 600
3		大弯管	冲击+Z 形环气膜冷却	PW150、ARDIDEN 3C
			冲击+气膜冷却	MTR390、RD - 600
			Z 形环气膜冷却	RTM322
4		小弯管	冲击冷却	PW150
			气膜冷却	T800
5	燃油喷嘴		隔热管	T700、PW150
6	燃烧室机匣		隔热屏	PW150

在涡轴涡桨发动机燃烧室中,Z 形环气膜冷却、发散冷却及冲击+发散冷却是广泛应用于高温升发动机燃烧室的高效冷却技术,本章重点阐述适用于先进涡轴涡桨发动机燃烧室的 Z 形环、发散冷却及冲击+发散冷却方式的研究成果,同时对火焰

筒热障涂层、燃油喷嘴、燃烧室机匣的典型热防护技术进行分析说明。

4.2　火焰筒冷却技术

火焰筒是燃气涡轮发动机高温高压工作部件之一,内部为燃烧区域,燃气温度高,热负荷大,最高的室壁温度不宜高于 927 ℃[4]。为保证燃烧室的工作寿命,火焰筒设计中需采用不同类型的冷却结构,使火焰筒壁温低于金属材料的最高工作温度。机械加工环气膜冷却是一种应用广泛的冷却结构,目前运行的大多数燃烧室均采用了这种气膜冷却结构。然而,随着燃烧室性能的进一步提高,除了火焰筒头部等一些局部位置,机械加工环气膜冷却已经很少应用于新设计的高性能航空发动机的燃烧室火焰筒中了。目前,研究的焦点集中于两种新的方法——多斜孔发散冷却和瓦片式火焰筒[2]。对于中小型涡轴涡桨发动机燃烧室而言,由于尺寸小,结构受限,瓦片式冷却方式应用受限。多斜孔发散冷却以及冲击+气膜冷却等结构相对简单的冷却方式成为越来越多设计师的主要选择,Z 形环气膜冷却由于结构简单,也受到较多设计师的青睐。本节将对这些冷却技术的冷效特性进行分析。

4.2.1　Z 形环气膜冷却

Z 形环气膜冷却结构(见图 4.2 - 1)类似于气膜槽冷却,不同之处在于 Z 形环气膜冷却结构为一体的 Z 形壁面结构,气膜出口一般无舌片,减轻了火焰筒的重量,并且可避免舌片位置因容易形成高温点而产生裂纹的问题,延长了使用寿命,因而 Z 形环气膜冷却结构的可靠性比气膜槽冷却结构高。

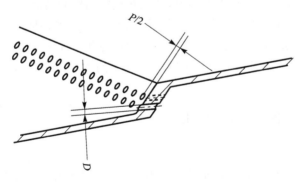

图 4.2 - 1　Z 形环冷却结构

由于 Z 形环气膜冷却具有较为简单的结构与优异的冷却特性,在航空发动机火焰筒壁面上的应用越发广泛。目前,采用 Z 形环结构的火焰筒已应用于罗·罗公司、透博梅卡公司研制的部分发动机中,典型的如 PW150 发动机、ARDIDEN 3C 发动机等。

Z形环结构通过紧密布置的小直径孔射流迅速合并而形成均匀气膜,与其他常规的缝槽冷却结构相比,除了其优越的冷却性能外,还可消除由于环带开裂对火焰筒使用寿命的影响。它比较适合采用环形轧制技术制造,这样不但可提高材料的利用率,而且生产的零件无须进行再加工[2]。

Z形环气膜冷却结构的典型特征为Z形环上密布两排或三排小孔,因而需要钻大量小孔,这不但提高了对加工精度的要求,而且还增大了加工成本。此外,为获得令人满意的机械强度和较高的冷却性能,还需要对相邻的孔距以及其他关键尺寸进行精密控制,这也提高了对加工的要求[2]。然而,随着制造方法的不断改进,这一问题可以通过采用先进的激光或电子束加工方法得到解决。

对于Z形环所形成的气膜,由于射流速度远高于燃气主流速度,气流在孔出口直至下游相当长的区域内都近似于射流模型而非边界层流动模型。在下游远端,随着射流的合并,气膜流动又转变为边界层流动。对于Z形环下游远端的气膜流动,可以通过以下经验公式对其冷却效率进行预测:

$$\eta_{aw} = 3.09 \left[\frac{x}{m\left(\frac{\pi d^2}{4p}\right)} \right]^{-0.8} \left(Re_s \frac{\mu_a}{\mu_g} \right)^{0.2}$$

式中,d 为孔径,p 为孔间距,x 为距冷却孔出口的轴向距离,m 为吹风比。

4.2.2 发散冷却

多斜孔发散冷却技术是现代冷却技术的典型代表,其特点是在火焰筒壁上打出大量具有较大倾斜角的小孔。在这种冷却方案中,冷却空气从冷侧进入众多的倾斜小孔,不仅可以带走火焰筒壁上的热量,还在热侧的筒壁和高温燃气之间形成冷却气膜起热防护作用。由于其结构简单、冷却效率较高,在先进燃烧室冷却技术中,多斜孔发散冷却技术是最具竞争力的方案[2]。在发散冷却设计中,冷热气流的流动特性、冷却孔几何结构及发散冷却结构是影响冷却效率的主要因素[5],在冷却设计中需考虑相关的参数。

1. 流动特性对冷却效率的影响

(1) 吹风比影响

Teekaram 等[6]研究了与表面呈 30°的冷却空气射流的平均冷却效率 $\bar{\eta}$,分析了不同的吹风比($M=0.11\sim0.73$)情况下的冷却特性。其中,M 的定义为

$$M = \rho_c U_c / \rho_\infty U_\infty$$

式中,ρ 为气流密度,U 为气流速度。

他们的研究结果如图 4.2-2(a)所示,由图可见,在同一吹风比下,平均冷却效率由 $\bar{\eta}=1.0$ 沿流程下降,并在一定距离后逐渐变平缓。鉴于 $\bar{\eta}$ 的衰减与吹风比成

反比,可采用 x/Ms(其中:x 为轴向距离,M 为吹风比,s 为当量缝槽宽度)作为冷却效率的相关参数,其与 $\bar{\eta}$ 的变化情况如图 4.2-2(b)所示。由图可见,$\bar{\eta}$ 随 x/Ms 的变化趋势对了解气膜冷却过程有重要作用,由于每个单元的冷却空气质量流量与 Ms 成比例,因此 $\bar{\eta}$ 随距离的下降与冷却空气流量的减少有关[6]。

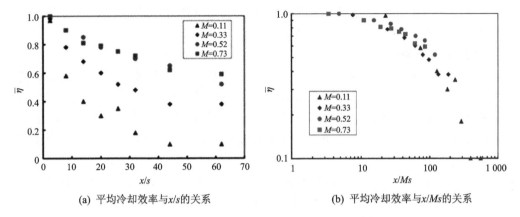

(a) 平均冷却效率与x/s的关系　　　　(b) 平均冷却效率与x/Ms的关系

图 4.2-2　不同吹风比平均冷却效率对比[6]

基于试验结果,Hartnett 提出了冷却效率预估公式[7]:

$$\eta = 16.9(x/Ms)^{-0.8}$$

单排孔发散冷却与气膜槽冷却的平均冷却效率 $\bar{\eta}$ 的变化关系[8-9]如图 4.2-3 所示,为了说明单排孔的冷却特性,作者定义了一个当量气槽宽度:

$$S_e = A_{hole}/P$$

式中,P 为两孔间的面积。

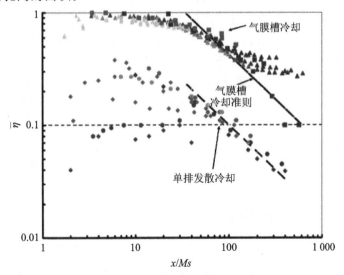

图 4.2-3　气膜槽与单排孔发散冷却平均冷却效率对比

应用这个定义,多孔发散冷却可以等效为一定宽度的气膜槽冷却。由对比可知,单排孔发散冷却的 $\bar{\eta}$ 远低于当量宽度的气膜冷却 $\bar{\eta}$,这主要与单排气膜孔冷却空气覆盖面积小及冷却空气更易扩散有关。对于发散冷却,由于冷却孔出口处冷却空气覆盖区域宽度约等于气膜孔直径,若使此处的冷却效率最大,即 $\bar{\eta}=1$,则冷却孔之间的区域应为 0,最大平均冷却效率可预估为 $\bar{\eta}_{max}=1/(P/d)$。当 $P/d=3$ 时,$\bar{\eta}_{max}=0.33$,这与试验中的最大 $\bar{\eta}$ 水平一致。

(2)密度比影响

一般而言,在燃烧室实际工作状态中,主流温度约为冷却气流(冷流)温度的 2 倍,因而冷流和主流的密度比(Density Ratio:DR)约为 2。然而,很多试验设备都很难模拟密度比,气膜冷却的大部分研究都是在特别低的密度比条件下进行的,甚至冷流的密度要比主流的密度低。因此,评估密度比对气膜冷却性能的影响十分重要[10]。

在试验研究中,低密度比冷流和高密度比冷流的性能对比用质量流量比或者是动量比 I 表示,也可以用速度比 V_r 表示。I 和 V_r 的公式如下:

$$I=\rho_c U_c/\rho_\infty U_\infty, \quad V_r=U_c/U_\infty$$

由于对流传热与 $c_p\rho U_c$ 成正比,故质量流量比决定了冷流的热传导能力;由于射流处主流的压力作用使得冷流贴壁,因而动量比决定了冷流射流处与主流的扩散速率。冷流贴壁效果是影响冷却性能的一个主要因素,速度比会影响冷流和主流之间的剪切层从而影响到湍流的产生。在试验状态与发动机工作状态下的 DR 不匹配时,可以利用这些参数来评估发动机工作状态下的性能。

Pederson、Baldauf 和 Sinha 研究了冷流密度比对气膜冷却性能的影响。这些研究都是在一个压力梯度为零的平面设备上进行的,单排冷却孔与主流流动方向成 35°角。这些研究表明,尽管低密度比和高密度比的情况下冷流射流性能有很明显的区别,但当选取恰当的参数时,冷却性能相似。M 对气膜冷却效率的影响起主导作用,在吹风比很低($M=2$)的情况下,Pederson 等人发现在 DR$=0.8\sim4$ 的范围内,$\bar{\eta}$ 基本保持不变;在高一些的吹风比的情况下,当吹风比相同时,DR 越高,冷却性能越好[8]。这是因为冷流的密度越低,它的动量比越高,冷流更容易发生分离。Baldauf 等人比较了 M 从 $0.2\sim2.5$ 及 DR$=1.2$ 和 1.8 的情况下的气膜冷却有效性,两种 DR 情况下 $\bar{\eta}$ 的影响相同,DR$=1.8$ 时气膜冷却效率的峰值为 0.38,DR$=1.2$ 时气膜冷却效率的峰值为 0.32[9]。Sinha 等人认为这应该是因为高密度的冷流的侧向分布更好所致[11]。

2. 冷却孔几何结构的影响

冷却孔的形状和射流角度对冷却性能有较大影响,大多数的冷却孔与表面的前倾角 α 为 $25°\sim35°$,越小的前倾角,不但有利于增加冷却孔长度,提高孔内对流换热强度,同时也有利于冷气射流与表面的贴壁性。然而,该夹角受加工的限制难以更小。随着冷却孔几何结构的研究发展，复合角发散冷却受到越来越多的关注并成为重要的研究方向。与主气流流向呈一非零角度(切向角 β)的冷却孔被称作复合角冷却孔，定义见图 4.2 - 4。此外，出口扩张孔能够降低冷却气流在出口处的速度，并降低冷气射流在高吹风比下的掺混，可以明显提升冷却气膜的效率。气膜孔间距以及相邻两排孔间的距离也是影响效率的重要因素。下面将对这些可变的几何结构参数进行详细讨论。

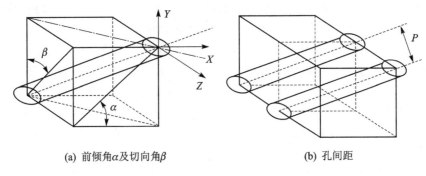

(a) 前倾角 α 及切向角 β　　　　　　(b) 孔间距

图 4.2 - 4　发散孔前倾角 α 及切向角 β 示意图

(1) 冷却孔间距

孔间距 P 为一排发散孔相邻两孔在横向上的距离，比较典型的孔间距为 3 倍孔径，但最多可以是 8 倍孔径。当孔间距减小后，能获得更佳的冷却空气的覆盖范围。同样地，当每个孔的质量流量不变时，随着孔间距的减小，单位跨度的质量流量增大。当冷却孔间距很大时，每一个冷气射流变得互相独立，在这种情况下，一排发散孔的性能可以通过单个孔的性能叠加得到。然而，当孔间距变小时，由于相邻两冷却孔冷气射流对主气流的抵抗力增大，导致冷气射流与主气流的相互作用发生改变。因此，在评估孔间距对气膜冷却性能的影响时，需要对冷却孔间距进行确认，并分析冷却孔射流是否相互独立。

Schmidt 等人研究了间距 $P/d=3$ 和 6，气膜孔与表面成 $35°$，复合角分别为 $0°$、$60°$ 的发散冷却性能[12]。结果显示，$P/d=3$ 的孔的冷却效率是 $P/d=6$ 的孔的 2 倍，即 $P/d=3$ 的冷却效率可通过 $P/d=6$ 的冷却效率叠加计算得到。因此，冷却孔的间距 $P/d=3$ 时，其冷气射流可以看作互不干扰，相互独立。这些结果也与后来 Baldauf 等人研究的孔间距 $P/d=2$、3、5 的结果相一致[9]。然而，Baldauf 等人研究发现，当 $M>1.2$ 时，对于 $P/d=2$，冷却效率随着 M 的增加而增加；对于 $P/d=3$、5，冷却效率随着 M 的增加而减小。对于 $P/d=3$、5，冷却效率的减小归因于冷气射流的分离流动；而对于 $P/d=2$，相邻的冷气射流足够近，可以形成连续气膜以阻隔主气流，这抑制了射流扩散的倾向。因此，当 $M>1.0$ 时，$P/d=2$ 的冷却效率高于 $P/d=3$ 和 $P/d=5$ 的冷却效率之和。

Foster 和 Lampard 研究了较高的吹风比的情况并得到相同的结论，其试验件方

案中的 P/d 分别为 1.5、2.5、3.75 和 5,气膜孔与表面垂直。尽管对于最小间距 $P/d=$ 1.5 没有定量的比较,但试验结果显示冷气射流已经合并形成连续的冷却气膜。此外,当 $M=0.5$、$P/d \geqslant 2.5$ 时,冷却效率的减少和孔间距的增加都显示出可叠加性[13]。

(2) 冷却孔排数

采用双排或多排冷却孔,能够在保证结构强度的前提下,增加冷却空气的覆盖范围。此外,在高吹风比条件下,双排冷却孔比单排孔相叠加(乘以 2)所得到的预期冷却效率更好。Han 和 Mehendale 通过比较单排孔和排间距为 $2.5d$ 的双排孔(孔间距 $P/d=2.5$)的冷却性能证实了以上结论[14]。研究中 2 排冷却孔呈叉排分布,冷却孔的射流角度沿主气流流向与表面成 35°,2 排孔实际冷却效率与 1 排孔叠加所得冷却效率的对比见图 4.2-5。图中,1 排孔的 $\bar{\eta}$ 值是通过乘以 2 来表示叠加效果的预期值。由图比较可知,在最小吹风比 $M=0.2$ 下,两者 $\bar{\eta}$ 值相似,因此,在此条件下,2 排孔的性能与预期的 1 排孔相叠加的性能一致,说明 2 排孔间气流是独立的。然而,当 $M \geqslant 0.5$ 时,2 排孔的 $\bar{\eta}$ 值明显比 1 排孔叠加计算的预测 $\bar{\eta}$ 值高。当 $M=1.0$ 时,$\bar{\eta}$ 值升高了 60%。可见 2 排孔能形成更稳定的、不易被主气流吹散的冷却气膜,这种方案提升了冷却性能。

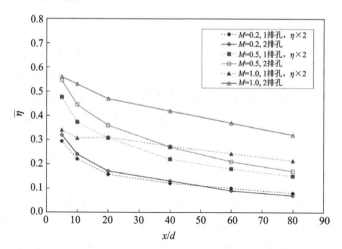

图 4.2-5 2 排气膜孔与 2 倍 1 排气膜孔的平均冷却效率对比

在燃烧室火焰筒冷却设计中,一般设计多排发散孔实现全范围冷却功能。在动压比 $I=0.04 \sim 0.59$ 范围内,研究者发现冷却效率在 4~8 排冷却孔(取决于吹风比)后达到峰值,且此值比叠加计算所得值低约 15%,最大冷却效率 $\eta=0.30$。

(3) 冷却孔角度的影响:前倾角 α

正如前文所说,冷却孔通常与表面成较小角度,但是在某些条件下,会采用较大的射流角度。研究显示,平面冷却孔的冷却效率随射流角度的增大而略有降低。射流角度增大,导致冷气射流分离的倾向增大,进而使得冷却效率降低。Kohli 和 Bogard 研究了射流角度为 35°和 55°时冷却孔的性能,发现冷却孔射流角度为 55°,动压比 $I=0.16$ 和 0.63 时,冷却效率分别降低了 10%和 30%[15]。Foster 和 Lampard 研究了射流角度为 35°和 90°的情况,发现当 $M=0.5$ 时,射流角度为 90°时的冷却效率略有降低;但是在 $M=1.4$ 的高吹风比下,射流角度为 90°时,性能有所提升[13]。Baldau 等人通过研究 30°、60°、90°的射流角度得出了相似的结论,他们的研究结果显示,低吹风比条件下,与 30°射流角度相比,90°射流角度的 $\bar{\eta}$ 峰值降低了 30%。在较高的吹风比条件下,当 $M>1.2$ 时,$\bar{\eta}$ 值升高了 60%,但是在这么高的吹风比下,冷却性能是比较差的[9]。90°射流角度的冷却效率在高吹风比下增大,归因于 90°射流角度的冷却孔相邻两射流间的干扰相对于 30°射流角度增大。

(4) 冷却孔角度的影响:复合角度射流

复合角射流中,由于冷却孔与主气流流向成一定角度,使冷却孔下游冷气覆盖范围增大,且冷气射流受主气流影响减弱,因此,这种方案的冷却效率增加。然而,这种冷却结构也会导致传热系数增大,而两者的影响会中和,因而通过研究复合角度射流热通量的净减值以分析最终冷却性能是复合角冷却结构研究的重要措施。

Schmidt 等人和 Sen 等人研究了复合角冷却孔射流的冷却效率特性。其中,冷却孔射流角为 35°,复合角分别为 0°和 60°的试验结果如图 4.2-6 所示。由图 4.2-6(a) 可见,对于复合角为 60°的冷却孔,动压比 $I=0.25$ 时,$\bar{\eta}$ 仅略有提高;但是在 $I=0.98$ 时,$\bar{\eta}$ 可提高 1 倍。由图 4.2-6(b)可知,复合角为 0°的冷却孔平均冷却效率在 $I \geqslant 0.5$ 时因冷气射流的扩散而迅速降低,但在冷却孔复合角为 60°及 $I=4$ 时,仍有良好的性能。Sen 等人研究了此气膜冷却结构与导热系数相关的参数,包括无吹风的导热系数 $\overline{h_f/h_0}$ 和热通量净减值 $\overline{\Delta q_r}$。如图 4.2-7(a)所示,60°复合角的冷却孔的传热系数比 0°复合角的冷却孔高 15%。主气流和冷气射流的相互作用导致射流的反方向产生纵向流动气流,使得采用复合角度射流有更高的传热系数。复合角度为 0°和 60°的冷却孔的热通量净减值 $\overline{\Delta q_r}$ 的比较如图 4.2-7(b)所示。结果显示,复合角度为 0°和 60°的冷却孔的热通量净减值 $\overline{\Delta q_r}$ 相当[16]。

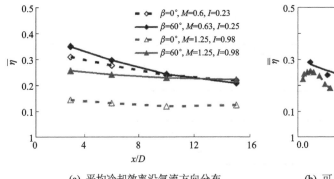

(a) 平均冷却效率沿气流方向分布

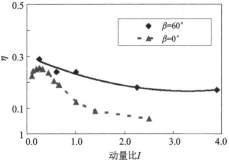

(b) 可见平均冷却效率随动量比变化曲线

图 4.2-6　切向角为 0°和 60°的气膜冷却效率对比

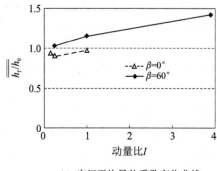

(a) 空间平均导热系数变化曲线

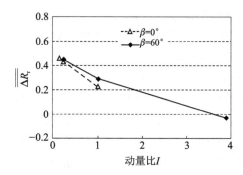

(b) 空间平均热通量净减值变化曲线

图 4.2 - 7　切向角为 0°和 60°传热性能对比

　　上文所讨论的复合角度冷却是主气流湍流强度较低的情况,Schmidt 和 Bogard 研究了主气流湍流强度 Tu=0.5％、17％时,0°和 90°复合角的冷却孔的性能。尽管低湍流强度下的结论相似,但当 Tu=17％、动压比高达 $I=2$ 的条件下,复合角为 0°和 90°的冷却效率相同。复合角为 90°的冷却孔会导致传热系数升高,其热通量的净减值比 0°复合角的冷却孔的净减值小[17]。

(5) 冷却孔形状

　　近年,冷却孔形状对冷却效率的影响受到越来越多研究者的关注,部分文献中研究的气膜孔出口扩张角对传热系数的影响结果表明,当冷却孔的出口具有扩张时,由于流出冷却孔的气流扩散作用,可提升冷却效果。德国的研究人员通过试验研究方法综合比较了孔型对流量系数及平均冷却效率的影响,其研究的冷却孔结构见图 4.2 - 8,冷却孔结构参数见表 4.2 - 1,试验结果见图 4.2 - 9。由图可见:冷却孔形状的差异对流量系数存在较大的影响,但总体而言随着压力降的升高,流量系数增大,这种变化趋势主要归因于流体的可压缩性;由平均冷却效率与压降及吹风比变化的关系可见,孔型对冷却效率存在非常大的影响,出口为扇形结构的冷却孔冷却效率均高于圆柱形孔,在相同孔径条件下,具有较大扩张角的方案 5(CLT5)具有最好的冷却性能[18]。

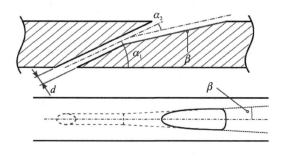

图 4.2 - 8　发散孔结构参数

表 4.2－1 发散孔结构参数

方案	结构	d	p	t	$\alpha_1/(°)$	$\alpha_2/(°)$	$\beta/(°)$
CLT1	圆柱形孔	0.61	8.39	5.59	30	—	—
CLT2	扇形孔	0.61	8.39	5.59	30	—	7
CLT3	后倾扇形孔	0.61	8.39	5.59	30	15	7
CLT4	扩张后倾扇形孔	0.61	8.39	5.59	30	—	11.5
CLT5	扩张后倾扇形孔	0.61	8.39	5.59	30	—	12
CLT6	扇形孔	0.7	8.39	5.59	21	—	12.5

注：表中 p 为孔间距，t 为排距。

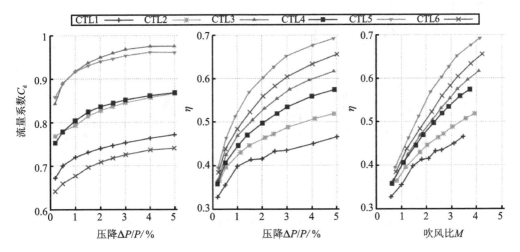

图 4.2－9 不同结构参数试验结果对比

Saumweber 等人研究了扩张孔冷气射流对传热系数的影响。在某些条件下,扩张孔与圆柱形孔有相似的传热系数,但是在吹风比增大,如 Tu＝11％时,扩张孔的传热系数比圆柱形孔高 50％,不利影响是传热系数的增大会减缓冷却效率的增大[19]。

鉴于扩张孔可有效提高冷却性能,而扩张孔加工比较困难,成本显著提升,因而在设计中需要对这笔额外的花费进行恰当评估,从而确定选用何种结构的冷却孔。

3. 冷却结构的影响

(1) 曲率半径的影响

回流燃烧室大、小弯管均为弯曲壁面,分析弯曲壁面对冷却效率的影响对指导冷却设计具有重要意义。弯曲壁气流的固有特性为垂直于气流方向有一个压力梯度。当沿着曲面喷射时,凸曲面的压力梯度使射流向壁面弯曲。如果射流动量小于主流,射流的曲率半径将小于壁面曲率半径,冷却气流射流将被压到表面上。然而,如果射流动量大于主流,射流的半径将大于壁面曲率半径,射流将远离壁面。对于凹面,法向压力梯度与凸面相反,因此凹面对冷却气流射流具有反方向效应。此外,由于凹壁面流动不稳定而产生的泰勒-戈特勒涡(Taylor-Gortler vortices)还会影响气膜冷却性能。

从这些曲率效应可以看到,对于低动量通量比,沿凸表面气膜可以提高气膜的冷却效率,而沿着凹表面会降低冷却效率[20-21]。Ito 等人的研究结果见图 4.2-10,由图可见,$M \leqslant 1$ 时凸壁的气膜冷却更有效,而 $M \geqslant 1.5$ 时凹壁的气膜冷却效果更好。凹凸壁的直接比较见图 4.2-11,由图可见,当 $M=0.5$ 时凸壁的气膜冷却有效性比凹壁的要大 80%。

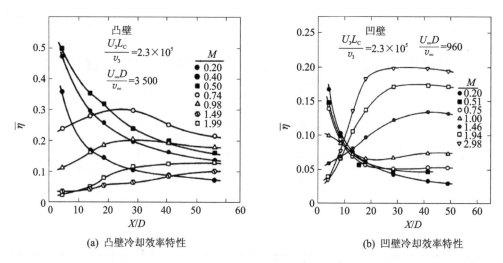

(a) 凸壁冷却效率特性　　　　　　　　　(b) 凹壁冷却效率特性

图 4.2-10　凹凸壁面横向平均冷却效率比较(DR=0.95)

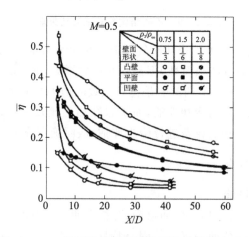

图 4.2-11　不同壁面形状横向平均冷却效率对比

(2) 表面粗糙度的影响

冷效试验研究大多是在相对较光滑的平板上进行的,然而在燃烧室实际工作环境中,火焰筒燃气表面会由于涂层、燃气对基体的侵蚀等原因而变得很粗糙。粗糙的表面会导致边界层位移、增厚和湍流混合,通常会导致气膜冷却有效性降低,而在高吹风比情况下会导致有效性提高[22-23]。此外,表面粗糙度的增加会导致传热系数明显增加。因而表面粗糙度对冷效有一定的影响。

Goldstein 和 Schmidt 等人都研究了表面粗糙度对平板表面上一排冷却孔的气膜冷却效率的影响,测量了粗糙表面传热系数的差异。在 Schmidt 等人的研究中,粗糙度由一系列的圆锥结构组成,最大粗糙度结构高度为 $0.4d$,对应的是 $\llbracket Re \rrbracket\_k \approx 100$ 时的沙砾粗糙度。冷却孔下游粗糙度对侧向平均气膜冷却效率影响较小,在低动量比情况下最多降低 10%,在高动量比情况下最多降低 5%。尽管表面粗糙度导致传热系数增加了 50%,但随着冷却气流的注入,传热系数没有明显改变[24]。

Bogard 等人和 Rutledge 等人分别采用高度为 $0.25d$ 的圆锥单元阵列,分别对一排圆柱孔的上游和下游的表面粗糙度进行了处理,研究了粗糙度对叶片吸力面的影响。根据接近冷却孔的边界层流动,这种粗糙度与 $\llbracket Re \rrbracket\_k \approx 50$ 的沙砾粗糙度相同。在低吹风比($M=0.3$)的情况下,冷却孔上游的粗糙度造成了平均气膜冷却效率降低了 25%。然而,在高吹风比($M>1.0$)的情况下,冷却孔上游和下游的粗糙度使气膜冷却效率升高。粗糙度本质上使叶片吸力面的传热系数增加了 1 倍,由于气膜冷却的作用影响了粗糙面的净热通量,此状态下的冷却气膜不会导致传热系数的进一步增大或减小[25-26]。

4. 旋流对冷却特性的影响

在燃烧室实际工作环境中,其内部一般都有较强的旋流,旋流必然会对火焰筒壁面冷却气流动产生影响,进而影响其冷却特性,因此,旋流对冷却的影响为燃烧室设计中必须考虑的因素。Wurm 等的试验研究了旋流对多斜孔发散冷却的冷却效率的影响。图 4.2－12 为试验装置示意图,内部旋流由试验装置进口的三个旋流器(结构按照专利 US2006/0248898 设计)产生,试验板的前端有导流板,产生起始气膜,以模拟实际燃烧室中的工作环境。发散板中气膜孔孔间距、排距与孔径的比值均为 7,板厚与孔径比为 2.5,冷却孔倾角为 30°。图 4.2－13 为采用红外测温技术测得的壁温分布云图,图中的等值线为吹风比。由于旋流的影响,温度云图具有明显的向左倾斜的趋势,导流板下方和左上方的高吹风比区域的壁温明显低于其他区域,右侧低吹风比区域的壁温升高明显[27]。也可以看出冷效在横向和纵向方向上有明显的锯齿状,与冷却孔的离散分布比较吻合,旋流使得冷却效率在横向呈现明显的不对称。

在模拟旋流环境的基础上,Wurm 等通过改变导流板结构进一步研究了起始气膜对冷却效率的影响。研究结果表明,不同的导流板与发散板缝宽对流动及冷却效率有非常大的影响,缝槽宽度除影响起始气膜出气孔气流流动结构外,还对缝槽出口气流流动产生影响,当缝槽过宽时,起始气膜供气孔冷却气经过缝槽流出后并非全部流向试验发散板,而是转向导流板表面向上流动,不能起到冷却作用;当缝槽宽度过

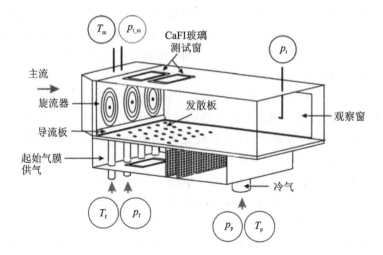

图 4.2-12　试验装置示意图

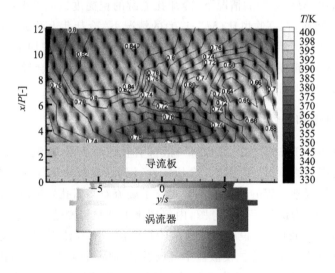

图 4.2-13　壁温分布云图(C3 工况)

小时,在燃烧室内部旋流作用小,主流反向流向缝槽,阻挡冷气流出,也使得冷却效率变差[28]。

4.2.3　冲击＋发散冷却

　　冲击＋发散冷却是一种先进的冷却方案,在燃气涡轮发动机高温升燃烧室中的应用越来越广泛[42]。采用该冷却结构的燃烧室火焰筒外表面通过冷气冲击得到冷却,燃气面由发散冷却形成的冷却气膜对火焰筒壁面进行保护。该方案涉及两股气流流路:冲击壁的射流,以及火焰筒燃气面的发散流动。此外,在冷却系统的内部通道中还可增加扰流柱等强化冷却的结构,进一步提高冷却效率。

　　冲击＋发散冷却系统结构可以通过一些特征参数进行表征,比如冲击间距、射流孔径、发散孔径及排布规律等。以下对这些结构特征对传热特性的影响进行分析。

　　冲击＋发散冷却主要由冲击壁和发散壁组成,必须按照一定的规律进行设计以获得满足设计要求的局部和总体冷却性能。在冲击＋发散冷却系统中,发散壁起的作用主要有：① 增加局部传热系数;② 改进整个表面上的传热均匀性。因此,孔的排布、冲击孔板与发散孔板之间的距离等是冲击＋发散冷却设计中的重要内容。

1. 孔排布方式

　　Hollworth 等研究了两种排列方式的双层壁的换热和流动情况[29-30]。第一种孔的排列方式如图 4.2 - 14(a)所示,每一个冲击孔都有一个发散孔与之正对,二者轴线共线。第二种孔的排列方式如图 4.2 - 14(b)所示,冲击孔位于相邻的 4 个发散孔组成的正方形的中心。两种排列方式中,冲击孔孔距均为发散孔孔距的 2 倍,板距与冲击孔孔径之比在 1～20 之间变化。实验结果显示,叉排布置的双层壁比顺排的换热能力高 20％～30％。在相同单位面积冷却气量下,孔距较大时的叉排孔双层壁具有更高的换热能力。

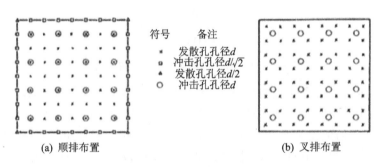

符号	备注
✹	发散孔孔径d
⊡	冲击孔孔径$d/\sqrt{2}$
▲	发散孔孔径$d/2$
◎	冲击孔孔径d

(a) 顺排布置　　　　　　　　　　　　　　　　(b) 叉排布置

图 4.2 - 14　Hollworth 等研究的双层壁孔布置方式

　　Andrews 等研究了冲击＋发散冷却方式中,冲击孔数量对于整体换热能力的影响[31-33]。研究结果显示：当冲击孔的数量与发散孔相同时,发散壁可以产生额外的换热能力,进而提升综合换热性能。但是当冲击孔数量比发散孔少时,这一额外的换热能力被削弱。Andrews[34]的研究还发现,在恒定的冲击间距下,同时等比例增加冲击孔和发散孔的数量,综合换热系数略有降低。而在恒定的开孔面积下,增加孔数可以提高热侧的冷却效率;减小孔间距与孔直径的比值,也可以提高冷却性能[35]。

　　如图 4.2 - 15 所示,Rhee 等[36]采用萘升华法研究了不同孔布置形式和孔数比对传热传质能力的影响。结果显示,正菱形交错布置的冲击＋发散孔可以产生最高的峰值换热能力,但是方形布置和六边形布置的方式可以增加发散孔的数量,进而改善壁面换热的不均匀性。鉴于整体和局部传热特性存在差异,在冲击＋发散冷却设计中需系统考虑,选择恰当的孔型和排布方式。

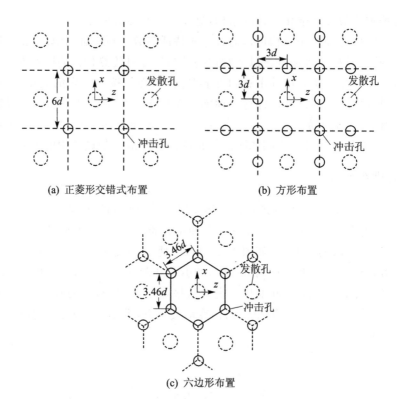

(a) 正菱形交错式布置 (b) 方形布置

(c) 六边形布置

图 4.2 - 15 Rhee 等的实验板孔布置方式[25]

Cho 等研究了较小的孔间距下的冷效特性,三种孔布置形式如图 4.2 - 16 所示[37-40]。图中孔间距为 3 倍孔径,板厚度为 1.5 倍孔径。结果表明,对于交错式布置,传热和传质的强化是通过中间区域的冲击射流加速进入发散孔和壁面射流之间的相互干涉实现的。中间区域的换热系数峰值比射流驻点高,这是由于小的孔间距增强了射流之间的相互作用。对于移位式布置,在发散孔附近形成了低传热区,中间区域的峰值比交错式布置时低。而对于直列布置,大部分冲击射流被直接排出,传热传质能力均比其他布置形式低。交错式布置的布置方式可以强化板之间的二次流动,进而强化传热和传质能力。

Chiu 等测试了靶面上如图 4.2 - 16 所示的三种气膜孔布置,结果显示交错布置方式可以有效改进换热特性,换热系数的峰值出现在射流滞止区[41]。

2. 冲击板与发散板之间的距离

对于单孔冲击射流,顾维藻等的研究成果表明:冲击区域局部换热系数沿径向呈现钟形分布,驻点处的换热系数最大。当冲击板与发散板之间的距离与冲击孔孔径之比 $H/d<3$ 时,局部换热系数沿径向存在两个峰值。在 $H/d=6\sim8$ 时,驻点区域换热系数仅有一个峰值,这是由于在较小的 H/d 下相邻冲击射流之间的相互作

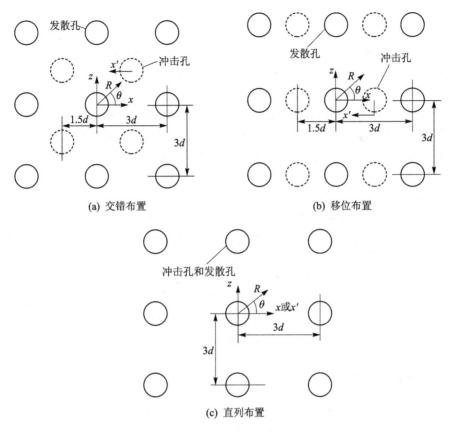

(a) 交错布置

(b) 移位布置

(c) 直列布置

图 4.2 - 16   Cho 等的孔布置方案

用减弱,且射流内存在的流动由层流向湍流转变。当 $H/d>2$ 时,射流核心区的湍流强度增大,滞止区的换热能力随着 H/d 的增大而增大,最大值出现在 $H/d=6$ 时,但是此时滞止区外侧的射流已经处于湍流状态,因此第二个换热系数峰值消失,使得总体换热能力下降[42]。

Gardon 和 Cobonpue 研究了半无限大空间内冲击板和发散板之间的距离与冲击孔孔径之比 H/d 对射流冷却效率的影响。结果表明,$H/d=6\sim8$ 时滞止区努塞尔数最高[43]。Lee 等的研究结果表明,对于较宽的射流雷诺数范围,$H/d=1.5$ 时冲击阵列的表面平均努塞尔数最高;而对于较低的雷诺数,这一比例为 $3\sim5$[44]。

Rhee 等采用实验的方法研究了双层壁内部的流场结构[36]。结果显示,双层壁内部存在一次涡和二次涡,一次涡的生成是由于邻近射流之间的相互作用造成的,而反向旋转的二次涡在一次涡之间生成。换热能力较低的区域位于一次涡和二次涡之间的位置。

3. 壁面曲率的影响

对于燃烧室而言,双层壁大、小弯管一般由带一定曲率的型面组成。因此发散板内侧的冲击射流受到靶面曲率的影响。Lee等研究了凸表面曲率对完全发展圆形射流的局部传热的影响,并测试了无量纲表面曲率从0.034~0.089变化的三个算例。结果显示,驻点努塞尔数随着曲率增加而增大,对于所有雷诺数和曲率,驻点最大努塞尔数出现在板间距与射流孔孔径比为6~8的区间,这与平板实验中的结果类似。对于曲率表面,驻点努塞尔数和平均努塞尔数都与雷诺数、板间距和曲率之间存在良好的关联性;对于较大的板间距,努塞尔数对雷诺数的依赖性更强[45]。

Chan等研究了半圆形凸面的下风冲击射流流动与换热特性,结果显示,凸面附近周向努塞尔数的下降速率比平面时更快。随着板间距的增大,表面曲率的影响更加明显[46]。Fenot等实验研究了单列射流冲击凹圆柱面的传热性能。结果指出,曲率增加引起了冲击区域努塞尔数的小幅度增加。与此同时,相对曲率对努塞尔数分布产生了两方面的作用:一是曲率降低了总体平均努塞尔数;二是曲率强化了冲击区域的换热[47]。Hong等评估了冲击+发散条件下带有曲率的发散板上的局部传热传质性能。结果表明,与平面相比,凹面可以提供更好的温度均匀性,总体平均努塞尔数增大,但驻点区域的努塞尔数略有下降[48]。

4.2.4 热防护涂层

火焰筒冷却设计的主要作用是在燃气和火焰筒壁面之间形成气膜,不但可降低燃气对火焰筒壁面的对流换热,还可以通过增加冲击或采用多孔结构强化换热。由火焰筒冷却原理分析可知,对流、热传导和热辐射是导致火焰筒壁温升高的主要原因。为进一步提高火焰筒热防护能力,先进燃烧室还采用在火焰筒燃气侧喷涂热障涂层或热阻膜的措施。

1. 热障涂层

热障涂层(Thermal Barrier Coating,TBC)是将耐高温、低导热、抗腐蚀的陶瓷材料以涂层的形式与基体合金相复合,以降低金属热端部件表面温度、提高基体合金抗高温氧化腐蚀性能的一种热防护技术[49-50]。热障涂层广泛应用于燃烧室火焰筒燃气面,可大幅度降低火焰筒的表面温度,提高部件的寿命和可靠性。

图4.2-17为有无热障涂层的金属基体温度梯度变化曲线对比[51]。由图可见,热障涂层能显著降低金属基体温度。热障涂层主要有双层、多层和梯度三种结构形式,应用最广泛的是双层结构热障涂层。双层结构热障涂层表层为陶瓷层(面层),底层为粘结层。陶瓷层主要起隔热的作用,此外还有抗腐蚀、冲刷、侵蚀等作用;粘结层主要是缓解基体和陶瓷层的热膨胀不匹配,以及提高基体合金的抗高温氧化腐蚀性能。

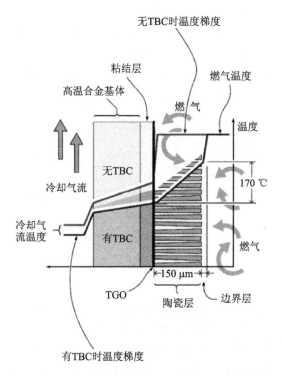

图 4.2-17 有无热障涂层的金属基体温度对比图

图 4.2-18 为常用的粘结层材料及与抗氧化性和抗腐蚀性能差异对比,可根据实际应用的需要选择满足要求的涂层。

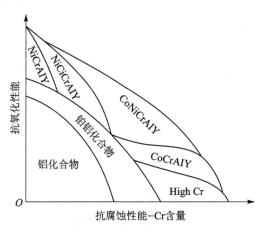

图 4.2-18 粘结层及性能

目前,Y_2O_3(质量分数为 6%～8%)稳定的 ZrO_2(YSZ)是应用最成功且最广泛的热障涂层陶瓷材料[50]。图 4.2-19 为热防护能力与厚度的关系,由图可见,涂层厚度与温度基本呈线性关系,0.4 mm 厚涂层能使基体温度降低 65 ℃左右。此外,热障涂层厚度对工作寿命也有重要关系,涂层过厚会使可靠性降低。研究表明,当涂层厚度为 0.35~0.45 mm 时,涂层比较稳定。

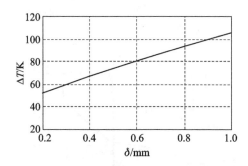

图 4.2 - 19　热障涂层厚度对隔热的影响

2. 热阻膜

氧化锆涂层在高温下主要起降低热传导的作用,而对红外辐射所致加热的阻挡作用甚微。通过在工件的红外辐射面增加具有较高红外反射率的热阻膜,以达到高效阻挡辐射热对火焰筒的加热作用,是一种有效降低金属基体温度的措施。图 4.2 - 20 为带热阻膜的隔热性能对比,由图可见,隔热效果显著。与无涂层的部件相比,具有 Pt、Au 或 Rh 金属热阻涂层部件的表面(这些热阻涂层以三明治的结构形式位于稳定层(如 Ta)之间),通过有效的反射而不是吸收这些辐射能,可使位于辐射火焰中的部件表面温度降低[52]。

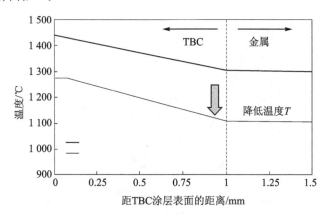

图 4.2 - 20　热阻膜隔热性能对比

图 4.2 - 21 为无涂层工件、带热阻膜工件及带热障涂层工件的试验结果,由图可见,带热阻膜的工件表面温度明显下降。

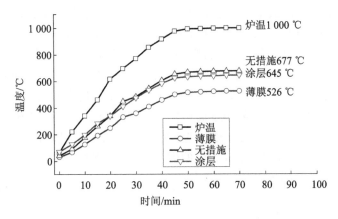

图 4.2-21　试样表面温度随升温时间的变化曲线

4.2.5　陶瓷基复合材料

随着燃烧室进口温度及温升的进一步提高,在采取冷却技术和热障涂层技术的条件下,传统高温合金材料的使用温度和服役性能已接近极限,难以满足下一代高性能航空发动机的设计要求。采用陶瓷基复合材料(Ceramic Matrix Composite,CMC)替代传统高温合金材料是提高发动机热端部件耐温能力和发动机效率的最佳途径。

与传统的高温合金相比,CMC 具有如下优势:

① 耐高温:CMC 材料使用温度可超过高温合金材料 200 ℃以上,且可减少燃烧室部件的冷气用量,从而提高燃烧室部件的效能;

② 耐腐蚀:高温环境下 CMC 通过在内部微裂纹缺陷处形成具有自愈合功能的氧化硅组织,加之环境障碍涂层(EBC)在构件表面的保护,可有效提升高温工况下的抗氧化能力;

③ 密度低:CMC 材料密度约为高温合金的 1/3,能有效减轻发动机的重量,进一步提高发动机的综合效率;

④ 更少冷却气流和更多掺混空气,更利于燃气掺混,排放气体中的 CO 和 NO_x 的量更少,尾气更为洁净;

⑤ 热膨胀系数低、热导率高,纤维和基体间热应力小。

基于以上优势,CMC 成为航空发动机热端部件最具潜力的备选材料之一。国际上先后制定并开展了 CMC 在航空发动机上的应用研究计划,列出了 CMC 未来若干年在航空发动机上的应用和发展趋势,明确提出 CMC 的应用对于航空发动机节能减排、降低冷却气体用量所具有的独特技术优势。

GE 公司明确将 CMC 作为未来发展的核心技术,多年来持续投入和研发 CMC 工艺技术,通过合纵连横开拓美国内外的产学研资源,在 CMC 研究与应用领域奠定了领导地位,作为标杆值给后来者借鉴。为此,GE 公司联合法国 SNECMA、日本 IHI 和德国 MTU,开展了大量协作和部件试制、考核试验,对 CMC 材料做了数千小时的测试,于 2003 年就已将 CMC 材料用在工业燃气轮机上,已服役超过 48 000 h。在燃机用涡轮外环、燃烧室内衬工程化应用中,确认 CMC 技术成熟度已足以应用到航空发动机核心部件。GE 公司在 NASA 的 N+3 先进发动机项目中,对 2030—2035 年将投入运营的高效安静小型商用发动机也参与了预研。在该项目中,除整体碳纤维风扇导向器/前机匣、复合材料风扇叶片和复合材料风扇机匣、全复合材料整体短舱等外,还包括采用新一代 CMC 的燃烧室、高压涡轮叶片、低压涡轮叶片、高压涡轮外环和整流罩等的研究。

4.3 燃油喷嘴隔热和燃烧室机匣隔热

4.3.1 燃油喷嘴隔热

增加发动机压比是改善发动机性能的发展趋势,循环参数的提高直接影响发动机推进效率的提高。然而,这些参数的提高会带来一个缺点,就是对燃料热应力的影响。当燃料的温度超过一定的阈值时,燃料被认为是受到热应力的。燃料的热应力会导致喷油器表面的碳颗粒沉积速度加快,也即产生了结焦。可以认为,由于压比的增加,结焦问题将在未来引起更大的关注。

此外,随着航空发动机压比的不断提高,燃烧室进口的气温也不断升高,目前对于功重比在 10 以上的航空发动机,其燃烧室进口气流温度在 750 K 以上,从而导致喷嘴长期暴露在高温环境中,使得其内燃油温度升高。在发动机中,燃油作为重要的冷源常被用于冷却飞机其他子系统,这也导致燃油在进入主燃油喷嘴前的温度高达 110~140 ℃。燃油温度在达到一定程度后,会与溶解在其中的氧气反应生成结焦前体,而后前体在高温金属壁面聚集产生不溶性物质,产生结焦。

燃油一旦产生结焦,会对发动机的正常运行带来很多危害[53-54]:

① 燃油在喷嘴内积沉、结焦,附着在内壁上堵塞流道,严重时会局部堵塞喷口,导致喷油雾化质量急剧恶化;

② 焦炭在管道壁面积聚,使油路变窄,增加油路流阻,甚至堵塞燃油管路,使燃油系统失效;

③ 焦炭与管道壁面的金属发生渗碳行为,对壁面造成一定的腐蚀作用,从而降低其机械强度。

在受燃油结焦影响的众多部件中,最严重的是燃油喷嘴,原因有二:一是燃油喷嘴直径很小,结焦导致的管径变化对喷嘴的性能影响大;二是喷嘴为管路系统中热环境最恶劣的部件,其需要承受高温气流的冲击以及火焰的辐射,燃油喷嘴内的湿壁温度达到 250 ℃,其温度远比燃油在管路系统中其他位置时高,在如此高温下结焦的生成速度加快,形成结焦堵塞流道,影响燃油喷射的均匀性。因此,在航空发动机燃烧室设计中均需对燃油喷嘴采取隔热措施,尽可能降低喷嘴杆的温度,避免燃油结焦。

　　燃油喷嘴隔热有多种应用形式,图 4.3－1 为典型燃油喷嘴杆的隔热结构,燃油流经燃油杆内部油路,燃油杆外部包裹隔热管,隔热管与燃油杆之间有一定的间隙,达到对燃油杆隔热的目的。图 4.3－2 为典型燃油喷嘴头部隔热结构。该结构通过在燃油喷嘴喷口组件外部安装喷口套,使喷口套与喷口组件之间存在一定的间隙,起到隔热的作用;该间隙中还通入空气,具有吹除积碳的功用。

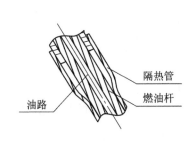

图 4.3－1　燃油喷嘴燃油杆隔热结构

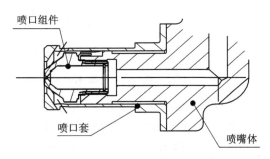

图 4.3－2　燃油喷嘴头部隔热结构

4.3.2　燃烧室机匣隔热

　　目前部分先进燃烧室进口温度在 500 ℃左右,燃烧室机匣外侧壁温也在 450 ℃以上,而燃烧室机匣外部安装有较多的发动机管路及附件,高的壁温使得这些零件处于炙烤状态,影响这些零件的使用寿命。另外,燃烧室机匣和涡轮机匣向外界散失大量的热量,通过采用一些隔热措施可减少热量的损失,提高发动机的热效率。在燃烧室机匣外部安装隔热罩是一种常见的隔热手段。

　　隔热罩一般安装在发动机燃烧室及涡轮机匣外部,利用其中隔热材料的低导热性隔绝涡轮及燃烧室工作时产生的高温热量,使发动机外表面的温度达到规定的要求。工作原理示意图如图 4.3－3 所示。

　　隔热罩(沿热量传递方向)由内蒙皮、隔热层、固定带与外蒙皮构成,隔热层采用一定厚度的低热导系数的高硅氧纤维层或陶瓷纤维层,内外蒙皮将隔热层包裹在内部,一般采用 0.05～0.1 mm 厚度的不锈钢材料。内部高温机匣壁热辐射源直接对内蒙皮加热,热量通过该复合结构到达外部空气层。复合结构共同作用实现了隔热罩的隔热效果。

　　第一步:内外蒙皮传递热量。当热辐射到达内蒙皮时,热量被分散为两部分。第一部分热量被蒙皮吸收,用于加热蒙皮。第二部分热量存在两种作用方式:一种为蒙皮与隔热层不直接接触,主要通过两层间的空气对隔热层进行对流热辐射;另一

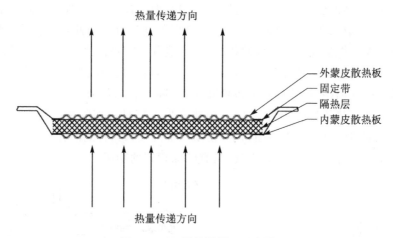

热量传递方向

外蒙皮散热板
固定带
隔热层
内蒙皮散热板

热量传递方向

图 4.3 - 3　隔热罩原理示意图

种为蒙皮与隔热层直接接触,主要通过热交换方式加热隔热层。

第二步:隔热层隔绝热量。当热量到达隔热层后,由于该层材料的热导率很低,大部分热量被隔离,只有较少热量可以通过本层到达外蒙皮。

第三步:外蒙皮向外层空气辐射热量。由于从隔热层传递过来的热量低,导致蒙皮只有少量热量向外辐射,从而起到隔热的作用。

图 4.3 - 4 为某两类隔热罩试样隔热性能试验结果。由图可见,在热侧温度为 1 000 ℃ 的条件下,隔热罩冷侧温度为 250～350 ℃,具有非常好的隔热性能。

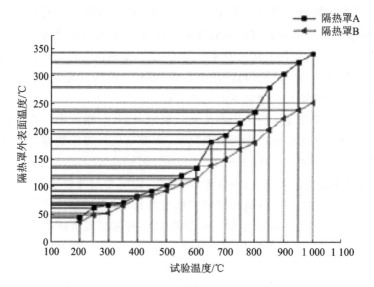

图 4.3 - 4　某隔热罩隔热性能试验结果

4.4　燃烧室热防护技术的发展

4.4.1　火焰筒冷却技术的发展

目前运行或在研的中小型航空发动机燃烧室采用的主要是冷却技术,前文分别对其冷却性能进行了讨论,较多的研究机构针对这些冷却技术开展了广泛的研究工作。火焰筒冷却技术的发展主要体现在以下方面。

1. 火焰筒冷却结构

常用火焰筒冷却结构冷却性能和经济性总结对比如图 4.4 - 1 所示,对比可以看出,相对气膜、冲击＋气膜及 Z 形环气膜冷却结构,冲击＋发散冷却方式优异的冷却性能在一定程度上能满足高温升燃烧室的要求。不过,基于现有的加工能力,冲击＋发散冷却方式的制造成本及产品合格率仍极大制约着其应用,且双层壁火焰筒会导致燃烧室重量的增加。而发散冷却,其需要的冷气量相对较少,相对生产成本最低。因此,针对先进燃烧室设计需求,发散冷却及冲击＋发散冷却是优选方案。

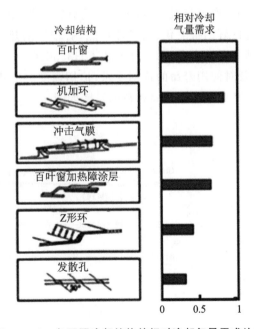

图 4.4 - 1　各不同冷却结构的相对冷却气量需求比较

2. 气膜孔结构形式

由前文分析结果可见,通过优化气膜孔结构形式可以提高其冷却效率,气膜孔出口为扇形或后倾扇形等成形孔结构对冷却效率的影响受到越来越多研究者的关注。由于气膜孔加工工艺水平的提高及 3D 打印技术的不断发展,使得具有更复杂结构气膜孔的加工成为可能,也拓宽了研究者的研究思路。前文研究成果表明,通过优化冷却孔形状可强化传热并对气膜的贴壁性能产生影响,成形冷却孔研究是冷却技术的发展方向之一。

3. 气膜孔排布

在发散冷却及冲击+发散冷却章节中阐述了正菱形及六边形等气膜孔排布方式对冷却效率的影响,可见不同的冷却孔排布方式、不同的间距,均是影响冷却效率的重要因素。在火焰筒冷却结构设计中,除采用高效冷却结构、成形冷却孔外,还可以通过优化冷却孔布局提高冷却效率,或者根据冷却气量分配及火焰筒壁温实际而采用非规则气膜孔排布方法,因此气膜孔排布设计也是冷却设计技术发展的方向。

4.4.2　材料的发展

火焰筒与高温火焰及燃气接触,制造火焰筒的材料应能承受高的工作温度,有中等持久和蠕变强度,有良好的抗氧化、耐腐蚀性能,有较好的热导率。目前燃烧室火焰筒通常选用镍基、钴基高温合金,如 GH3044、GH3536、GH3625 及 GH5188 等,但随着温度的不断升高及对使用寿命的苛刻要求,迫切需要具有更高耐温能力及持久使用寿命的材料,近年来合金类火焰筒材料的发展如图 4.4-2 所示。

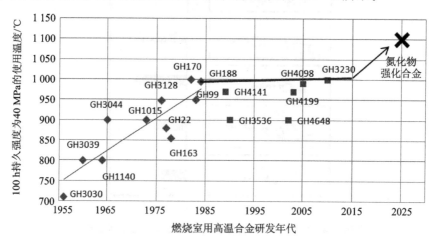

图 4.4-2　火焰筒用合金的发展

由于陶瓷材料具有良好的耐高温性能,故也是火焰筒材料的发展方向。美国在实施 IHPTET 计划的第二阶段将陶瓷材料火焰筒列为重点研究内容,其选用的陶瓷材料为 NASA 研制的 SiC 纤维材料和 SiC 材料,冷却方式选用多孔发散冷却方式。采用孔间距为 6.5 mm×6.5 mm 的多孔发散冷却方式后,火焰筒壁温为 926 ℃,XTC-76/3 验证机上的陶瓷材料火焰筒壁面选用了多孔发散冷却结构,与 HS188 材料火焰筒相比,质量大幅减轻,其质量仅为 1.38 kg,而后者的质量为 3.57 kg。

4.4.3　热防护涂层的发展

耐高温、高隔热、长寿命是先进热障涂层的三个最为重要的指标,获得成功应用的 MCrAlY/YSZ 热障涂层已不能完全满足高推重比航空发动机的需求。因而开发新一代耐超高温、高隔热、长寿命热障涂层材料成为热障涂层研究的重要发展方向。

MCrAlY(M:Ni、Co 或 Ni+Co)是目前普遍使用的一种热障涂层粘结层材料,然而,当使用温度超过 1 150 ℃时,MCrAlY 涂层加速氧化,导致氧化膜过厚,产生裂纹和开裂,引起涂层失效。NiAl 熔点高(1 638 ℃),密度低(5.99 g/cm³),弹性模量较高(240 GPa),在 1 200 ℃ 及以上温度能够形成保护性氧化膜,是一种很有前景的热障涂层粘结层材料。然而,NiAl 材料较脆,高温环境下形成的氧化膜与基体的结合力较差,限制了 NiAl 作为热障涂层粘结层材料的应用。针对 NiAl 材料的改性,国内外开展了广泛的研究。Tryon 发现 Ru/Pt 改性的 NiAl 涂层比 Pt 改性 NiAl 涂层具有更优异的蠕变性能和更好的循环氧化性能。Sun L. D. 等发现 Hf 改性的 NiAl 涂层的氧化速率较快,但氧化膜的粘结性好,抗循环氧化剥落能力提高。Li D Q 等研究了 Dy、Hf、Zr、Y 和 La 等多种活性元素对 NiAl 合金的抗循环氧化性能的影响,发现活性元素对合金的氧化速率具有不同的作用,采用活性元素二元掺杂或多元掺杂有可能进一步优化 NiAl 合金的抗循环氧化性能。

陶瓷层直接与燃气接触,要求具有熔点高、热导率低和热膨胀系数高等优良性能,ZrO₂ 满足这些要求,是热障涂层陶瓷层的首选材料。但是纯 ZrO₂ 的相稳定性差,抗热震性能不佳,不适合直接用作热障涂层,通常的解决办法是在 ZrO₂ 中加入质量分数为 7%~8% 的氧化钇稳定剂,组合氧化钇稳定氧化锆(YSZ)是目前应用最广泛的热障涂层材料。这种材料的主要问题是在 1 250 ℃ 以上长期使用会发生相变和烧结。目前主要的改性研究方向有[49]:

① 多元稀土氧化物掺杂 ZrO₂。美国 NASA 研究发现,在 ZrO₂ 中掺杂两种或两种以上的稀土氧化物可明显降低热导率,且热循环寿命也有明显提高。

② A₂B₂O₇ 型烧绿石和萤石结构化合物。A₂B₂O₇ 型化合物(A 为稀土元素,B 为 Zr、Hf、Ce 等元素)有两种晶体结构:烧绿石结构和萤石结构。A₂B₂O₇ 型稀土锆酸盐化合物中最具有代表性的是 La₂Zr₂O₇ 和 Gd₂Zr₂O₇。La₂Zr₂O₇ 和 Gd₂Zr₂O₇ 具有高熔点、低热导率,且在室温至熔点温度范围内保持高温相稳定性、抗烧结性能良好等优点,但它们的热膨胀系数和断裂韧度均较低。

③ 磁铅石型结构化合物。磁铅石型化合物 $LnMAl_{11}O_{19}$ 或 $LnTi_2Al_9O_{19}$（Ln 可为 La、Gd、Sm、Yb，M 可为 Mg、Mn、Zn、Cr、Sm）由于具有高结构稳定性、低烧结速率、低热导率等特征，成为近年来热障涂层领域的一个研究热点。

④ 石榴石型化合物。石榴石型稀土铝酸盐化合物（$RE_3Al_5O_{12}$）是高温热障涂层陶瓷材料的候选材料之一。尤其是 $Y_3Al_5O_{12}$ 具有高温结构稳定性，直至熔点也不发生过相变和极低的氧透过率（比氧化锆中的大约低 10 个数量级），可以有效地保护粘结层不被氧化。

除了上述的热障涂层陶瓷层候选材料之外，许多其他氧化物，例如钙钛矿结构化合物因熔点高、热膨胀系数较大、热导率较低，是一类潜在的热障涂层陶瓷层材料；独居石稀土磷酸盐和 $InFeZnO_4$ 陶瓷，由于具有较低的电导率，也是很有潜力的 TBCs。

新一代热障涂层未来的研究方向主要有以下几方面：① 1 400 ℃以上新型超高温热障涂层陶瓷层材料研究；② 1 200 ℃以上抗超高温氧化及先进单晶高温合金界面匹配的新型粘结层材料研究；③ 新一代长寿命热障涂层的制备技术研究；④ 先进热障涂层表征方法研究；⑤ CMAS 防护技术研究。

参考文献

[1] 林宇震,许全宏,刘高恩. 燃气轮机燃烧室[M]. 北京：国防工业出版社,2008.

[2] Lefebvre A H, Ballal D R. Gas turbine Combustion [M]. Philadelphia：Taylor & Francis，2010.

[3] Pratt and Whitney and General Electric Aircraft Engines. Critical Propulsion Components Volume 2：Combustor [R]. National Aeronautics and Space Administration Washington, NASA CR-2005-213584-VOL2, 2005.

[4] 金如山,索建秦. 先进燃气轮机燃烧室[M]. 北京：航空工业出版社,2016.

[5] Bogard D G, Thole K A. Gas Turbine Film Cooling[J]. Journal of Propulsion and Power, 2006，22(2)：249-270.

[6] Teekaram A, Forth C, Jones T. The Use of Foreign Gas to Simulate the Effects of Density Ratios in Film Cooling[J]. Journal of Turbomachinery，1989，111：57-62.

[7] Hartnett J P, Birkebak R C, Eckert E R G. Velocity Distributions, Temperature Distributions, Effectiveness, and Heat Transfer for Air Injected Through a Tangential Slot into a Turbulent Boundary Layer[J]. Journal of Heat Transfer，1961，83：283-306.

[8] Pedersen D R, Eckert E, Goldstein R. Film Cooling with Large Density Differences Between the Mainstream and the Secondary Fluid Measured by the Heat-Mass Transfer Analogy[J]. Journal of Heat Transfer, 1977，99：620-627.

[9] Baldauf S, Scheurlen M, Schulz A, et al. Correlation of Film-Cooling Effec-

tiveness from Thermographic Measurements at Enginelike Conditions[J].
Journal of Turbomachinery, 2002, 124: 686-698.

[10] Bogard D G, Thole K A. Gas Turbine Film Cooling[J]. Journal of Propulsion
and Power, 2006, 22(2).

[11] Sinha A, Bogard D, Crawford M. Film Cooling Effectiveness Downstream of
a Single Row of Holes with Variable Density Ratio[J]. Journal of Turboma-
chinery, 1991, 113: 442-449.

[12] Schmidt D, Sen B, Bogard D. Film Cooling with Compound Angle Holes:
Adiabatic Effectiveness[J]. Journal of Turbomachinery, 1996, 118: 807-813.

[13] Foster N W, Lampard D. The Flow and Film Cooling Effectiveness Following
Injection Through a Row of Holes[J]. Journal of Engineering for Power,
1980, 102: 584-588.

[14] Han J C, Mehendale A B. Flat-Plate Film Cooling with Steam Injection
Through One Row and Two Rows of Inclined Holes[J]. Journal of Turboma-
chinery, 1986, 108:137-144.

[15] Kohli A, Bogard D. Adiabatic Effectiveness, Thermal Fields, and Velocity
Fields for Film Cooling with Large Angle Injection[J]. Journal of Turboma-
chinery, 1997, 119:352-358.

[16] Sen B, Schmidt D, Bogard D. Film Cooling with Compound Angle Holes:
Heat Transfer[J]. Journal of Turbomachinery, 1996, 118: 800-806.

[17] Schmidt D L, Bogard D G. Effects of Free-Stream Turbulence and Surface
Roughness on Laterally Injected Film Cooling[C]. New York: Proceedings of
the 32nd National Heat Transfer Conference, ASME, 1997: 233-244.

[18] Thomas J, Achmed S, Hans J B, et al. Effusion Cooled Combustor Liner
Tiles With Modern Cooling Concepts—A Comparative Experimental Study
[J]. Proceedings of ASME Turbo Expo, 2016.

[19] Saumweber C, Schulz A, Wittig S. Free-Stream Turbulence Effects on Film
Cooling with Shaped Holes[J]. Journal of Turbomachinery, 2003, 125:
65-73.

[20] Ito S, Goldstein R, Eckert E. Film Cooling of a Gas Turbine Blade[J]. Jour-
nal of Engineering for Power, 1978, 100:476-481.

[21] Schwarz S, Goldstein R, Eckert E. The Influence of Curvature on Film Cool-
ing Performance[J]. Journal of Turbomacherinery, 1990, 112:472-478.

[22] Bons J P, Taylor R, McClain S, et al. The Many Faces of Turbine Surface
Roughness[J]. Journal of Turbomachinery, 2001, 123:739-748.

[23] Bogard D G, Schmidt D L, Tabbita M. Characterization and Laboratory Sim-

涡轴涡桨发动机燃烧室先进技术

ulation of Turbine Airfoil Surface Roughness and Associated Heat Transfer [J]. Journal of Turbomachinery, 1998, 120:337-342.

[24] Schmidt D L, Sen B, Bogard D G. Effects of Surface Roughness on Film Cooling[C]. ASME Paper 96-GT-299, 1996.

[25] Bogard D G, Snook D, Kohli A. Rough Surface Effects on Film Cooling of the Suction Side Surface of a Turbine Vane[C]. ASME Paper EMECE2003-42061, 2003.

[26] Rutledge J L, Robertson D, Bogard D G. Degradation of Film Cooling Performance on a Turbine Vane Suction Side Due to Surface Roughness[C]. ASME Paper GT2005-69045, 2005.

[27] Wurm B, Schulz A, Bauer H J, et al. Impact of Swirl Flow on the Cooling Performance of an Effusion Cooled Combustor Liner[J]. Journal of Engineering for Gas Turbines and Power, 2012, 134.

[28] Wurm B, Schulz A, Bauer H J, et al. Impact of Swirl Flow on the Penetration Behaviour and Cooling Performance of a Starter Cooling Film in Morden Lean Operating Combustion Chambers[C]. ASME GT2014-25520,2014.

[29] Hollworth B R, Lehmann G, Rosiczkowski J. Arrays of Impinging Jets With Spent Fluid Removal Through Vent Holes on the Target Surface, Part 2: Local Heat Transfer[J]. Journal of Engineering for Power, 1983, 105(2): 393-402.

[30] Hollworth B R, Dagan L. Arrays of Impinging Jets with Spent Fluid Removal through Vent Holes on the Target Surface, Part 1: Average Heat Transfer [J]. Journal of Engineering for Power, 1980,102(4):994-999.

[31] Al Dabagh A M, Andrews G E, Abdul Husain R A A, et al. Impingement/ Effusion Cooling: The Influence of the Number of Impingement Holes and Pressure Loss on the Heat Transfer Coefficient[J]. Journal of Turbomachinery, 1990,112(3):467-476.

[32] Andrews G E, Aldabagh A M, Asere A A, et al. Impingement/effusion cooling: Agard[C]. Heat Transfer & Cooling in Gas Turbines, 1993.

[33] El-Jummah A M, Abdul Husain R A A, Andrews G E, et al. Conjugate Heat Transfer CFD Predictions of Impingement Heat Transfer: The Influence of Hole Pitch to Diameter Ratio X/D at Constant Impingement Gap Z[C]. ASME Turbo EXPO 2014, Dusseldorf, Germany. ASME GT2014-25269, 2014, 6: 16-20.

[34] Andrews G E, Asere A A, Gupta M L, et al. Full Coverage Discrete Hole Film Cooling: The Influence of Hole Size[J]. International Journal of Turbo

164 Advanced Technology of Turboprop and Turboshaft Engine Combustor

& Jet Engines, 1985,2(3):213-226.

[35] Andrews G E, Alikhanizadeh M, Tehrani B F, et al. Small diameter film cooling holes—The influence of hole size and pitch[J]. International Journal of Turbo & Jet Engines, 1988,5(1-4):61-72.

[36] Cho H, Rhee D H, Goldstein R J. Effect of Hole Arrangements on Local Heat/Mass Transfer for Impingement/Effusion Cooling With Small Hole Spacing[C]. Proceedings of ASME Turbo EXPO 2004. Vienna, Austria. June 14-17, ASME GT2004-53685, 2014.

[37] Cho H, Rhee D H, Goldstein R J. Effect of Hole Arrangements on Local Heat/Mass Transfer for Impingement/Effusion Cooling With Small Hole Spacing[C]. Proceedings of ASME Turbo EXPO2004. Vienna, Austria, ASME GT2004-53685, 2004, 6: 14-17.

[38] Cho H H, Wu S J, Kwon H J. Local Heat/Mass Transfer Measurements in a Rectangular Duct With Discrete Ribs[J]. Journal of Turbomachinery, 2000, 122(3):579-586.

[39] Kim S H, Ahn K H, Jung E Y, et al. Total Cooling Effectiveness on Laminated Multilayer for Impingement/Effusion Cooling System[C]. ASME Turbo EXPO 2014, Dusseldorf, Germany, ASME GT2014-26692, 2014, 6: 16-20.

[40] Kim K M, Moon H, Park J S, et al. Optimal design of impinging jets in an impingement/effusion cooling system[J]. Energy, 2014,66:839-848.

[41] Chiu H, Jang J, Yan W. Experimental study on the heat transfer under impinging elliptic jet array along a film hole surface using liquid crystal thermograph[J]. International Journal of Heat and Mass Transfer, 2009,52(19): 4435-4448.

[42] 顾维藻. 强化传热[M].北京:科学出版社,1990.

[43] Gardon R, Cobonpue J. Heat transfer between a flat plate and jets of air impingment on it[J]. International Journal of Heat and Mass Transfer, 1965 (8):1261-1272.

[44] Lee J, Ren Z, Haegele J, et al. Effects of Jet-to-Target Plate Distance and Reynolds Number on Jet Array Impingement Heat Transfer[C]. ASME Turbo EXPO 2013. San Antonio, Texas, USA, ASME GT2013-94651, 2013, 6: 3-7.

[45] Lee D H, Chung Y S, Kim D S. Turbulent flow and heat transfer measurements on a curved surface with a fully developed round impinging jet[J]. International Journal of Heat and Fluid Flow, 1997,18(1):160-169.

［46］ Chan T L，Leung C W，Jambunathan K，et al. Heat transfer characteristics of a slot jet impinging on a semi-circular convex surface［J］. International Journal of Heat and Mass Transfer，2002,45(5):993-1006.

［47］ Fenot M，Dorignac E，Vullierme J J. An experimental study on hot round jets impinging a concave surface［J］. International Journal of Heat and Fluid Flow，2008，29(4):945-956.

［48］ Hong S K，Lee D H，Cho H H，et al. Local heat/mass transfer measurements on effusion plates in impingement/effusion cooling with rotation［J］. International Journal of Heat and Mass Transfer，2010,53(7):1373-1379.

［49］ 薛召露,郭洪波,宫声凯,等.新型热障涂层陶瓷隔热层材料［J］.航空材料学报，2018,38(2): 10-20.

［50］ 郭洪波，宫声凯，徐惠彬. 先进航空发动机热障涂层技术研究进展［J］. 中国材料进展，2009，28(9)：18-26.

［51］ Derek D. Thermal barrier coatings via directed vapor deposition［D］. Charlottesville city，USA：University of the Virginia，2000.

［52］ Matthew J，Douglas E. Thermal barrier coatings design with increased reflectivity and lower thermal conductivity for hig-temperature turbine applications. ceramic product development and commercialization［J］. International Journal of Applied ceramic Technology，2006，3(2)：81-93.

［53］ Chin J S，Lefebvre A H. Experimental Techniques for the Assessment of Fuel Thermal Stability［R］. AIAA，92-0685，1992.

［54］ Chin J S，Lefebvre A H. Temperature effects on fuel thermal stability［J］. Journal of Engineering for Gas Turbines & Power，1992，114:2(2):353-358.

第 5 章

燃烧室仿真

| 5.1　燃烧室仿真简介 |

　　为了满足涡轴涡桨发动机的紧凑设计要求,燃烧室空间极为狭小,流动极为复杂,燃烧室内的两相湍流燃烧涉及到的时间尺度和空间尺度范围非常宽。在过去的几十年间,通过形成回流区以增加混合与停留时间,燃烧室设计人员在这种燃烧组织设计中积累了大量的经验。与此同时,随着现代数学方法、计算机技术和仿真理论的迅速发展,与燃烧室仿真相关的物理化学模型及算法也在不断完善。由于虚拟仿真相对于真实试验具有速度快、成本低等优势,基于试验的传统燃烧室设计方法也逐渐向"设计—仿真—试验"过渡。燃烧室设计过程中的绝大多数的设计方案优化、筛选及初步验证工作由仿真开展,试验负责做最终的设计方案验证。

　　基于仿真的燃烧室气动性能预测和分析,可以大大节省燃烧室关键技术研究、方案设计和试验的时间及成本,了解燃烧室内部运行本质和规律,解决设计中多参数的优化问题[1-2]。同时,燃烧室仿真技术在工程上的应用,已经贯穿了燃烧室设计、试验、制造、服务保障等产品研发和发展的全生命周期,尤其是通过开展虚拟试验和仿真,针对各种可能的工况和参数进行大量的循环迭代,将有效地预测研发所需的关键性能参数,提前发现设计缺陷和运行期间可能出现的故障,实现燃烧室全生命周期内各阶段的设计优化,发挥仿真技术在燃烧室设计和研制中"以虚辅实、以虚补实、以虚预实、以虚代实"的作用,进而提高燃烧室研发的质量,降低研制的风险和成本,加快研制的进程。

　　世界各航空强国都在积极开展航空发动机及燃气轮机燃烧室的数值仿真研究工作,力求提升其设计、制造及运维仿真能力,进而部分甚至完全代替燃烧室物理试验[1,3-4]。数值仿真技术在工程设计上的应用,是航空发动机燃烧部件设计和研制发展的必然趋势,必将推动航空发动机燃烧室设计技术、预测方法的创新发展。

| 5.2 仿真置信度评估 |

随着仿真技术本身的不断发展,仿真技术在航空发动机中的应用也越来越广泛。仿真过程的合理性以及仿真结果的可信度将直接关系到航空发动机研制过程中的一系列重大决策。一旦采用了一个错误的仿真结果,将可能造成重大的经济损失和试验事故。因此,只有保证了仿真结果的正确性和可信度,才能够采用这一仿真结果,并基于仿真结果进一步做出航空发动机研制过程的一系列决策。

5.2.1 VV&A 简介

VV&A 是评估模拟仿真置信度并建立仿真预测能力的方法论,它由 3 个不同的部分组成,即校核(Verification)、验证(Validation)和确认(Accreditation)。VV&A 的 3 个部分结合在一起,以确定模拟的精度、置信度以及有效性是否足够满足实际需要。其中,校核是一个数学过程,其目的是证明我们是否正确地求解了那些表征真实世界的方程(比如:N-S 方程)。验证是一个物理过程,其目的是证明代码计算的结果能很好地符合真实世界的物理测量结果。确认是一个工程管理过程,其目的是证明这些代码的计算结果足够可信,以应用于工程实践中去。

VV&A 中的前 2 个"V",即模型校核和模型验证,它们之间的关系可以用图 5.2-1 表示。图 5.2-1 中的模型有 2 个,分别为概念模型和计算模型。概念模型包含所有能反映真实世界的信息,包括数学方程、物理过程等。概念模型的建立依赖于对真实世界的观测、分析和研究。在 CFD 领域,概念模型通常是指一些偏微分方程,包括连续性方程、动量方程、能量方程等。计算模型则表

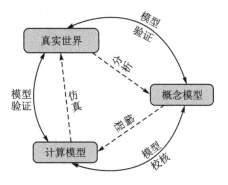

图 5.2-1 建模和模拟的各个阶段示意图

示对概念模型的求解,CFD 里的计算模型则表示为代码或者软件。根据图 5.2-1,模型校核只是对概念模型的校核,因此是不依赖于试验数据的,仅仅只是对方程建立和求解过程的验证;而模型验证是对计算模型和真实世界的比较,即将 CFD 仿真结果与试验数据进行对比。换句话说,模型校核是一个数学问题,模型验证是一个物理问题。

开展 VV&A 首先需要考虑的就是 VV&A 对象的潜在用途。举个例子,如果对一个武器系统的模拟培训系统开展 VV&A,那么,VV&A 需要侧重的是这套培训系

统的操控性要接近真实系统;而如果对一个武器仿真系统的结果开展 VV&A,那么,VV&A 需要侧重的就是这套武器仿真系统的精度。开展 VV&A 的目的,不仅仅是使得仿真结果更加接近真实世界,还要使得 VV&A 结果能够为最终的决策提供支撑。不同类型的仿真,其 VV&A 需要考虑的关键因素也会有差异,对于特定的仿真系统以及仿真结果的潜在用途,往往需要定制 VV&A 过程。此外,时间、技术和资源的制约也使得 VV&A 过程需要被定制。因此,大多数情况下,VV&A 过程可能都不会完全满足 VV&A 的理论框架。实际开展的 VV&A 过程,将会是时间、资源、技术以及对最终决策起到的支撑作用等因素之间的一个折中。

对于航空发动机燃烧室研发而言,需要在有限的资源下,开展尽可能全面的 VV&A 工作,以支撑最终的决策。

5.2.2 仿真置信度评估方法

在 VV&A 中,确认只是一个工程管理行为,不涉及具体的技术手段和方法,因此下面主要介绍前 2 个"V"的技术手段和方法。前 2 个"V"也是目前 VV&A 研究中最为重要的部分,简称为 V&V。

V&V 的主要目的就是评估仿真结果的正确性和不确定度。校核是验证的基础,在开展仿真验证之前,必须要开展仿真校核。因此,仿真校核与仿真验证是相互区分又同时相互衔接的。仿真验证的主要目标是获得物理模型的不确定度,为了达到这一目标,需要将仿真结果与可靠的试验结果进行对比。在对比过程中,需要理清不同因素所造成的误差,进而准确获得仿真模型的不确定度。仿真验证方法的原理如图 5.2 - 2 所示。

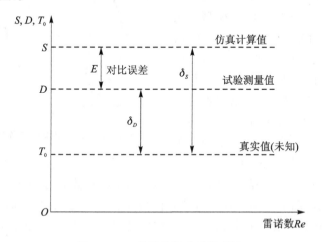

图 5.2 - 2 仿真验证方法原理图

在图 5.2 - 2 中,T_0 为真实值,是一个未知量;S 为仿真计算值;D 为试验测量值;E 为对比误差,E 可以表示为

$$E = S - D \tag{5.2-1}$$

仿真计算结果 S 的误差可以表示为

$$\delta_S = S - T_0 \tag{5.2-2}$$

试验测量结果 D 的误差可以表示为

$$\delta_D = D - T_0 \tag{5.2-3}$$

结合式(5.2-1)、式(5.2-2)和式(5.2-3),可以得到

$$E = \delta_S - \delta_D \tag{5.2-4}$$

从式(5.2-4)可以看到,对比误差是仿真误差与试验测量误差结合形成的一个综合误差。仿真误差 δ_S 包含 3 个部分,分别是:

① 数值误差 δ_{num}:由于求解偏微分方程产生的误差;

② 物理模型误差 δ_{model}:由于物理模型中存在的假设所造成的误差;

③ 输入参数误差 δ_{input}:由于输入参数的误差而导致的计算结果误差。

因此仿真误差 δ_S 可以表示为

$$\delta_S = \delta_{num} + \delta_{model} + \delta_{input} \tag{5.2-5}$$

上述三个仿真误差中,数值误差 δ_{num} 和输入参数误差 δ_{input} 与模拟过程中的人为主观因素有关,而仿真模型误差 δ_{model} 只与模型本身有关。验证的目的是要获得模型本身与真实世界的差别,因此验证就是要计算出仿真模型的误差 δ_{model}。将式(5.2-5)代入式(5.2-4)可得

$$E = \delta_{num} + \delta_{model} + \delta_{input} - \delta_D \tag{5.2-6}$$

由式(5.2-6)可得

$$\delta_{model} = E - (\delta_{num} + \delta_{input} - \delta_D) \tag{5.2-7}$$

一旦仿真结果 S 和试验结果 D 确定之后,就可以得到对比误差 E 以及试验误差 δ_D 的数值。但是,δ_{num} 和 δ_{input} 都是未知量,需要对 δ_{num} 和 δ_{input} 进行定量的分析和计算才能最终确定仿真模型误差 δ_{model} 的数值。

从式(5.2-7)中可以看出,仿真模型误差 δ_{model} 存在一个标准方差和一个期望。在式(5.2-7)中,对比误差 E 可以视为物理模型误差 δ_{model} 的期望,并且存在一个与 $\delta_{num} + \delta_{input} - \delta_D$ 有关的标准方差 u_{val},那么有

$$\delta_{model} \in [E - u_{val}, E + u_{val}] \tag{5.2-8}$$

如果 δ_{num}、δ_{input} 和 δ_D 是相互独立的,那么物理模型误差的标准方差 u_{val} 可以表示为

$$u_{val} = \sqrt{u_{num}^2 + u_{input}^2 + u_D^2} \tag{5.2-9}$$

式中,u_{num} 是数值误差的不确定度,u_{input} 是输入参数的不确定度,u_D 是试验结果的不确定度。u_{val} 也可以称为仿真模型的不确定度,E 可以称为物理模型误差的期望,整个仿真验证的流程如图 5.2-3 所示。基于已有试验结果对仿真模型进行验证,获得仿真模型的误差期望及其不确定度。在完成验证之后,可以利用仿真对试验值进

行预测。在开展预测时,E 可以认为是基本保持不变的,试验值误差将落在区间 $[E-u_{\text{val}}, E+u_{\text{val}}]$ 上。在实际的燃烧室仿真校核和验证过程中,由于仿真输入参数过多,对每个仿真输入参数进行校核的时间成本太高,因此通常忽略输入参数的校核,故式(5.2-9)可以简化为

$$u_{\text{val}} = \sqrt{\delta_{\text{num}}^2 + \delta_D^2} \qquad (5.2-10)$$

因此,燃烧室仿真验证的主要工作就是评估数值误差和试验误差的不确定度,理解那些造成物理模型误差 δ_{model} 的因素和那些可以纳入 u_{val} 的因素。只有理解了这些造成仿真误差的因素来源,才能进一步开展仿真验证工作并建立仿真预测能力评估体系。

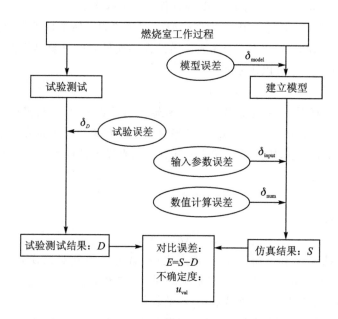

图 5.2 - 3 仿真验证的误差来源及流程示意图

1. 计算结果校核

计算结果校核本质上就是数值误差及其不确定度评估。目前,普遍认为数值计算结果误差主要由 3 个部分组成:截断误差、迭代误差和离散误差。截断误差是由计算机的精度决定的,并且随着网格精度逐渐降低,截断误差所占的比重也越来越大;迭代误差则是由于方程迭代计算造成的,由于 CFD 本构方程的非线性,迭代误差是无法避免的;离散误差是由于将连续方程近似成离散的数值方程而造成的。不同于截断误差和迭代误差,离散误差随着网格精度的提高而降低。在对数值计算结果的校核过程中,离散误差被认为是最大的误差来源。在 CFD 仿真过程中,应该尽量

减小迭代误差和截断误差,并确保离散误差在大部分情况下都是最大的数值误差来源。在实际的 CFD 仿真过程中,截断误差和迭代(相对)误差应该要比离散误差低 2~3 个量级,约为 10^{-5},而离散(相对)误差的量级一般为 10^{-2} 左右。因此,在做数值计算结果校核时,在保证迭代误差足够小的情况下,只针对离散误差进行计算。

目前,数值误差计算方法可以分为两类,即"先验法"和"后验法"。先验法,顾名思义,就是仅仅使用描述微分方程的数值算法以及边界条件对计算结果的误差进行计算;后验法,不仅仅需要数值算法、边界条件等先验法中的元素,还需要结合计算结果对数值误差进行计算。因此,后验法可以称为基于经验的方法。对于 CFD 中的非线性偏微分方程,目前只有后验法可以对其进行数值误差计算,这里也将只介绍后验法。

Richardson 最先将后验法应用于数值误差计算中。Richardson 采用外推的方法对微分和积分方程进行数值误差计算,随后 Roche 提出了用 GCI(Grid Convergence Index)方法评估数值计算误差和不确定度。Eca 在 GCI 方法的基础上,提出了最小二乘法用于计算数值误差和不确定度。实际结果表明,在燃烧室仿真校核中,最小二乘法的通用性要好于 GCI 方法。

对于离散误差 E_h 的计算,忽略高阶项,可以简化为如下表达式:

$$E_h = \phi_i - \phi_0 = Ch_i^p \qquad (5.2-11)$$

式中,ϕ_i 表示任意的一个数值计算的物理量,ϕ_0 表示解析解,C 为常数,h_i 是网格尺度,p 是网格收敛阶数。要计算出离散误差 E_h,必须要知道 C、h_i 和 p。因此,除非 p 值等于理论值(理论值等于离散格式精度阶数),否则采用后验法计算 E_h 至少需要 3 套网格的计算结果。需要强调的是,在使用上述方法计算离散误差时,需满足以下前提条件:

① 计算中所使用的网格必须要落在"渐进区间",以使得高阶项可以被忽略。

② 必须使用特征网格尺度 h_i 作为表征网格粗细的唯一参数,这就需要保证不同的网格之间具有相似性,比如网格加密必须使得全计算域范围内网格被均匀加密,并且保证网格的其他参数不受网格加密的影响,比如扭曲度、正交性等。

③ p 值的计算是上述数值误差计算方法的关键,适用于不同情况下的 p 值。

尽管已有多种数值误差计算方法,但是数值误差计算的复杂性仍然不可忽略。这种复杂性往往体现在数值误差计算与空间/时间尺度的耦合上。比如,在 CFD 计算中,当网格尺度足够小了之后,一些新的物理现象可能会出现,并且现有的物理模型很可能不能适用于这些新的物理现象的捕捉,这就导致这样一个结果:在网格逐渐变细进而使得数值计算误差逐渐减小的过程中,当网格细到一定程度时,计算出现发散的现象,进而导致数值误差计算出现突变。在实际的 CFD 计算中,经常发生稳态流场计算出现不稳定流动的情况,这就是因为网格尺度很小进而导致一些小尺度现象的发生,进而使得物理模型不太适用。网格尺度的减小往往会造成物理模型的改变。因此,在使用 GCI 方法或者最小二乘法进行数值误差计算时,需要考虑到物理模型与网格尺度的匹配,否则会出现计算发散的情况。下面简单介绍一下 GCI 方法。

首先,定义网格尺度 h。对于三维的结构化网格(不要求是笛卡儿坐标),网格尺度可以表示为

$$h = \left[(\Delta x_{\max})(\Delta y_{\max})(\Delta z_{\max}) \right]^{1/3} \tag{5.2-12}$$

对于三维的非结构化网格,网格尺度可以表示为

$$h = \left(\sum_{i=1}^{N} \Delta V_i / N \right)^{1/3} \tag{5.2-13}$$

式中,N 是计算的总网格数量;ΔV_i 是第 i 个单元的体积。采用 3 套网格进行网格收敛性测试,细网格的网格尺度为 h_1,计算结果为 ϕ_1;中间尺度网格的网格尺度为 h_2,并且有 $h_2 = rh_1$,计算结果为 ϕ_2;粗网格的网格尺度为 h_3,并且有 $h_3 = r^2 h_1$,计算结果为 ϕ_3。

那么,通过消去式(5.2-11)中的常数 C,离散误差 E_h 可以表示为

$$E_h = \frac{\phi_2 - \phi_1}{r^p - 1} \tag{5.2-14}$$

为了降低其他数值误差的影响,r 的取值应该满足 $r > 1.1$。式(5.2-14)的可靠性取决于计算结果 ϕ_1、ϕ_2 和 ϕ_3 是否都处于渐进收敛区间。如果计算结果都处于渐进区间,那么可以计算出 p 的实际值。p 的实际值计算公式可以表示为

$$p = \frac{\ln \left| \dfrac{\phi_3 - \phi_2}{\phi_2 - \phi_1} \right|}{\ln r} \tag{5.2-15}$$

式中,$r = \dfrac{h_2}{h_1} = \dfrac{h_3}{h_2}$。

对于网格收敛性测试结果,可以通过计算收敛率来判断测试结果是否处于渐进收敛区间。收敛率 R 可以表示为

$$R = \frac{\phi_3 - \phi_2}{\phi_2 - \phi_1} \tag{5.2-16}$$

根据 R 的取值,可以将收敛性测试结果分为 4 类:

① 单调收敛:$0 < R < 1$;

② 单调发散:$1 < R$;

③ 振荡收敛:$-1 < R < 0$;

④ 振荡发散:$R < -1$。

当 R 的结果符合上述①或者③的条件时,可以使用式(5.2-14)和式(5.2-15)

评估出离散误差;当 R 的结果符合②或者④的条件时,会导致计算的 p 值偏大或者偏小,因此无法使用计算的 p 值评估离散误差,通常采用 p 的理论值来取代实际值,并由式(5.2-14)评估离散误差。其中,p 的理论值等于离散格式的精度阶数。对于 R 发散的情况,一般为 p 取一个最小值,并设定 p 的最小值为 0.5。

通过将离散误差乘以一个安全因子(GCI 指数),可以得到离散误差的不确定度:

$$u_{\text{num}} = F_{\text{s}} |E_{\text{h}}| \tag{5.2-17}$$

式中,F_{s} 为安全因子,Roache 推荐在三网格中使用 $F_{\text{s}} = 1.25$。

2. 仿真结果验证

验证是将仿真结果与试验结果进行对比,通过计算出模型的不确定度 u_{val},获得模型在某一状态下的置信度及其置信区间,进一步可以基于验证结果对其他状态下的物理试验进行预测。在开展预测时,可以认为对比误差 E 是模型误差 δ_{model} 的期望,E 在大部分的工况下是基本保持不变的;同时,u_{val} 可以被认为是仿真模型的系统不确定度,u_{val} 的数值大小决定了模型的预测精度。

基于验证结果,可以开展模型的仿真预测和应用,图 5.2-4 为仿真模型应用范围与验证范围的对比示意图。从图 5.2-4 可以看出,一般情况下,应用范围都是要大于验证范围的。在验证范围之内,物理模型和表征其功能的代码是可靠的,其预测精度与验证结果保持一致。而在验证范围之外,物理模型和代码的可靠性就明显降低,其预测精度和置信度都明显降低。物理模型的适用范围和边界是可以计算的,一个完整的验证,应该可以精确地获得物理模型的适用范围。

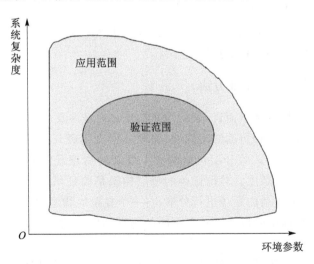

图 5.2-4 仿真模型应用范围与验证范围对比示意图

在上节中已经分别介绍了数值不确定度 u_{num} 的计算方法,只需要获得试验的不

确定度 u_D，就能通过式(5.2-10)计算得到模型的不确定度 u_{val}。

由于物理模型误差可以表示为

$$\delta_{\mathrm{model}} \in [E - u_{\mathrm{val}}, E + u_{\mathrm{val}}] \qquad (5.2-18)$$

故在完成对模型的验证之后，可能出现以下两种情况：

① 如果对比误差 E 满足：

$$|E| \gg u_{\mathrm{val}} \qquad (5.2-19)$$

那么，模型误差 $\delta_{\mathrm{model}} \approx E$。这种情况下，物理模型的误差占据仿真误差的大部分，因此可以通过对物理模型进行修正来降低仿真误差。

② 如果对比误差 E 满足：

$$|E| \leqslant u_{\mathrm{val}} \qquad (5.2-20)$$

那么，仿真过程中的全部误差综合起来都要小于 u_{val}，并且可以认为仿真模型已经被验证。这种情况下，要降低仿真误差，应该先减小数值计算误差、输入参数误差和试验误差。

完成了模型不确定度 u_{val} 的评估及模型误差的置信区间之后，还需要以置信度的形式对该置信区间进行表达，即需要明确物理模型误差落在置信区间 $[E - k * u_{\mathrm{val}}, E + k * u_{\mathrm{val}}]$ 的置信度。通常以置信度为 95% 来表示物理模型的置信区间。当 $\delta_{\mathrm{num}} + \delta_{\mathrm{input}} - \delta_D$ 满足如下不同概率分布时，k 的取值不同：

① 当 $\delta_{\mathrm{num}} + \delta_{\mathrm{input}} - \delta_D$ 满足均匀分布，$k=1.73$ 时，$\delta_{\mathrm{model}} \in [E - 1.73u_{\mathrm{val}}, E + 1.73u_{\mathrm{val}}]$ 的置信度为 100%。

② 当 $\delta_{\mathrm{num}} + \delta_{\mathrm{input}} - \delta_D$ 满足三角分布，$k=2.45$ 时，$\delta_{\mathrm{model}} \in [E - 2.45u_{\mathrm{val}}, E + 2.45u_{\mathrm{val}}]$ 的置信度为 100%。

③ 当 $\delta_{\mathrm{num}} + \delta_{\mathrm{input}} - \delta_D$ 满足高斯分布，$k=2$ 时，$\delta_{\mathrm{model}} \in [E - 2u_{\mathrm{val}}, E + 2u_{\mathrm{val}}]$ 的置信度为 95.4%；$k=3$ 时，置信度为 99.7%。

3. 燃烧室仿真分层验证方法

对于航空发动机燃烧室而言，其结构非常复杂并且涉及到多个物理过程，为了保证整个燃烧室系统建模和仿真的正确性，需要分层次逐级开展燃烧室的建模仿真及相应的试验验证。验证试验分层可以将一个复杂的物理现象或者物理问题进行解耦，进而降低问题的复杂度。验证试验的分层构架是验证试验设计的关键。所谓分层构架，就是将一个复杂的系统进行分解，将一个复杂的物理问题进行解耦之后所形成的不同层次的验证试验框架。对于不同的物理问题和物理系统，需要采用不同的分层构架方法。

一个好的分层构架可以达到两个目的。首先，这个分层构架可以将一个复杂的系统分解成多个复杂度较低的分系统。对于发动机而言，往往可以根据结构进行分解，比如进气道、压气机、燃烧室、涡轮等；如果对燃烧室进行进一步分解，可以分为扩压器、涡流器、火焰筒等。通过对复杂系统进行分层,应该使得每个层次之间在几何结构、物理过程、时空维度中不存在耦合。结构上的分层往往是很容易实现的,但是在物理过程上进行分层往往很困难,比如湍流和燃烧,在燃烧室中,无法排除湍流而单独对燃烧问题进行验证。分层构架的核心思想就是将一个复杂系统进行线性的分解,不过实际问题中大量的非线性问题是我们在采用分层构架方法时必须考虑的问题。

　　分层构架可以达到的第二个目的应该是,可以使得每个验证试验都是可执行的,并且每个验证试验的试验数据都是可靠的。换句话说,每个单独的试验都应该具有可行性且试验数据都应该具有较高的精度。对于一个复杂的系统而言,往往不能对其开展验证试验。对于部件系统层级,一般是可以开展验证试验的,但是往往试验成本和难度都比较大。对部件系统层级进一步分解的层级,可以定义为基准层级。一般而言,基准层级所包含的验证对象就是具体的单个零部件。基准层级一般是一个转换层级,将以硬件为特征的高层级复杂系统转换成以物理过程为特征的底层系统。将基准层级再进一步分解,可以获得基元层级,基元层级是分层构架体系中最底层的层级,这个层级中每个验证对象都只涉及一个单独的物理过程。通常来说,验证试验的开展都是在基准层级和基元层级。图 5.2-5 展示了燃烧室部件的分层架构验证体系。其中,燃烧室仿真验证被分解成三个层次,分别是部件层、零件层(基准层)与基元模型层。通过这种分层构架对一个复杂的燃烧系统进行逐级分解,分层次开展仿真验证,可以显著提高验证试验的可信度和可执行性。

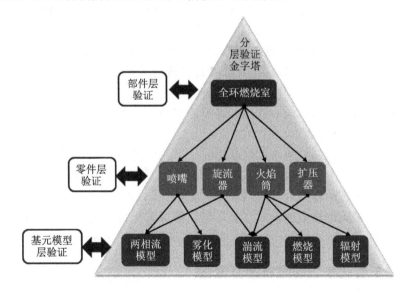

图 5.2-5　燃烧室的分层构架验证体系

|5.3 雾化仿真|

在航空发动机燃烧室的仿真中,雾化仿真一直都是影响燃烧室仿真精度的瓶颈因素。雾化过程可以大致分为一次雾化和二次雾化两个阶段。其中,一次雾化是指液体从喷嘴射出之后,形成圆柱射流或液膜,并在之后发生破碎,产生大小形状各不相同的离散的大尺度微团结构(包括团、块、滴等)的过程。二次雾化是指一次雾化所产生的离散结构在运动中进一步破碎成更小液滴的过程。相比二次雾化,目前对于一次雾化的机理研究尚不透彻。

目前对喷嘴雾化仿真主要有如下 3 种方法:① 基于相界面捕捉技术的欧拉方法;② 基于雾化模型的拉格朗日方法;③ 欧拉-拉格朗日耦合雾化仿真方法。采用相界面捕捉技术对喷嘴雾化过程进行仿真,往往需要结合直接数值模拟(DNS)和大涡模拟(LES),可以对液膜发展以及液滴的破碎过程进行捕捉。然而,由于该方法巨大的计算代价,目前全解析数值模拟技术还无法成熟应用于工程计算。

基于雾化模型的拉格朗日方法是目前工程设计中被广泛使用的方法,该方法基于对雾化物理过程的理论分析,并结合试验数据进行模型验证和修正,得到精度较高的半经验模型,进而实现雾化过程仿真。该方法既避免了昂贵的计算成本,又具有一定的物理意义。但是,经验模型不考虑喷嘴内部流动现象(例如湍流和空穴)对雾化的影响,尤其缺乏对一次雾化过程气液两相作用的分析,在精度上逊色于另外两种方法。

第③种方法,即欧拉-拉格朗日耦合雾化仿真方法,作为国际上最新发展的雾化仿真方法,其对喷嘴内流、初始雾化及喷嘴近场流动采用高精度的欧拉方法求解,对二次雾化采用拉格朗日模型数值模拟,既避免了完全采用欧拉方法带来的高计算成本,又具备完全解析喷嘴内流和近场所得到的高精度水平,是一种通用性强、兼顾精度和效率的雾化仿真方法。

除此之外,两相流领域不断探究新的方法,其中比较著名的是光滑粒子流体力学(Smoothed Particle Hydrodynamics,SPH)方法,该方法可以实现自然准确的界面追踪,以及高温传热传质物理过程的耦合。当前基于 CLSVOF 界面捕捉的直接数值模拟和基于 SPH 的无网格数值模拟方法是研究燃油雾化过程中液面的形成、波动、破碎、液滴与壁面的碰撞、壁面油膜的形成及破碎等物理过程和建模的重要途径。

5.3.1 基于雾化模型的拉格朗日方法

如图 5.3-1 所示,初始雾化发生在喷射点附近,二次雾化一般发生在远离液核的位置,初始雾化决定了二次雾化的初始条件,对后续的二次雾化及整个雾化性能而言至关重要,因此国际上开展了大量对初始雾化机理的研究。研究表明:初始雾化过程涉及气动稳定性、空化、湍流、表面张力等多种因素，因此，相比二次雾化，目前对于初始雾化的机理研究尚不透彻。而对于二次雾化，液雾破碎完全受到空气动力的作用，与喷嘴形式无关。

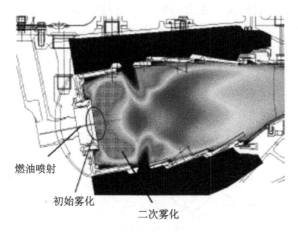

燃油喷射

初始雾化

二次雾化

图 5.3 - 1　燃烧室内燃油雾化示意图

因此，目前已经建立了相应的二次雾化模型，可有效地进行液滴变形、破碎和聚合等过程的性能预测及分析。尽管雾化模型存在一定限制，但是基于模型对离散液滴进行追踪，能够在保证一定物理意义的同时，避免昂贵的计算成本。因此，基于雾化模型的拉格朗日方法在目前的工程设计中被广泛使用。

目前被广泛应用的二次雾化模型包括以下几种。

（1）泰勒类推（Taylor Analogy Breakup，TAB）模型

由 O'Rourke 和 Amsden 提出的经典 TAB 破碎模型将液滴的振动和变形与弹簧质量系统类比（见表 5.3 - 1），建立液滴变形方程，通过变形量判断液滴破碎形式。通过求解 TAB 方程得到液滴的振幅和扭曲度。当液滴的振幅达到阈值，"父"液滴将会破碎成一系列的"子"液滴。该模型适用于低韦伯数的喷雾模拟；而对于高韦伯数下散落分布的喷雾液滴，不适合采用弹簧质量系统类比。

表 5.3 - 1　弹簧质量系统和扭曲液滴的类比

弹簧质量系统	振荡扭曲液滴
弹性力	表面张力
外力	液滴曳力
阻力	液滴粘性力

（2）随机二次液滴（Stochastic Secondary Droplet，SSD）模型

TAB 模型以单一直径表示液滴破碎，SSD 模型将雾化描述为一系列不同尺度的液滴分布。破碎概率和"父"液滴尺度无关，二次液滴尺寸取样于 Fokker - Planck 方程的解析解的概率分布。

(3) GM 模型

如图 5.3-2 所示,由 Reitz 和 Diwakar 提出了 GM 模型,模型认为对于二次雾化而言,液滴在气流中运动受气动力和表面张力的作用。任何一个球形液滴要想破碎,必须有足够的能量克服表面张力的影响。液体的粘性会帮助表面张力抵抗外界的"干预",而气动力也会作用在液滴表面,压迫液滴,促使液滴变形、破碎。模型通过韦伯数(We)判定,将液滴的破碎分为 3 种模式:袋式破碎、剪切或边界层剥离破碎及突变式破碎(见图 5.3-3)。

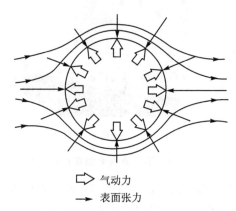

气动力
表面张力

图 5.3-2 液滴的受力分析

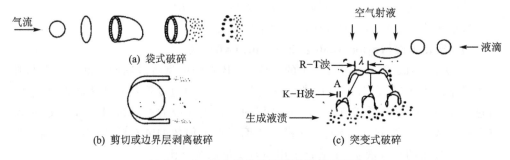

(a) 袋式破碎

(b) 剪切或边界层剥离破碎

(c) 突变式破碎

图 5.3-3 二次雾化液滴破碎模式示意图

① 当 $12 \leqslant We \leqslant 80$ 时,液滴会发生袋式破碎。液滴在气动力作用下,先变扁平,再逐步形成一个薄皮的空心液袋,在随气流向下移动的过程中,液袋失稳破碎成大量的细小液滴,而液环破碎为少量的大液滴。

② 当 $80 < We \leqslant 350$ 时,液滴会发生剪切或边界层剥离式分裂。气液相对速度较高,在粘性作用的影响下,液滴表面及其相邻的气体间形成一层边界层,此边界层越变越薄,在气流吹动下出现翻折,翻折引起边界层液膜皱折,随后在 Kelvin-Helmholtz(K-H)波不稳定性的影响下,液滴周边形成丝状剥离,并分裂成细小液滴。

③ 当 $We > 350$ 时,液滴会发生突变式分裂。在此条件下,液滴会承受更大的动

压和变形。在已经扁平的液滴表面上,首先会出现低频大振幅的 Rayleigh - Taylor (R-T)不稳定波,在不稳定波的影响下,液滴破裂成较大尺寸的液块和液丝,在这些破碎结构的边缘上,会进一步产生高频小振幅的 K-H 不稳定波,在 K-H 不稳定波的作用下,大尺度碎块分裂,最终破碎成大量细小的液滴。

(4) 波破碎(Wave Breakup)模型

燃油在高压的作用下通过压力喷嘴、多孔喷嘴或高压共轨喷嘴后形成实心锥喷雾的过程,是高速液体圆射流的破碎过程。高速射流破碎机理复杂,WAVE 模型是利用表面波不稳定性理论解释射流破碎机理的模型之一。不同于 TAB 模型,Reitz 的波破碎模型考虑了气液两相间相对速度对液滴破碎的影响,模型假设破碎时间和液滴尺寸受增长最快的 K-H 不稳定性影响,K-H 不稳定波的增长引起了液滴从液核剥落,如图 5.3-4 所示。

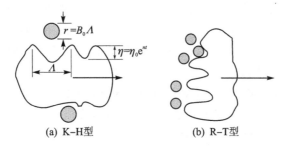

(a) K-H型   (b) R-T型

图 5.3-4   K-H 和 R-T 型液滴破碎机理示意图

WAVE 模型认为,K-H 不稳定波的增长导致了液滴从射流表面剥落,该经验模型适用于高相对速度和高环境密度的液滴破碎过程。模型考虑液体欧尼索数(Oh)、韦伯数(We)、雷诺数(Re)、泰勒数(Ta)和气体韦伯数,通过色散方程进行稳定性分析,利用 K-H 的波长及增长率预测新生液滴的信息,适用于 K-H 不稳定性主导液滴破碎的高速射流($We>100$)。因为只有在此条件下,射流表面波由 K-H 不稳定控制才是合理的。

(5) KH - RT(Kelvin Helmholtz - Rayleigh Taylor)破碎模型

在 WAVE 模型的基础上,发展了 KH - RT 模型。HK - RT 模型认为,在喷雾破碎过程中 KH 表面波和 RT 扰动一直处于竞争关系。KH 机理适合于高相对速度和高环境密度时的喷雾破碎;RT 机理适合于描述由于液滴的快速减速而导致表面波在液滴的背风面快速增长,引起液滴变形导致破碎成小液滴。该模型综合考虑了受气动力支配的 K-H 波影响,以及脱落液滴射入自由流的速度变化造成的 R-T 不稳定影响,KH - RT 模型用 WAVE 模型公式模拟 KH 破碎,RT 扰动通过具有最大增长率的表面波频率和相应的波长关系来描述。KH - RT 模型在 KIVA 和 FIRE 中提供,针对高韦伯数雾化计算,将喷嘴流动模型和 KH - RT 模型结合可以对高压燃气轮机喷雾模拟提供较高的预测精度。

不同于二次雾化清晰的理论分析，初始雾化涉及到气动稳定性、空化和湍流等多种因素，其雾化机理尤为复杂，尚未形成清晰的理论，目前被广为接受的是表面波不稳定理论。该理论通过表面波不稳定分析解释液膜破碎、液丝形成和液滴的破碎过程，通过理论分析和经验公式建立喷嘴结构与液滴 SMD、粒径分布、液滴速度之间的关系。

目前被广泛应用的初始雾化模型包括以下几种。

(1) Huh‑Gosman 模型

Huh‑Gosman 模型假设射流破碎是由于气体惯性和在喷嘴内产生的内部湍流应力造成的。首先，在喷孔内形成的湍流在离开喷孔时对射流表面施加初始扰动；然后，射流离开喷嘴后，射流和周围气体之间的相互作用增强了射流表面扰动的振幅，扰动将快速增长，直到这些扰动足够大，从射流表面分离出来而形成液滴。在建立喷嘴湍流尺度和衰减时长关系的基础上，根据表面波理论建立色散方程，最终由破碎长度和时间尺度比率决定液滴粒径变化率。Huh‑Gosman 模型适合于喷嘴内部湍流流动对喷雾破碎有重要影响的情况。FIRE 认为，模型适合于缸内直喷汽油机（GDI）使用多孔喷嘴的喷雾计算。

(2) 线性不稳定液膜雾化(Linearized Instability Sheet Atomization, LISA)

一次雾化模型中被广泛应用的是 Schmidt 等人提出的 LISA 模型。该模型认为液膜流动主要受环境气体、表面张力和液体粘度的影响，最不稳定表面波的增长引起了流体破碎。如图 5.3‑5 所示，LISA 模型的理论建模分为三步：空心锥液膜生成、液膜破碎成袋状液膜、袋状液膜雾化成液滴。

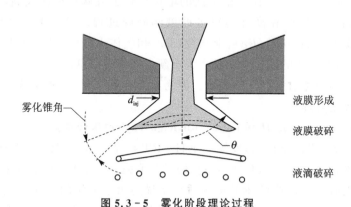

图 5.3‑5　雾化阶段理论过程

此外，国际上诸多学者，例如 Lefebvre、Squire、Dombrowski、Rayleigh 和 Rizk 基于试验数据和理论分析建立了初始雾化模型。模型综合考虑喷嘴几何结构、液体物性、工作条件等因素，获得雾化场液滴的尺寸大小和速度。

由于喷雾破碎机理十分复杂，CFD 软件中的喷雾模型均对喷雾过程做了简化和假设。基于雾化模型的拉格朗日方法计算量小，能在一定范围内获得高精度的雾化场;然而,该方法严重依赖于雾化模型,并且模型适用范围受限,通用性较差。由于缺乏喷嘴附近喷雾破碎的实验数据,喷雾模型的准确性需要通过与距离喷嘴较远的下游地区的试验数据相比较来确定。因此,在工程应用上需要调整模型参数实现数值和试验结果的匹配。

5.3.2 界面捕捉方法

通过对两相流交界面的捕捉对雾化过程直接解析,可以得到较为精确的仿真结果,与之相伴的是巨大的计算代价,因此单纯通过界面捕捉方法进行雾化仿真在工程应用上是极为困难的;然而,基于欧拉方法可以对气液界面和液体破碎过程进行追踪,对研究雾化物理过程尤其是对一次雾化机理研究意义重大。

基于交界面描述的欧拉方法不受几何结构和工况条件的限制,在预测雾化场细节方面具有极高的潜力。多相流中,整个流域可以被划分为充满不同相的子区域,在每个子区域内,N-S 方程成立,但在交界面处,仅仅质量守恒和动量守恒方程成立;而湍流和移动界面间剧烈的相互作用,使得界面处的能量交换更为复杂,因此对于雾化仿真而言,交界面的处理至关重要。而从宏观物理意义出发,交界面的变形、移动和扭曲将直接影响液膜的破碎和液滴的形成。因此,交界面描述是欧拉方法不可或缺的部分,引领着多相流欧拉方法的发展。

如图 5.3-6 所示,研究多相流的主要界面捕捉方法可以大致分为两类:显式方法(移动网格、前向追踪、MAC)和隐式方法(VOF、Level-Set)。

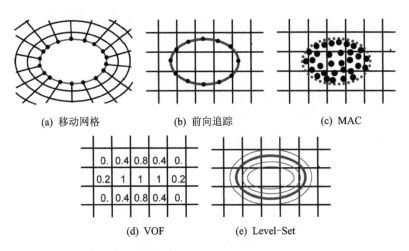

(a) 移动网格　　　　(b) 前向追踪　　　　(c) MAC

(d) VOF　　　　(e) Level-Set

图 5.3-6　主要界面描述模型

显式界面描述方法能从物理角度解释液滴的形成,但是需要通过大量计算来描述交界面的合并和破碎。隐式交界面描述模型会在两交界面的部分进入同一个计算单元时,自动处理拓扑变化。尽管隐式方法模型简单,但是拓扑变化很大程度上依赖于网格。因此,网格的处理至关重要。当然,如果网格尺寸足够小,以至于产生的最小液滴要远大于最小网格尺寸,那么其网格依赖性可以被忽略。

显然,对于工程应用而言,隐式方法更具优势。其中应用最为广泛的为流体体积(Volume of Fuild,VOF)方法和水平集(Level‐Set)方法。下面将对这两种方法及其耦合方法做介绍。

(1) VOF 方法

该模型在计算域中通过体积分数的输运捕捉交界面。体积分数代表在一个三维(或二维)计算网格中目标流体所占的体积(或面积)。因此,穿过交界面的网格单元体积分数值在 0~1 之间;而在区域其他单元,数值为 0 或者 1。但是,数值错误会使得体积分数超出该范围,需要额外的约束来避免无物理意义的体积分数值出现。

$$0 \leqslant C_{i,j}^n \leqslant 1 \tag{5.3-1}$$

1974 年,DeBar 使用了第一个 VOF 模型来模拟二维欧拉模式下可压缩的多相流动。现今,经过简化,大部分的 VOF 模型应用都是基于不可压模式下的 N‐S 方程。

VOF 模型包含两步:交界面的重构和体积分数的输运。这两步需要所关注的单元及其周围单元的体积分数和速度场。VOF 模型的主要优点是其固有的质量守恒,更确切地说,在不可压模式下,如果模型在正确的数值结构下运行,它将准确保证各相守恒。

$$\sum_{i,j} C_{i+1}^{n+1} = \sum_{i,j} C_{i,j}^n \tag{5.3-2}$$

VOF 模型的主要缺点是曲率计算(近似界面重构)的不确定性以及界面扩散(CSF)。在低分辨率的条件下,将导致表面张力的计算不准确和虚假流动的频繁出现。

VOF 方法以其对气液界面的有效追踪和固有的质量守恒特性,被广泛应用于雾化机理的仿真研究和喷嘴结构对雾化特性的影响分析中。VOF 方法对雾化仿真的效果如图 5.3‐7 所示。除此之外,VOF 方法是研究喷嘴结构对于雾化特性影响的有力工具,通过 VOF 方法,可以获得不同供油压差、旋流室长度、旋流室直径、喷口

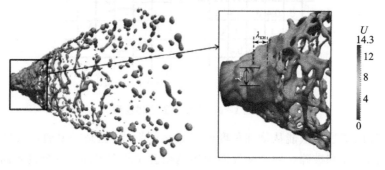

图 5.3‐7 双油路离心喷嘴的初始雾化液膜破碎形态

长度、喷口直径、旋流槽进口面积、旋流室收敛角等参数变化下离心喷嘴内流特性和雾化特性(旋流室内切向速度、轴向速度、流量特性、雾化锥角、液膜厚度、雾化粒径等)的变化规律。

(2) Level－Set(LS)方法

连续函数 $\Phi(x,t)$ 根据计算域基本速度场输运,在此基础上,建立 LS 原则。在这个构架中,函数 Φ 的 Φ_Γ(Φ_Γ 通常等于 0)水平设定代表界面,认为 Φ 低于 Φ_Γ 的为同一流体,而高于 Φ_Γ 的为另一流体。

$$|\nabla\Phi|=1 \qquad (5.3-3)$$

该模型的基础理论由 Sethian 发展,最初水平集技术用来追踪曲率主导的向前传播(枝晶生长,火焰传播)。这种方法被 Mulder 等用于可压模型,建立了适用于两相流的水平值算法。

水平集模型分三步进行。首先,水平集函数被定义为区域中任意点到界面的矢量距离方程:在边界上,$\Phi=0$;在某一相中,$\Phi>0$;在另一相中,$\Phi<0$。接着,Φ 跟随速度场输运。一旦对流,Φ 就不再是矢量距离方程,将应用一个"重距离"算法来保证 Φ 始终是一个界面矢量距离函数,避免 Φ 不规则:

$$\frac{\partial\Phi}{\partial t}+u\cdot\nabla\Phi=0 \qquad (5.3-4)$$

和 VOF 模型一样,LS 技术自动解决拓扑结构变化。该方法的主要优点是模型直接提供向前精确位置(无需界面重构)。这能精确确定界面几何特性(法向和曲率),因此能更好地计算表面张力。此外,由于它无需重构界面,相比 VOF 需要特别算法来扩展到三维,LS 更容易实现,可在 N 维上使用。

$$\hat{n}=\left.\frac{\nabla\Phi}{|\nabla\Phi|}\right|_{\Phi=0} \qquad (5.3-5)$$

$$\kappa=-\nabla\cdot\left(\frac{\nabla\Phi}{|\nabla\Phi|}\right)\Bigg|_{\Phi=0} \qquad (5.3-6)$$

LS 方法的主要缺点是不能从根本上保证质量守恒。尽管重复初始化迭代在一定程度上纠正了该问题,但是模型不能做到准确的质量守恒。

(3) CLS－VOF 方法

虽然 VOF 方法能保证质量守恒,但却需要不断进行界面重构,计算代价巨大;而 Level－Set 方法能精确捕捉几何界面,但是无法保证质量守恒。根据将两者结合去粗取精以得到兼具二者优点且避免二者缺陷的思路,耦合固有质量守恒特性和自动捕捉界面特性,由此形成更佳的界面描述方法(Couple Level－Set & VOF,CLS－VOF)。

对于 Level－Set 来说,有

$$\Phi(x,t)=\begin{cases} +|d|, & x\text{ 属于主相} \\ 0, & x\text{ 位于交界面} \\ -|d|, & x\text{ 属于次相} \end{cases} \qquad (5.3-7)$$

可以演变成和 VOF 模型相似的形式：

$$\frac{\partial \varphi}{\partial t} + \nabla \cdot (\vec{u} \varphi) = 0 \qquad (5.3-8)$$

动量方程写作：

$$\frac{\partial (\rho \vec{u})}{\partial t} + \nabla \cdot (\rho \vec{u} \vec{u}) = -\nabla p + \nabla \cdot \mu \left[\nabla \vec{u} + (\nabla \vec{u})^{\mathrm{T}} \right] - \vec{F}_{sf} + \rho \vec{g} \quad (5.3-9)$$

式中，$\vec{F}_{sf}$ 代表表面张力的影响，μ 为粘性系数。

$$\vec{F}_{sf} = \sigma k \delta(\varphi) \vec{n} \qquad (5.3-10)$$

然而，在某些情况下使用式(5.3-9)会带来虚假流动。为了减小虚假流动，一般引入海威赛德函数：

$$\vec{F}_{sf} = 2H_{\varphi} \sigma k \delta(\Phi) \vec{n} \qquad (5.3-11)$$

式中

$$H_{\varphi} = \begin{cases} 0, & |\Phi| > \alpha \quad (\text{气体}) \\ 1, & |\Phi| > \alpha \quad (\text{液体}) \\ \frac{1}{2} \left[1 + \frac{\Phi}{\alpha} + \frac{1}{\pi} \sin\left(\frac{\pi \Phi}{\alpha}\right) \right], & |\Phi| \leqslant \alpha \end{cases} \qquad (5.3-12)$$

使用几何界面前沿重构模型对水平方程进行重初始化，在过程中使用了 VOF 和 Level-Set。通过 VOF 确定穿过网格的大致界面中所包含的目标流体尺寸，通过水平方程梯度确定交界面的方向。具体步骤包括：

① 确定交界面所在的网格。当函数是交互的或者体积分数处于 0~1 之间时，单元被目标流体部分充满，存在交界面。

② 利用水平方程梯度确定每个前沿单元中界面片段的法向方向。

③ 确定切线位置，保证单元中至少存在一个角被目标流体充满。

④ 确定交界面和交界面法向矢量的交点，以满足 VOF 计算的需要。

CLS-VOF 方法的耦合过程如图 5.3-8 所示。

对于雾化仿真而言，界面捕捉方法能提供数值上和物理上的可靠研究，获得试验和模型无法得到的初始雾化信息。在不考虑计算代价的情况下，能够获得雾化场详细信息并对雾化机理做出研究。图 5.3-9 展示了采用直接数值计算(DNS)和 CLS-VOF 方法获得的高速流体射入静止空气的一次雾化仿

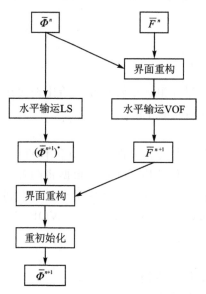

图 5.3-8 CLS-VOF 模型耦合流程图

真过程。欧拉方法以其精确的界面描述在雾化机理研究上具有独到的优势,随着计算机技术的发展,该技术未来应用于工程的可行性将随之提高。

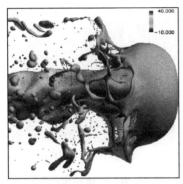
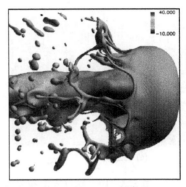

(a) DNS方法   (b) CLS-VOF方法

图 5.3-9 射流破碎细节捕捉结果

5.3.3 耦合仿真方法

燃气轮机燃油喷射系统涵盖了复杂的燃油雾化和旋转气流的作用,为了获得更好的油气混合及更久的停留时长,以提高燃烧室的性能和稳定性,燃烧室设计者关注适用于实际工程环境的高保真雾化仿真方法。因此,兼顾效率和精度的欧拉-拉格朗日耦合方法在近年受到了国际上的广泛关注。

欧拉-拉格朗日耦合方法是指:通过欧拉方法模拟初始雾化的液核和液滴破碎,通过拉格朗日方法描述离散液滴的运动,以此降低计算成本,实现复杂边界下喷嘴雾化的高保真数值模拟。目前耦合方法的实现主要分为三条思路:

(1) 基于多尺度理论发展耦合模型,模型将通过网格分块和自适应加密等手段,实现中观尺度液核和微观尺度液滴的分别模拟。Herrmann(2003)首先提出了耦合模型:通过基于 LES 的欧拉方法求解所有大尺度的交界面动态及物理过程,通过拉格朗日方法求解亚格子流动。在此基础上,Ham 等(2003)通过结合 LES 模型的 Level-Set 方法求解初始雾化,使用拉格朗日方法模拟二次破碎,实现了耦合雾化仿真方法。

在 2010—2012 年的三届航空航天科学会议上,Li 等提出了高效、高保真的雾化仿真方法,并在高性能计算机(High Performance Computer,HPC)上验证了耦合方法在射流雾化和蒸发仿真上的独到优势。该方法基于 CLS-VOF 模型的欧拉方法和拉格朗日追踪结合,通过网格分块和自适应加密在粗网格计算域嵌入高分辨率的网格,能够保证交界面位置网格密度,由此提高初始雾化的计算精度,在保证精度的条件下,以更小的计算代价实现更广计算域范围下的雾化仿真。

在此基础上,M. Arienti(2013)通过自适应精细网格实现了拉格朗日离散相模型和欧拉模型的结合,并应用于碰撞扇形射流的雾化仿真,如图 5.3 - 10 所示,耦合方法能够在更小的计算代价下,得到高精度的仿真结果。

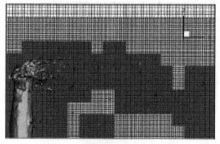

(a) 欧拉方法

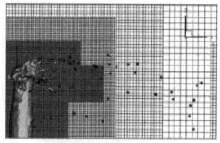

(b) 欧拉-拉格朗日耦合方法

图 5.3 - 10 欧拉方法和欧拉-拉格朗日耦合方法数值结果比较

(2) 通过给出液滴尺度阈值,建立欧拉模型到拉格朗日模型的转化准则,最终实现耦合方法。Tomar 等(2010)、Vallier 等(2011)、Grosshans 等(2014)通过拉格朗日粒子追踪(Lagrangian Particle Tracking,LPT)模型结合 VOF 模型模拟初始雾化。耦合方法基于 VOF 模型求解连续液相结构,通过 LPT 模型追踪离散液滴。Tomar 等建立了 VOF 到 LPT 的转化原则。该原则给出液滴的尺度阈值,并插入模型以计算每一个含液相单元内的液滴当量直径,基于液滴尺度阈值不断进行筛选,直径小于阈值的液滴被剔除欧拉方法模拟范围,而转用拉格朗日颗粒代替该液滴。如图 5.3 - 11 所示,模型能实现粗网格条件下的雾化仿真,扇形喷嘴仿真结果液滴粒径分布和 PDPA 试验结果吻合良好。

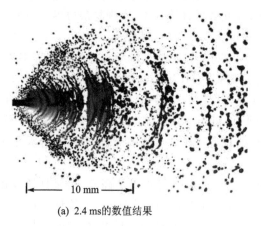

(a) 2.4 ms的数值结果

(b) 液滴粒径对比PDPA试验结果

图 5.3 - 11 扇形喷嘴雾化仿真结果

另外,多款商业软件也发布了"VOF 向 DPM 的转换模型"。该模型在 VOF 向 DPM 模型的转换过程中利用"非球度"函数判断液核、液丝的状态,当失稳后的液丝满足非球度的判据后,模型即转换为 DPM 模型,从而实现两个模型之间的转换。但是,目前模块存在一定的问题:① 模型中人工引入非球度函数对液丝状态进行判断,其判据是否准确需要进一步验证;② 非球度函数需要对每个液核、液丝的状态进行实时监控,计算成本不可控;③ 该模块暂时还没有经过仿真校核和验证。

(3) 通过建立液滴形成理论的物理模型实现耦合方法。M. Saeedipour 等(2016)综合前人研究的成果,发现大多模型仍然依赖于 DNS 或 LES 模型。为了进一步降低计算需求,M. Saeedipour 等致力于发展一种新的液滴破碎物理模型,在不付出可观计算代价的同时捕捉射流破碎、液滴运动及粒径分布。M. Saeedipour 等通过亚格子破碎模型及欧拉-拉格朗日耦合方法实现了粗网格下湍流射流的雾化仿真,并结合雷诺应力模型(RSM)实现了液滴粒径的高精度预测(见图 5.3 - 12)。

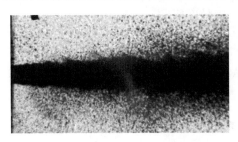

图 5.3 - 12　湍流射流数值结果和试验结果对比($p = 6$ MPa)

尽管实现耦合方法的思路多变,但是其本质是利用质量动量源项在数值上建立欧拉连续流体和拉格朗日液滴的联系。在建立了完善的耦合雾化仿真方法的基础上,研究者们实现了复杂结构气动喷嘴雾化仿真,以及高精度燃烧仿真设计的目标,大大节省了喷嘴以及燃烧室关键技术研究、方案设计与试验的时间及成本,为研究燃烧室内部运行本质和规律提供了更多的可能。

5.4　流动仿真

燃烧室内的流动仿真基本上都是湍流仿真,而湍流是一种极其不规则的流动现象。湍流具有不规则性、多尺度性和复杂的非线性输运。湍流所具有的不规则性主要体现在不重复性以及速度、压强等流动物理量在时空中的不规则分布;湍流是在连续介质范畴内流体的不规则运动,它包含许多不同尺度的运动;湍流运动的不规则性和多尺度性是导致湍流脉动间复杂的非线性输运特性的主要原因。

湍流的研究对燃烧室的设计非常重要,需要通过简单可信的方法对其进行模拟,所以就出现了现在通用的数值模拟方法。目前湍流数值模拟可以分为直接数值模拟(DNS)方法和非直接数值模拟方法。直接数值模拟方法直接求解瞬时的湍流控制方程(N - S 方程),无需对湍流做某种程度的近似和简化处理。常用流动仿真方法如图 5.4 - 1 所示。从雷诺平均模拟(RANS)到大涡模拟(LES)再到 DNS,随着模型引入的减少,仿真的计算成本大大提高。目前,工程上最常用的流动仿真方法为雷诺平均模拟方法,大涡模拟的应用也越来越多。直接数值模拟方法因其计算成本实在太高,短期内无法应用于燃烧室研发。

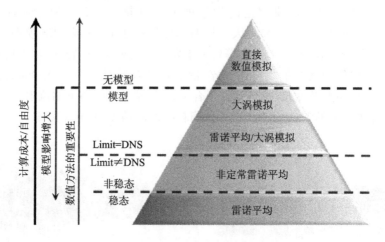

图 5.4 - 1　流动仿真方法的分类

　　图 5.4 - 2 给出了不同的流动仿真方法的计算尺度示意图。直接数值模拟是最准确的模拟方法,它不引入任何近似模型,可以对湍流的整个脉动状态进行完全的模拟,但现有计算机还不具备对复杂湍流进行计算的能力。大涡模拟能够分辨出大尺度的脉动,小尺度的脉动需要通过亚格子模型进行过滤分辨计算,大涡模拟是目前比较准确且实用性较好的方法。雷诺平均模拟不能分辨湍流的脉动,只能预测湍流的平均特性,该模型不具有普遍适用性,准确性比较差,但雷诺平均模拟的计算量比较小,可以计算比较复杂的湍流流场。因此雷诺平均模拟是目前燃烧室流动仿真用得最多的方法。

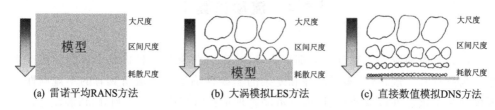

(a) 雷诺平均RANS方法　　　(b) 大涡模拟LES方法　　　(c) 直接数值模拟DNS方法

图 5.4 - 2　不同方法的求解尺度

　　流动仿真的核心是求解湍流模型方程,湍流模型方程大致可以归纳为以下三类:
　　第一类是湍流输运系数模型,是 Boussinesq 于 1877 年针对二维流动提出的。将速度脉动的二阶关联量表示成平均速度梯度与湍流粘性系数的乘积,即

$$-\rho\overline{u'_1 u'_2} = \mu_t \frac{\partial u_1}{\partial x_2} \tag{5.4-1}$$

推广到三维问题,若用笛卡儿张量表示,则有

$$-\rho\overline{u_i'u_j'} = \mu_t\left(\frac{\partial u_i}{\partial x_j} + \frac{\partial u_j}{\partial x_i}\right) - \frac{2}{3}\rho k\delta_{ij} \qquad (5.4-2)$$

模型的任务就是给出计算湍流粘性系数 μ_t 的方法。根据建立模型所需要的微分方程的数目,模型可以分为零方程模型(代数方程模型)、单方程模型和双方程模型,如图 5.4-3 所示。

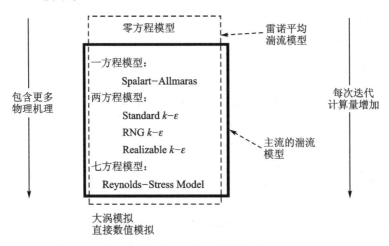

图 5.4-3　湍流模型种类示意图

第二类是抛弃了湍流输运系数的概念,直接建立湍流应力和其他二阶关联量的输运方程。

第三类是大涡模拟。前两类是以湍流的统计结构为基础,对所有涡旋进行统计平均。大涡模拟把湍流分成大尺度湍流和小尺度湍流,通过求解三维经过修正的 N-S 方程,得到大涡旋的运动特性;而对小涡旋运动还采用上述的模型。实际求解中,选用什么模型要根据具体问题的特点来决定。选择的一般原则是精度要高,应用简单,节省计算时间,同时也要具有通用性。

5.4.1　雷诺平均模拟

两方程的 $k\text{-}\varepsilon$ 模型是目前燃烧室仿真中最常用到的湍流模型,下面将对 $k\text{-}\varepsilon$ 模型及其改进模型进行介绍。

1. 标准 $k\text{-}\varepsilon$ 模型

标准 $k\text{-}\varepsilon$ 模型需要求解湍动能及其耗散率方程。湍动能输运方程是通过精确的方程推导得到的,但耗散率方程是通过物理推理、数学上模拟相似原形方程得到的。该模型假设流动为完全湍流,分子粘性的影响可以忽略。因此,标准 $k\text{-}\varepsilon$ 模型只适合完全湍流的流动过程模拟。

标准 $k\text{-}\varepsilon$ 模型的湍动能 k 和耗散率 ε 方程为如下形式:

$$\rho \frac{\mathrm{D}k}{\mathrm{D}t} = \frac{\partial}{\partial x_i}\left[\left(\mu + \frac{\mu_t}{\sigma_k}\right)\frac{\partial k}{\partial x_i}\right] + G_k + G_b - \rho\varepsilon - Y_M \qquad (5.4-3)$$

$$\rho \frac{\mathrm{D}\varepsilon}{\mathrm{D}t} = \frac{\partial}{\partial x_i}\left[\left(\mu + \frac{\mu_t}{\sigma_k}\right)\frac{\partial \varepsilon}{\partial x_i}\right] + C_{1\varepsilon}\frac{\varepsilon}{k}(G_k + C_{3\varepsilon}G_b) - C_{2\varepsilon}\rho\frac{\varepsilon^2}{k} \qquad (5.4-4)$$

在上述方程中，G_k 表示由于平均速度梯度引起的湍动能产生项，G_b 是由于浮力影响引起的湍动能产生项；Y_M 是可压缩湍流脉动膨胀对总的耗散率的影响。湍流粘性系数 $\mu_t = \rho C_\mu k^2/\varepsilon$。

2. 可实现 $k-\varepsilon$ 模型

可实现 $k-\varepsilon$ 模型的湍动能及其耗散率输运方程为

$$\rho \frac{\mathrm{D}k}{\mathrm{D}t} = \frac{\partial}{\partial x_j}\left[\left(\mu + \frac{\mu_t}{\sigma_k}\right)\frac{\partial k}{\partial x_j}\right] + G_k + G_b - \rho\varepsilon - Y_M \qquad (5.4-5)$$

$$\rho \frac{\mathrm{D}\varepsilon}{\mathrm{D}t} = \frac{\partial}{\partial x_j}\left[\left(\mu + \frac{\mu_t}{\sigma_t}\right)\frac{\partial \varepsilon}{\partial x_j}\right] + \rho C_1 S\varepsilon - \rho C_2\frac{\varepsilon^2}{k + \sqrt{\nu\varepsilon}} + C_{1\varepsilon}\frac{\varepsilon}{k}C_{3\varepsilon}G_b$$

$$(5.4-6)$$

在上述方程中，G_k 表示由于平均速度梯度引起的湍动能产生项，G_b 是由于浮力影响引起的湍动能产生项；Y_M 是可压速湍流脉动膨胀对总的耗散率的影响。C_2、$C_{1\varepsilon}$ 是常数；σ_k、σ_ε 分别是湍动能及其耗散率的湍流普朗特数。

可实现 $k-\varepsilon$ 模型的湍动能的输运方程与标准 $k-\varepsilon$ 模型和重整化群 $k-\varepsilon$ 模型有相同的形式，但是耗散率方程有较大的不同。首先耗散率产生项（方程(5.4-6)右边第二项）不包含湍动能产生项 G_k，现在的形式更能体现能量在谱空间的传输。另外的特色在于，耗散率减少项中不具有奇异性，并不像标准 $k-\varepsilon$ 模型那样把 k 放在分母上。

该模型适合的流动类型比较广泛，包括有旋均匀剪切流、自由流（射流和混合层）、腔道流动和边界层流动。对以上流动过程模拟结果都比标准 $k-\varepsilon$ 模型的结果好，特别是在可实现 $k-\varepsilon$ 模型对圆口射流和平板射流模拟中，能给出较好的射流扩张角。

湍流粘性系数公式为 $\mu_t = \rho C_\mu \dfrac{k^2}{\varepsilon}$，这与标准 $k-\varepsilon$ 模型相同。不同的是，在可实现 $k-\varepsilon$ 模型中，C_μ 不再是个常数，而是通过如下公式计算：

$$C_\mu = \frac{1}{A_0 + A_s\dfrac{U^* k}{\varepsilon}} \qquad (5.4-7)$$

式中，$U^* = \sqrt{S_{ij}S_{ij} + \tilde{\Omega}_{ij}\tilde{\Omega}_{ij}}$，$\tilde{\Omega}_{ij} = \Omega_{ij} - 2\varepsilon_{ijk}\omega_k$，$\Omega_{ij} = \bar{\Omega}_{ij} - \varepsilon_{ijk}\omega_k$，$\omega_k$ 表示角速度。我们可以发现，C_μ 是平均应变率与旋度的函数。

双方程模型中，无论是标准 $k-\varepsilon$ 模型还是可实现 $k-\varepsilon$ 模型，三个模型有类似的形式,即都有 k 和 ε 的输运方程。它们的区别在于:① 计算湍流粘性的方法不同;② 控制湍流扩散的湍流 Pr 不同;③ ε 方程中的产生项和 G_k 关系不同,但都包含了相同的表示由平均速度梯度引起的湍动能产生项 G_k,由浮力影响引起的湍动能产生项 G_b 以及可压缩湍流脉动膨胀对总的耗散率的影响 Y_M。

5.4.2　大涡模拟

湍流中包含了不同时间与长度尺度的涡旋。最大长度尺度通常为平均流动的特征长度尺度,最小尺度为 Komogrov 尺度。与雷诺分解类似,函数 ϕ 可以分解为大尺度分量 $\bar{\phi}$ 和小尺度分量 ϕ' 之和,即

$$\phi = \bar{\phi} + \phi' \tag{5.4-8}$$

在大涡模拟中,$\bar{\phi}$ 代表大涡,ϕ' 代表小涡,大涡模拟的本质就是将小涡过滤掉,直接求解大涡。

LES 的基本假设是:① 动量、能量、质量及其他标量主要由大涡输运;② 流动的几何和边界条件决定了大涡的特性,而流动特性主要在大涡中体现;③ 小尺度涡旋受几何和边界条件影响较小,并且各向同性。大涡模拟过程中,直接求解大涡,小尺度涡旋通过模型进行求解,从而使得网格要求比 DNS 低。图 5.4-4 展示了采用 LES 模拟涡流器下游不同轴向位置的大尺度涡破碎情况,从图中可以明显看到大尺度的涡旋破碎成随机分布的小涡并逐渐消失。

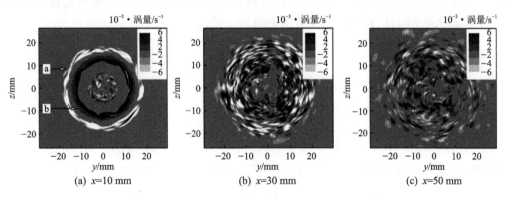

(a) $x=10$ mm　　　(b) $x=30$ mm　　　(c) $x=50$ mm

图 5.4-4　涡流器下游截面涡量分布的大涡模拟

1. 大涡模拟的控制方程

LES 的控制方程是对 Navier-Stokes(N-S)方程在波数空间或者物理空间进行过滤得到的。过滤的过程是去掉比过滤宽度或者给定物理宽度小的涡旋,从而得到大涡旋的控制方程。

通过滤波处理,函数 ϕ 的大尺度分量可以定义为

$$\bar{\phi}(x) = \int_D \phi(x')G(x,x')\mathrm{d}x' \qquad (5.4-9)$$

式中,D 表示流体区域;G 是决定涡旋大小的过滤函数。与雷诺平均不同的是,滤波后的 $\bar{\phi}(x)$ 是非定常的,它仍然包含了大涡的脉动。

如果采用有限控制体,则其离散本身就包括了过滤运算:

$$\bar{\phi}(x) = \frac{1}{V}\int_V \phi(x')\mathrm{d}x', \quad x' \in V \qquad (5.4-10)$$

式中,V 是计算控制体体积,过滤函数为

$$G(x,x') = \begin{cases} 1/V, & x' \in V \\ 0, & x' \notin V \end{cases} \qquad (5.4-11)$$

目前,大涡模拟在不可压流动中得到较多应用,但在可压缩问题中的应用还很少,因此这里涉及的理论都是针对不可压流动的大涡模拟方法。

过滤不可压的 N‐S 方程后,可以得到 LES 控制方程:

$$\frac{\partial \rho}{\partial t} + \frac{\partial \rho \bar{u}_i}{\partial x_i} = 0 \qquad (5.4-12)$$

$$\frac{\partial}{\partial t}(\rho \bar{u}_i) + \frac{\partial}{\partial x_j}(\rho \bar{u}_i \bar{u}_j) = \frac{\partial}{\partial x_j}\left(\mu \frac{\partial \bar{u}_i}{\partial x_j}\right) - \frac{\partial \bar{p}}{\partial x_i} - \frac{\partial \tau_{ij}}{\partial x_j} \qquad (5.4-13)$$

式中,τ_{ij} 为亚网格应力,定义为

$$\tau_{ij} = \rho \bar{u}_i \bar{u}_j - \rho \bar{u}_i \cdot \bar{u}_j \qquad (5.4-14)$$

很明显,上述方程与雷诺平均方程很相似,只不过大涡模拟中的变量是过滤过的量,而非时间平均量,并且湍流应力也不同。

2. 亚网格模型

LES 中亚网格应力项是未知的,并且需要模拟封闭方程。目前,采用比较多的亚网格模型为涡旋粘性模型,形式为

$$\tau_{ij} - \frac{1}{3}\tau_{kk}\delta_{ij} = 2\mu_t \bar{S}_{ij} \qquad (5.4-15)$$

式中,μ_t 是亚网格湍流粘性系数;$\bar{S}_{ij}$ 是求解尺度下的应变率张量,定义为

$$\bar{S}_{ij} = \frac{1}{2}\left(\frac{\partial \bar{u}_i}{\partial x_j} + \frac{\partial \bar{u}_j}{\partial x_i}\right) \qquad (5.4-16)$$

对 μ_t 进行模型化的方法主要有两种:① Smagorinsky 模型;② 基于重整化群的亚网格模型。

最基本的亚网格模型是 Smagorinsky 最早提出的,Lilly 把它进行了改善。该模型的涡粘性计算方程为

$$\mu_t = \rho(C_s \bar{\Delta})^2 |\bar{S}| \qquad (5.4-17)$$

式中,C_s 是 Smagorinsky 常数,$\bar{\Delta} \equiv (\Delta x \Delta y \Delta z)^{1/3}$;$|\bar{S}| \equiv \sqrt{2\bar{S}_{ij}\bar{S}_{ij}}$。然而,$C_s$ 的取值

在不同的流动情况下不一样，这也是 Smagorinsky 模型最为明显的缺陷。此后，Germeno 提出一种动态亚网格模型。在动态亚网格模型中，不需要修正 C_s，而是让 C_s 与当地的流场相关联。

基于重整化群理论同样可以求解亚网格涡旋粘性系数，该方法得到的是亚网格有效粘性系数，$\mu_{\text{eff}} = \mu + \mu_t$，而

$$\mu_{\text{eff}} = \mu \left[1 + H \left(\frac{\mu_s^2 \mu_{\text{eff}}}{\mu^3} - C \right) \right]^{1/3} \tag{5.4-18}$$

式中，$\mu_s = (C_{\text{rng}} V^{1/3})^2 \sqrt{2 \bar{S}_{ij} \bar{S}_{ij}}$，$H(x)$ 是 Heaviside 函数，且

$$H(x) = \begin{cases} x, & x > 0 \\ 0, & x \leqslant 0 \end{cases} \tag{5.4-19}$$

式中：C_{rng} 为重整化群常数。

对于高雷诺数流动（$\mu_t \gg \mu$），$\mu_{\text{eff}} \approx \mu_t$，基于重整化群理论的亚网格模型就与 Smagorinsky - Lilly 模型相同，只是模型常数有区别。在流动场的低 Re 区域，上面的函数就小于零，从而只有分子粘性起作用。所以，基于重整化群理论的亚网格模型对流动转捩和近壁流动问题有较好的模拟效果。

5.4.3　直接数值模拟

直接数值模拟（DNS）是不用任何湍流模型的，直接求解完整的三维非定常的 N - S 方程组，计算包括脉动在内的湍流所有瞬时运动量在三维流场中的时间演变即可。DNS 具有如下特点：

① 直接数值求解 N - S 方程组，不需要任何湍流模型，因此不包含任何人为假设或经验常数。

② 由于直接对 N - S 方程模拟，故不存在封闭性问题，原则上可以求解所有湍流问题。

③ 能提供每一瞬时三维流场内任何物理量（如速度和压力）的时间和空间演变过程，其中包括许多迄今还无法用实验测量的量。

④ 采用数量巨大的计算网格和高精度流体力学计算方法，完全模拟湍流流场中从最大尺度到最小尺度的流动结构，描写湍流中各种尺度的涡结构的时间演变，辅以计算机图形显示，可获得湍流结构的清晰与生动的流动显示。

DNS 的主要不足之处在于：要求用非常大的计算机内存容量与机时耗费。据 Moin & Moser 的研究表明，即使模拟 Re 仅为 3 300 的槽流，所用的网点数 N 就达到了约 2×10^6 个，需要在向量计算机上计算 250 h。因此，目前 DNS 很少直接应用于整个燃烧室部件的仿真，多用于燃烧室内的某些典型流动的仿真。图 5.4-5 展示了采用 DNS 模拟喷嘴附近的燃油流动过程，其中的液膜运动和破碎被完整清晰地捕捉到。该案例的网格数量高达 10 亿个，共使用了 2 048 个 CPU 核心，总计算时长为 160 h。

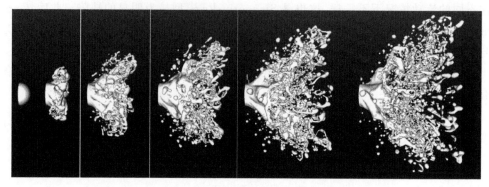

图 5.4 - 5　DNS 模拟离心喷嘴出口附近的燃油流动过程

1. 控制方程

用非定常的 N - S 方程对湍流进行直接计算,控制方程以张量形式给出:

$$\frac{\partial u_i}{\partial t} + u_j \frac{\partial u_i}{\partial x_j} = f_i - \frac{1}{\rho} \frac{\partial p}{\partial x_i} + v \frac{\partial^2 u_i}{\partial x_j \partial x_i} \qquad (5.4 - 20)$$

$$\frac{\partial u_i}{\partial x_j} = 0 \qquad (5.4 - 21)$$

2. 常用数值方法

由于最小尺度的涡在时间与空间上都变化很快,为能模拟湍流中的小尺度结构,具有非常高精度的数值方法是必不可少的。

3. 谱方法或伪谱方法

谱方法或伪谱方法是目前直接数值模拟用得最多的方法,其主要思路为,将所有未知函数在空间上用特征函数展开,成为以下形式:

$$V(x,t) = \sum_m \sum_n \sum_p a_{mnp}(t) \psi_m(x_1) \varphi_n(x_2) \chi_p(x_3) \qquad (5.4 - 22)$$

式中,ψ_m、φ_n 与 χ_p 都是已知的正交完备的特征函数族。在统计均匀性的空间方向或具有周期性时一般都采用 Fourier 级数展开,该特征函数族精度与效率最高。除此之外,较多选用 Chebyshev 多项式展开,它实质上是在非均匀网格上的 Fourier 展开。此外,也有用 Legendre、Jacobi、Hermite 或 Laguerre 等函数展开的,但它们没有可用的快速变换算法。若把该式代到 N - S 方程组,一组 $a_{mnp}(t)$ 所满足的常微分方程组就能得到,可用通常的有限差分法来求解对时间的微分。

在用谱方法求解非线性项时,常用伪谱法来代替而直接求卷积。伪谱法其实是配置法和谱方法相结合的一种方法,就是先把两个量用 Fourier 反变换回物理空间,然后在物理空间离散的配置点上去计算二者的乘积,再用离散 Fourier 变换回谱空间。应用快速 Fourier 变换(FFT)算法,伪谱法的计算速度比直接求两 Fourier 级数卷积要快。不过,这会存在"混淆误差",就是在卷积计算时,会混进本应落在截断范围以外的高波数分量,引起数值误差。严重时可使整个计算不正确甚至不稳定,但在多数情形下并不严重,且有一些标准的办法可用来减小混淆误差,但这将使计算工作量增加。

4. 高阶有限差分法

高阶有限差分法的基本思想是利用离散点上函数值 f_j 的线性组合来逼近离散点上的导数值。设 F_j 为函数 $(\partial f/\partial x)_j$ 的差分逼近式,则

$$F_j = \sum \alpha_j f_j \tag{5.4-23}$$

式中,系数 α_j 由差分逼近式的精度确定,将导数的逼近式代入控制流动的 N-S 方程,就得到流动数值模拟的差分方程。差分离散方程必须满足相容性和稳定性。

| 5.5　湍流燃烧仿真 |

在湍流燃烧中,湍流和化学反应之间相互影响、相互作用。在湍流流场中,不同尺度的涡结构生成、剪切和破碎会增强涡团表面的组分浓度梯度,增强燃料与氧化剂分子之间的混合,这样湍流就通过强化混合影响化学反应的时平均反应速率。同时,化学燃烧释放热量会促进湍流涡结构的生成,燃烧形成的高温燃气会导致流场中气体粘性系数增大,也使得湍流最小涡尺度增大,化学反应则通过放热过程影响湍流流动。湍流燃烧同时具有湍流和化学反应的复杂特性而导致整个燃烧过程异常复杂,如何定量地来描述它们之间的相互影响是湍流燃烧研究的重要内容。

5.5.1　湍流燃烧仿真方法

1. 湍流与火焰耦合

在航空发动机以及其他工程应用中,绝大多数的燃烧问题均是湍流燃烧。湍流流动与化学反应之间有着相互作用和相互影响的密切关系。湍流问题本身就是一个世界性的难题,虽然大量的专家学者对湍流进行了理论、试验和数值研究,但是至今人们对湍流的相关机理的认识仍不清楚。而在燃烧过程中,即使不考虑湍流流动,其本质上仍然是一个涉及到大量的化学尺度与长度标量的复杂过程。化学反应促使火焰在短时间内发生剧烈变化并伴随着巨大的质量分数梯度、温度梯度以及密度梯度。因此当二者相互耦合时,湍流通过各组分与温度脉动促进燃料与氧化剂之间混合与传热从而影响化学反应速率,同时燃烧反应通过放热使温度升高、气体膨胀、速度加

大,提高湍流强度。可见,湍流化学反应速率不仅与化学反应动力学有关,而且还与气流结构和湍流脉动以及反应体系内的质量、能量输运和扩散等因素密切相关,这一切将导致湍流燃烧机理极为复杂,如何合理描述与定量分析这种相互影响的强非线性耦合关系是研究湍流燃烧机理的重要内容。

2. 湍流燃烧仿真方法

随着计算能力的提高以及 CFD 技术的快速发展,国内外学者逐渐开始利用 CFD 求解湍流燃烧过程,按照湍流求解方法的不同,模拟可以分为雷诺平均模拟(Reynolds Averaged Navier Stokes,RANS)、大涡模拟(Large Eddy Simulations,LES)以及直接数值模拟(Direct Numerical Simulations,DNS)三类。

(1) 湍流燃烧的 RANS 模拟

在湍流燃烧中,湍流火焰的各种物理参数,如速度、压力、温度、浓度等都随时间与空间发生随机的变化,致使湍流燃烧的解析非常困难。因此早期工程中通常采用平均的方法来描述和求解湍流燃烧问题。获得平均值的方法有时间平均法、空间平均法和概率密度统计平均法等。对 N-S 方程进行平均处理后,显著减少了方程组数值求解的计算量,但却产生了新的未知量"雷诺应力",这就需要建立湍流模型求解湍流流动并结合湍流燃烧模型求解组分运输与热量传递。

对于湍流燃烧问题,不仅面临湍流流动所具有的问题,还面临燃烧所特有的组分平均质量分数方程中平均化学反应速率的封闭问题。由于化学反应速率是组分浓度和流体温度的强非线性函数,因此导致化学反应速率的平均值并不等于用平均值表示的化学反应速率。多年来,为封闭平均化学反应速率,人们做了大量尝试和努力。最简单的方法是将平均化学反应速率进行泰勒级数展开,并将其表示为标量平均值及脉动值的级数求和。这种处理方式看似解决了平均化学反应速率的计算问题,实质上存在以下两大缺陷。其一,超声速流中标量脉动值几乎与标量平均值相当,其基于泰勒展开的近似取决于泰勒展开的收敛特性,人为进行截断往往会带来明显的误差;其二,对于包含多种组分的复杂化学动力学系统,会引入大量的脉动相关项,对其逐项封闭是不现实的。为此,后来人们主要致力于湍流燃烧模型的研究,即通过合理的物理假设,分析并找出影响平均化学反应速率的主要因素,提出相应的表达式对其进行计算。

(2) 湍流燃烧的 LES 模拟

湍流流动是由许多不同尺度的旋涡组成的,其中大尺度涡对平均流动影响较大,各种变量的湍流扩散,热量、质量、动量和能量的交换,以及雷诺应力的产生,都是通过大尺度涡来实现的;而小尺度涡主要对耗散起作用,通过耗散脉动来影响各种变量。已有研究表明,不同的流场形状和边界条件对大涡的产生有较大影响,使它具有明显的各向不均匀性,在高雷诺数下,小涡近似于均匀各向同性,受边界条件影响较小,有较大的共性,因而建立通用模型比较容易。基于上述理论,可通过适当的方法将湍流中的大涡和小涡分开,直接计算大涡的控制方程,而对小涡采用亚网格模型模拟。这就是大涡模拟的基本思想。如果采用的亚网格模型合适,大涡模拟还可以得到真实的瞬态流场,且计算精度很高,计算量也远远小于 DNS。近年来,大涡模拟方法取得了显著的进展并得到了广泛的应用,前景非常广阔。

在大涡模拟方法中,为了将湍流流动中的大涡和小涡分开,必须引入滤波函数来修改 N-S 方程,以便滤掉小涡,得到大涡的 N-S 方程。目前使用较多的滤波函数有匣式滤波函数和 Gauss 滤波函数。对于湍流流动问题,滤波后的动量方程中会出现未知项,称为亚网格雷诺应力项,它的大小反映了小尺度涡对大尺度涡的影响。为了使方程封闭可解,必须建立亚网格湍流流动模型来模拟亚网格雷诺应力项。常见的亚网格湍流流动模型有代数亚网格模型、动力亚网格模型、k 方程亚网格模型、混合尺度亚网格模型和结构函数亚网格模型等,其中 Smagorinsky 的代数亚网格模型由于形式简单,目前被广泛采用。对于湍流燃烧问题,由于燃料与氧化剂分子只有在相互掺混的情况下才能发生化学反应,而分子间的混合主要是在小尺度涡中进行,因此有必要发展亚网格燃烧模型。

图 5.5-1 为 RANS 与 LES 温度场计算结果对比。

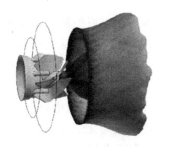 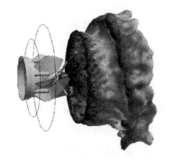

(a) RANS计算结果　　　　　　(b) LES计算结果

图 5.5-1　RANS 与 LES 温度场计算结果对比

(3) 湍流燃烧的 DNS 模拟

DNS 方法对 N-S 方程进行直接求解而不采用任何湍流模型进行简化,对所有湍流涡都进行计算并考虑它们对燃烧的影响。DNS 方法可以如实验中的高精度传感器般精确预测温度随时间的变化。随着高性能计算机的快速发展,DNS 方法提高了湍流燃烧的计算精度,但是由于 DNS 需要大量的网格,其模拟时间步长又很短,一个模拟工况需要耗费非常多的计算时间。在研究对象为低速流动或者较为简单的结构时,DNS 的计算量尚可以接受,但是在真实工业燃烧器的模拟研究中,其耗费的时间和计算资源都是实际工作所不能承受的。

不论是对于反应流还是非反应流,DNS 方法都是精度最高的方法,但是其仅适用于低雷诺数流动,而且几何模型必须足够简单;LES 方法适用于高雷诺数流动,对网格的要求低于 DNS 方法,但是其计算结果的准确性受限于亚网格模型的精度;

RANS 方法是实际工程应用最广的一种方法,其对计算资源要求较小,但计算结果受限于湍流模型与燃烧模型的精度。

图 5.5 - 2 为基于 RANS、LES 及 DNS 方法计算得到的局部温度变化曲线对比。

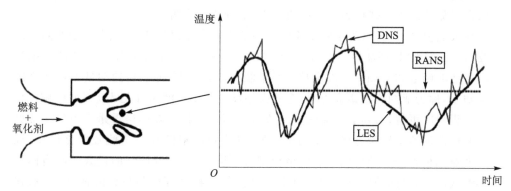

图 5.5 - 2 基于 RANS、LES 及 DNS 方法计算得到的局部温度变化曲线对比

5.5.2 湍流燃烧模型

在数值模拟中,燃烧对流场的影响直接地体现在模拟控制方程组中的组分输运方程和能量输运方程中,以化学反应源项的形式表征。化学反应对速度的影响通过改变流体所包含的温度和组分从而改变密度分布诱导而产生。在模拟过程中,组分和能量的化学反应源项可以通过化学反应速率计算得到,因而湍流燃烧数值模拟的关键要素是准确求解化学反应速率。在均匀的化学反应系统中,化学反应速率可以由化学反应机理以及 Arrhenius 公式求得。然而湍流与化学反应大部分只在很小的尺度空间内发生,湍流燃烧所采用的网格尺度远大于火焰面的厚度。因此湍流运动与化学反应之间的耦合不能在现有网格尺度下直接求解,化学反应速率也不能直接由计算得到。为了在模拟中考虑湍流与化学反应的相互作用,研究者们引入了各种燃烧模型对化学反应过程进行计算。与此同时,由于燃料发生化学反应所涉及的反应机理中包含的组分数目较多,燃烧模型需要同时考虑减小计算量、提高计算速度的因素。

LES 与 RANS 的控制方程形式类似,都不能全尺度地求解燃烧场内的所有湍流涡团,而将小尺度湍流对流场的影响以模型的形式给定。因此,在两种模拟方法中,湍流与燃烧过程的耦合作用是相似的。在以往对 RANS 中燃烧模型的研究经验基础上,大涡模拟中的燃烧模型大多发展自 RANS 中的燃烧模型并进一步进行改进适应。因此 LES 考虑了非定常流场的特征,同时也由于 LES 对流场的计算更精确,这些燃烧模型在 LES 中能够取得更好的效果。

目前比较常见的湍流燃烧模型主要分为两大类:第一类模型在模拟过程中直接对反应速率进行积分求解化学反应过程,化学反应速率通过流场中组分和温度等参数分布以及湍流状况等利用数学的方法获得,这种模型可以称为有限速率类模型。第二类模型认为在燃烧场内湍流涡团仅通过影响组分和能量的输运以及对火焰面的拉伸效果而对化学反应过程产生影响,化学反应发生的细小尺度里,湍流涡团并不会对反应过程产生显著影响。因此,湍流燃烧中火焰面内部与层流下的状况是类似的。湍流燃烧的模型中,首先建立层流火焰面的数据库,进而利用特征参数的输运和概率密度函数表征出湍流的影响。这类模型可以称为火焰面类模型。

1. 有限速率类模型

在化学反应区域内,反应物分子相互碰撞进而发生化学反应,其反应速率可以通过 Arrhenius 公式求得。但是由于湍流的存在,化学反应速率发生了变化。有限速率类模型在求解化学反应速率时额外加入湍流的信息进行修正,从而反映湍流对化学反应的影响。有限反应速率类模型需要求解流场中的温度和所有组分的输运过程。由于详细反应机理中包含的组分较多,模拟过程的计算量会大大提高,因此有限速率类模型中通常采用简化的化学反应机理从而提高模拟速度。有限速率类模型直观地描述化学反应过程,有较多的学者对其展开了研究。此类模型主要包括涡破碎模型(EBU)、涡耗散概念模型(EDC)、增厚火焰模型(TF)以及 PDF 输运模型等。

(1) 涡破碎模型

EBU(Eddy Break Up)模型由 Spalding(Spalding490、Spalding491、Kuo285)提出,该模型通过对高 Reynolds 数($Re \gg 1$)和 Damkohler 数($Da \gg 1$)的湍流燃烧现象学分析得到。该模型最基本的假设是在化学反应中湍流占主导,而 Arrienius 定律不起任何作用:反应区被视为未燃和已燃气体的大量集合体(pocket),且通过湍流漩涡输运。这样,平均反应速率主要受特征湍流混合时间 τ_t 和无量纲温度的脉动量 $\widetilde{\Theta}''^2$ 的控制,计算式如下:

$$\bar{\dot{\omega}}_\Theta = C_{EBU} \bar{\rho} \frac{\sqrt{\widetilde{\Theta}''^2}}{\tau_{EBU}} \qquad (5.5-1)$$

式中,C_{EBU} 是模型常数,单位为 1。

湍流时间尺度 τ_{EBU} 通过湍动能 k 及其耗散率 ε 求得,计算式如下:

$$\tau_{EBU} = k/\varepsilon \qquad (5.5-2)$$

用上式还可以预估湍流流场在湍流积分长度尺度下的流动特征时间。首先,最大涡的尺度接近湍流积分长度尺度,EBU 模型假设其会产生强烈的湍流脉动。由于在方程(5.5-2)中需要 k 和 ε,因此 EBU 模型只有和 $k-\varepsilon$ 湍流模型一起使用才能求解。

方程(5.5-1)需要估算无量纲温度的脉动量波动 $\widetilde{\Theta}''^2$,前面火焰前锋无限薄特性的假设将使得下式成立:

$$\bar{\rho}\widetilde{\Theta}''^2 = \overline{\rho(\Theta - \widetilde{\Theta})^2} = \bar{\rho}(\widetilde{\Theta^2} - \widetilde{\Theta}^2) = \bar{\rho}\widetilde{\Theta}(1-\widetilde{\Theta}) \qquad (5.5-3)$$

由于无量纲温度 Θ 只能有两个值,在未燃气体中 $\Theta=0$,在已燃气体中 $\Theta=1$,由此可知 $\Theta^2=\Theta$,因此 EBU 模型的平均化学反应速率计算式如下:

$$\bar{\dot{\omega}}_\Theta = C_{EBU}\bar{\rho}\frac{\varepsilon}{k}\tilde{\Theta}(1-\tilde{\Theta}) \qquad (5.5-4)$$

由此看来 EBU 模型很有价值,因为反应速率用简单已知量的函数关系式表达,没有引入额外的输运方程,因此在大部分商用软件中经常包含有 EBU 模型。尽管 EBU 模型有很多优点,但方程(5.5-4)有一个明显的局限性:在反应速率的计算中没有包含化学动力学的任何影响(方程中既没有指前因子 B,也没有活化温度 T_a),往往与实际反应速率偏差较大。

(2) 涡耗散概念模型

涡耗散概念(Eddy Dissipation Concept,EDC)模型是 Magnussen 在涡耗散(ED)模型的基础上提出的,该模型假定湍流由一系列不同尺度的涡旋构成,湍动能从较大尺度的涡旋向小尺度湍流结构传递。湍流的涡旋按尺度划分为不同的结构,其中细微结构是涡旋尺度级别最小的湍流结构。湍动能耗散仅发生在 Kolmogorov 尺度刻画的小尺度湍流结构中,大约 75% 的耗散发生于细微结构中,并将所有的湍动能耗散成了热,因而耗散区又称为细微结构区。

EDC 模型认为各个组分均匀分布于细微结构中,反应物在其中进行分子级的混合,当达到所需的反应温度时就发生相应的化学反应。引入湍动能和耗散率,细微结构中反应物所占比例 γ 可表示为

$$\gamma = \left(\frac{3C_{D_2}}{4C_{D_1}}\right)^{1/4}\left(\frac{\nu \cdot \varepsilon}{k^2}\right)^{1/4} \qquad (5.5-5)$$

式中,C_{D_1} 和 C_{D_2} 均为常数,$C_{D_1}=0.134$,$C_{D_2}=0.5$;ν 为耗散区运动粘度;ε 为湍动能耗散率;k 为湍动能。

细微结构和周围流体间的质量传递速率 m^*(单位:s^{-1})为

$$m^* = \left(\frac{3}{C_{D_2}}\right)^{1/2}\left(\frac{\varepsilon}{\nu}\right)^{1/2} \qquad (5.5-6)$$

特征反应时间 $\tau^*(s)$ 为

$$\tau^* = \frac{1}{m^*} \qquad (5.5-7)$$

组分 i 在独立的输运方程中的反应速率 $\dot{\omega}_i$ 为

$$\dot{\omega}_i = \frac{\rho\gamma^2}{\tau^*(1-\gamma^2)}(Y_i^* - Y_i) \qquad (5.5-8)$$

式中,ρ 为反应物密度,Y_i 为组分 i 在细微结构区的初始质量分数,Y_i^* 为组分 i 在反应发生 τ^* 时后的质量分数。超出时间尺度 τ^* 的化学反应速率按照 Arrhenius 公式计算。

(3) 增厚火焰模型

基于有限速率模型发展而来的增厚火焰(Artificially Thickened Flames)模型应

用较多,该模型是由 Thierry Poinsot 等提出的。他认为在采用大涡模拟计算湍流燃烧时,由于火焰的厚度通常比滤波网格尺度要小而被滤掉,不能准确求解火焰参数。该模型最初是针对预混燃烧模式,通过保持预混燃烧的火焰传播速度不变,人为增加火焰的厚度到几个网格尺度大小的方法,使火焰参数能在这些网格上得到准确求解。而当增厚系数是一个随流场动态变化的变量时,该模型又被称为动态增厚火焰模型。该模型通常采用简化的化学反应机理,即几步反应来计算燃烧室的点火问题。

图 5.5-3 为火焰增厚方法示意图。

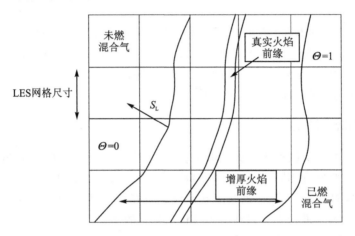

图 5.5-3　火焰增厚方法示意图

国内,浙江大学尚明涛等采用基于大涡模拟包含四步反应的化学动力学的化学机理,联合动态增厚火焰模型模拟了湍流非预混抬举火焰,得到的温度和组分等化学热力学参数与实验结果能较好地吻合,但在燃烧室某些位置上的热力学参数计算值和实验结果偏差较大。该方法仍需要不断完善和发展。

(4) PDF 输运模型

联合概率密度函数输运方程模拟的方法,也叫 PDF 方法。目前,该方法被认为是求解湍流燃烧问题最准确的方法。传统的运动方程和组分方程在经过 Reynolds 平均或者 Favre 平均之后,方程中都会出现不封闭项,比如雷诺应力项 $\overline{\rho u_k'' u_l''}$、湍流输运组分项 $\overline{\rho u_k'' Y_a''}$ 和平均化学反应速率 $\overline{S_a}$。对于雷诺应力项和组分项,可以通过湍流粘性假设来进行封闭。但是平均化学反应速率项的封闭要困难得多,目前还没有统一的理论来对平均化学反应速率项建立模型。

联合概率密度函数输运模型为平均化学反应速率项的封闭提供了一种全新的思路和方法。通过引入空间和时间的联合密度函数 $f(\varphi;x,t)$,平均化学反应速率 $\overline{S_a(\varphi)}$ 可以通过对位置 x、时间 t 的单点化学反应速率联合概率密度函数 $f(\varphi;x,t)$ 积分得到,即 $\overline{S_a(\varphi)} = \int S_a(\varphi) f(\varphi) \mathrm{d}\varphi$。其基本思想是通过求解速度和化学反应热力学参数的联合概率密度函数的输运方程来求解复杂的湍流燃烧问题。在运动方程和组分输运方程中的任何一项都是封闭的,不存在建立模型来封闭方程的问题,无需进行相关假设,因此得到的结果更加准确。但是,在概率密度函数的输运方程(式 5.5-9)中,仍然存在不封闭项,比如由于脉动引起的概率密度函数的输运项以及由于扩散引起的概率密度函数的耗散项。输运项的封闭可以通过湍流粘性假设或者联合概率密度函数进行求解,但是扩散项的封闭依然是大家关注的重点。

$$\frac{\partial \rho f_\varphi}{\partial t} + \frac{\partial \rho \tilde{u}_j f_\varphi}{\partial x_j} + \frac{\partial S_\alpha f_\varphi}{\partial \varphi_\alpha} = -\frac{\partial}{\partial x_j}\left[\langle u''_j \mid \varphi \rangle \rho f_\varphi\right] + \frac{\partial}{\partial \varphi_\alpha}\left[\left\langle \frac{\partial J\alpha_j}{\partial x_j} \mid \varphi \right\rangle \rho f_\varphi\right]$$

$$(5.5-9)$$

自 1969 年 Lundgren 提出 PDF 方法之后,Pope 于 1985 年提出了计算湍流燃烧问题的 PDF 方法,联合概率密度函数方法已经取得了重大的进展。该方法可以计算湍流燃烧中的点火、熄火等非定常问题,尤其对解决湍流燃烧中污染物的形成等问题具有很高的精度,是目前比较常用的燃烧模型。

2. 火焰面类模型

火焰面类模型又被称为小火焰模型,模型认为湍流燃烧场内的火焰面与层流状况下火焰面内部具有相同的特征。模型首先建立层流火焰面的数据库,进而利用特征标量对燃烧过程进行表征,通过求解湍流燃烧场中的特征标量值并在模拟过程中结合概率密度函数进行查表得到与实时状态相符的燃烧状态,此类模型计算量较小,得到研究者们的广泛关注。

(1) 火焰面模型

火焰面的概念是由 Williams 在 1975 年提出的。在层流非预混火焰中,由于燃烧过程的反应速率非常快,因此燃烧的反应区可以看成是一个几何厚度很小的薄层,当化学反应的时间尺度和长度尺度分别小于湍流涡团最小的时间尺度和长度尺度时,这个反应区实际上可以看作是一个厚度极薄的层流小火焰,如图 5.5-4 所示。该火焰为一维结构,等值面就是火焰面的表面。若湍流燃烧过程的反应速率不是无限快,那么在反应区的燃料和氧化剂将不能完全反应,此时的反应区厚度较大,当燃料或者氧化剂剩余足够多时,将会导致火焰熄灭;当火焰没有完全熄火,且反应区的

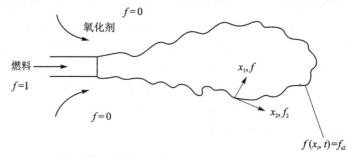

图 5.5-4　混合分数等值面图

火焰厚度较大时,火焰面的概念在此区域仍然有效。

1984 年,Peters 在层流扩散火焰的基础上提出了计算湍流燃烧的火焰面模型 (Flame-Let Model,FLM)。Peters 给出的湍流燃烧的火焰面模型的适用条件是燃烧化学反应的时间尺度和长度尺度分别小于湍流涡团最小的时间尺度和长度尺度,也就是说无量纲的 $Da>1$,同时无量纲的 $Ka<1$ 的情形。换言之,Da 越大,Ka 越小,实际的化学反应区厚度越薄,火焰面的概念就越适用。

火焰面模型即认为湍流燃烧场由大量的火焰面和包围这些火焰面的无反应湍流流场组成,且火焰面的厚度比 Kolmogorov 涡旋尺度还要小,在这种情况下,火焰面的内部结构将不受湍流流场的影响,呈褶皱的层流火焰面模式,因此可以较容易地将火焰面内部结构和湍流对火焰面的影响分开处理。以上论述并非指湍流对火焰面无影响,其影响是非直接的,主要表现为湍流涡团对火焰面空间位置的随机输运。在火焰面模型中,流场中火焰面的位置由某个守恒标量的等值面描述,对于非预混火焰,这个守恒标量选择的是混合物分数 Z;对于预混燃烧,这个守恒标量选择的是反应进度变量 C 或 Level-Set 方法中的 G。

由于火焰面模型将湍流流动与化学反应解耦,而化学反应是通过一系列火焰面进行描述的,因此火焰面模型并不需要求解组分连续方程,因而也就避免了平均化学反应速率的计算问题。在火焰面模型中,为了追踪火焰面的位置,需要求解混合分数 Z 的输运方程。由于该方程是一简单的对流-扩散方程,没有源项,故计算起来较为容易。另外,火焰面模型将湍流燃烧火焰看成一系列层流火焰面的系综,因此湍流流场中的平均化学热力学参数可由层流火焰面系综作统计平均得到,即

$$\widetilde{\phi}=\iint \phi(t,Z,\chi_{\rm st})P(Z,\chi_{\rm st}){\rm d}Z{\rm d}\chi_{\rm st} \tag{5.5-10}$$

式中,$\chi_{\rm st}$ 为混合分数标量耗散率,表示湍流流动对火焰面的影响;$\phi(t,Z,\chi_{\rm st})$ 为层流火焰面数据库中得到的化学热力学状态,通过求解火焰面方程得到;$P(Z,\chi_{\rm st})$ 为混合分数和标量耗散率的联合概率密度函数,可以通过求解联合概率密度函数的输运方程得到,也可以预先给定。

需要注意的是,虽然火焰面模型与扩散火焰的假定 PDF 模型看起来类似,但实质上两者存在较大的差异,主要表现在以下三个方面:① 火焰面模型利用标量耗散率来表征湍流流动对火焰面的影响,其实是考虑了流场中的化学非平衡效应;② 式中的 $\phi(t,Z,\chi_{\rm st})$ 是通过火焰面方程计算得到的,而非通过假设给出,更能反映真实火焰中的化学热力学状态;③ 火焰面模型可以考虑有限速率化学动力学因素的影响。

目前最常用的火焰面模型有稳态层流火焰面模型(Steady Laminar Flamelet Model,SLFM)和稳态火焰面/进度变量(Steady Flamelet/Progress Variable,SFPV)模型。而非稳态火焰面/进度变量(Unsteady Flamelet /Progress Variable,UFPV)模型的应用相对较少,由于它建立火焰面数据库时考虑了热力学参数随时间的变化过程,故是一种非稳态的燃烧模型。火焰面数据库包含了大量瞬态的火焰面,对于

计算包含非稳态特性（如局部熄火、重新点火、熄火等燃烧现象）的火焰结构更加准确。

虽然火焰面模型还存在一些缺陷，但鉴于其具有物理直观、计算效率高等优点，已被广泛用于预混、非预混、部分预混等湍流燃烧问题中，且不断被推向工程应用和其他燃烧领域，如多相流燃烧、超声速燃烧等。另外，火焰面模型也常常被用于 LES 的亚网格燃烧模型中。

（2）火焰面生成流形模型

火焰面生成流形（Flamelet Generated Manifolds，FGM）模型是由 Van Oijen 在流形方法和火焰面思想的基础上提出的，在考虑化学动力学的同时，也引入了重要的输运过程。与层流小火焰模型相同，其主要思想是认为化学反应的特征时间尺度远小于湍流的特征时间尺度，湍流并不会对火焰内部结构造成影响，湍流流场中的化学反应可以认为是层流的。最初的 FGM 方法构建火焰面数据库是基于一维稳态层流无拉伸预混火焰完成的，因此称为预混 FGM 模型，用于预混燃烧的模拟。为实现部分预混燃烧的模拟，在预混 FGM 模型中引入了混合分数这个自由度，形成可用于部分预混和非预混燃烧模拟的预混 FDM 模型，或采用非定常扩散对冲火焰构建火焰面数据库，称为扩散 FGM 模型。

FGM 模型中定义火焰面参数为归一化的反应进度变量 y_c：

$$y_c = \frac{C - C_0(Z)}{C_{\max}(Z) - C_0(Z)} \tag{5.5-11}$$

式中，下标 0 和 max 分别代表未燃和已燃状态下的反应进度变量。y_c 不是混合分数的函数，这样在每个混合分数下反应进度变量都可以采用相同的分布，在每个混合分数下，对由一维稳态层流无拉伸预混火焰求解得到热力化学参数以及反应进度变量，按照该分布进行插值，获得火焰面的解空间 $\phi_{\text{FGM}}(Z, y_c)$。

FGM 模型中，混合分数采用 β-PDF，y_c 分别采用 δ-PDF 和 β-PDF，二者的联合概率密度函数可以写成

$$\widetilde{P}(Z, y_c) = \beta(Z; \widetilde{Z}, \widetilde{Z}''^2)\delta(y_c - \bar{y}_c) \tag{5.5-12}$$

$$\widetilde{P}(Z, y_c) = \beta(Z; \widetilde{Z}, \widetilde{Z}''^2)\beta(y_c; \widetilde{y}_c, \widetilde{y}_c''^2) \tag{5.5-13}$$

因此，FGM 模型中的层流火焰面数据库 $\phi_{\text{FGM}}(Z, y_c)$ 采用 PDF 积分，分别为

$$\widetilde{\phi} = \iint \phi_{\text{FGM}}(Z, y_c)\beta(Z; \widetilde{Z}, \widetilde{Z}''^2)\delta(y_c - \widetilde{y}_c)\mathrm{d}Z\mathrm{d}y_c \tag{5.5-14}$$

$$\widetilde{\phi} = \iint \phi_{\text{FGM}}(Z, y_c)\beta(Z; \widetilde{Z}, \widetilde{Z}''^2)\beta(y_c; \widetilde{y}_c, \widetilde{y}_c''^2)\mathrm{d}Z\mathrm{d}y_c \tag{5.5-15}$$

采用 δ-PDF 或 β-PDF 表作为反应进度变量的 FGM 模型称为 FGM-δ 和 FGM-β 模型。

FGM 模型中湍流火焰面查询表的生成过程如下：

① 设置不同混合分数下的边界条件，并选择化学反应机理对一维稳态无拉伸预

混火焰进行求解,得到不同混合分数下的稳态无拉伸预混火焰面方程的解;

② 对各个混合分数下的反应进度变量进行归一化处理,形成层流火焰面数据库,并延伸到熄火极限外的混合分数范围;

③ 将层流火焰面数据库中的控制变量的联合概率密度函数对层流火焰面数据库进行积分计算,形成湍流火焰面查询表,用于 CFD 程序中求解湍流燃烧流场。湍流火焰面数据库的计算过程中,需根据不同的控制变量选择各自的 PDF,混合分数 $\beta-$PDF 作为其 PDF;对于火焰面参数分别选择 $\delta-$PDF 和 $\beta-$PDF 作为其 PDF。

(3) G 方程模型

G 方程模型把火焰前锋看成是燃气和已燃气之间的分界面,火焰前锋的位置用标量 $G=G_0$ 等值面函数表示。在火焰前锋的两侧,$G<G_0$ 代表未燃气,$G>G_0$ 代表已燃气,如图 5.5-5 所示。

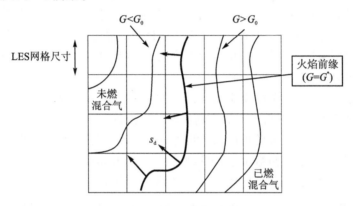

图 5.5-5　火焰前缘与 G 值的关系

火焰面机制下 LES 过滤的 $\widetilde{G}$ 控制方程为

$$\bar{\rho}\,\frac{\partial \widetilde{G}}{\partial t} + \bar{\rho}\widetilde{u}_i\,\frac{\partial \widetilde{G}}{\partial x_i} = \bar{\rho}S_t\left|\frac{\partial \widetilde{G}}{\partial x_i}\right| - \bar{\rho}D_t\widetilde{k}\,\frac{\partial \widetilde{G}}{\partial x_i} \tag{5.5-16}$$

$$\widetilde{k} = -\nabla\cdot\left(\frac{\nabla\widetilde{G}}{|\nabla\widetilde{G}|}\right)\Bigg|_{\widetilde{G}=\widetilde{G}_0} \tag{5.5-17}$$

式中,D_t 是湍流扩散系数,$\widetilde{k}$ 是火焰前锋的曲率,S_t 是湍流火焰传播速度。由于影响湍流火焰传播速度的因素较多,S_t 的模化比较困难。同时 $\widetilde{G}$ 函数仅能表征火焰在流场中的位置,不能表征火焰内部结构,因此需要将其与燃烧场求解进行耦合,耦合过程仍然面临诸多困难。但 G 方程模型仍有其独特的优势,如果能够给出合理的湍流火焰传播速度模型,则 G 方程模型就可以准确地预测湍流预混火焰的传播特性。

(4) 条件矩模型

湍流燃烧的条件矩封闭(Conditional Moment Closure,CMC)模型是由 Klimenko 和 Bilger 在 1990 年左右各自提出的,主要用于非预混燃烧中。该模型是基于一种统计理论的湍流燃烧模型。之所以采用条件矩模型来计算湍流燃烧,是因为湍流流场中,化学反应热力学标量,如温度、组分和密度等具有强烈的脉动,这样很难计算平均化学反应速率。对于大多数情形,化学热力学标量,如温度、组分和密度等参数的脉动可以采用某个标量的脉动来表示,在预混燃烧中该标量取反应度,而在非预混燃烧中则采用混合分数。条件统计平均得到的方程和传统的矩方程具有相似的形式,可以利用现有的传统数值计算方法进行计算。

该模型由于能将反应动力学和湍流流动分开处理而受到很多学者的青睐。在湍流流动方面,Mastorakos 和 Bilger 一起提出了基于自点火湍流流动的二阶条件矩封闭模型。该模型不同于传统的条件矩模型,作者对反应速度进行二阶近似,这样能得到在自动点火前一步化学反应的湍流非预混流动的温度增量条件脉动方程,将湍流和化学反应相结合对解决实际的湍流燃烧问题具有非常重要的作用。国内学者皱春对条件矩模型做了较多的研究,取得了较好的结果。条件矩模型的不足之处在于,由于将流场中要求解标量的输运方程分解为多个条件矩的输运方程而导致计算量大;另外,时均湍流反应率采用了级数展开而导致误差较大,其计算精度不如 PDF 输运模型。

(5) 假定 PDF 模型

假定 PDF 模型是用于湍流非预混火焰的一种快速反应模型。该模型存在以下几个假设:燃烧室只有燃料流和氧化剂流两股气流进入;化学反应速率很大,流场处处达到化学平衡;各种组分的扩散系数相等且 Lewis 数等于 1;混合物的比定压热容和反应热是常数;流动马赫数很小,可以略去气动热和切应力做功;忽略热辐射、燃烧室绝热等。在上述假设下,扩散燃烧的化学热力学状态可以用混合分数 Z 表征,假定 Z 的概率密度函数为 $\tilde{f}(Z)$,则流场中标量(温度、组分)的平均值为

$$\bar{\varphi} = \int_0^1 \varphi(Z)\tilde{f}(Z)\mathrm{d}Z \qquad (5.5-18)$$

式中,$\varphi(Z)$ 表征了标量和 Z 之间的函数关系。因此,与 BML 模型类似,假定 PDF 模型也不需要求解组分连续方程,从而避免了平均化学反应速率的封闭问题,且在 Z 的输运方程中没有源项需要封闭,大大减小了问题的复杂度。常见的假定 PDF 模型有 $k-\varepsilon-f$、$k-\varepsilon-f-g$ 和局部瞬时平衡模型,但是由于该模型做了许多假设,而这些假设在实际流场中大都不能成立,因此该模型的应用受到了很大的限制。

5.6 燃烧仿真发展趋势

国外各航空发达国家早在 20 世纪 70 年代后期,就相继制定并实施了针对航空发动机或燃气轮机的数值仿真计划,开展工程适用的燃烧室数值仿真技术研究,系统地进行了燃烧基础研究试验来验证数值仿真的精确度。例如,美国先后实施了燃烧室模拟评估(CME)、国家燃烧程序(NCC)、先进模拟和计算(ASC)、燃烧室设计模拟

评估(CDME)、推进系统数值仿真(NPSS)等一系列数值模拟领域的重大研究计划，开发了可用于燃烧室气动稳态模拟的国家燃烧程序(NCC)等发动机数值计算核心软件。同时各大航空发动机公司如美国 GE 公司、普惠公司和英国罗·罗公司等也针对各自的工程研究需要，开发了专门的燃烧室性能仿真软件或物理仿真模型[5-8]，并结合商用 CFD 程序如 ANSYS Fluent 用于生产型和研究型燃烧室的性能预估，指导燃烧室设计与研制。这些燃烧室仿真软件对燃烧室流程参数的计算和性能评估不但可定性，而且还可在一定程度上定量满足工程应用的要求，使得燃烧室的工程研制周期缩短，研发成本大幅降低。如美国 GE 公司基于 NCC 计划搭建性能分析平台，完成了包括 CFM56 的双环腔燃烧室(DAC)，CF6‐80 的低排放燃烧室(LEC)，GE90DACII、LM1600、LM2500 和 LM6000 的低污染燃烧室等多个新型燃烧系统的设计。此外，美国政府发动机热端部件技术项目对燃烧室数值仿真软件进行了系统的试验验证和评估，指出燃烧室仿真为预估燃烧室气动热力性能提供了有力工具，使得发动机研制周期从过去的 10～15 年缩短到 6～8 年甚至 4～5 年，同时相关试验机的数量也从过去的 40～50 台减少到 10 台左右。

　　然而，当前主燃烧室的工程数值模拟仍主要依靠传统的雷诺平均法(RANS)来预测燃烧室内部包括速度、密度、温度、组分浓度及湍流度等平均物理量，数值模拟预测结果虽然在一定程度上可满足工程应用的要求，但如果想进一步缩短设计迭代周期并充分满足"正向设计"的需求，还需要进一步提高预测精度[9]。美国国家航空航天局(NASA)在最新公布的 CFD 2030 年远景规划中也将航空发动机燃烧流场高保真、高效模拟列为 4 个 CFD 应用重大挑战性和亟需解决的问题之一[10]。随着燃烧数值模拟技术的发展，各研究机构对燃烧室数值仿真的精度提出了更高的要求，例如美国 GE 公司 CCD 软件对下一代燃烧综合性能模拟计算工具的预测精度提出了更高的要求，如：CO 和 UHC、NO_x、冒烟数 SAE 的预测精度分别为 10%、5%、2%；出口温度分布系数、平均径向温度分布系数的预测精度分别为 0.03、0.015；燃烧室压降、慢车贫油熄火油气比的预测精度分别为 0.25%、0.001；火焰筒轴向热点位置的预测精度为 0.01×燃烧室长度等。相关的要求将大幅度提升软件数值模拟的精度，进一步增强数值模拟对燃烧室设计的指导作用。

　　高保真、高效燃烧数值仿真技术的需求，对燃烧室内强旋流、三维、非定常两相耦合的物理过程建模和数值方法提出了新的挑战。当前，随着湍流数值模拟方法的计算机技术的不断进步，在强旋流三维非定常的流场解析中，大涡模拟方法已逐渐成为模拟发动机燃烧过程的一种有效方法和发展趋势[11]。大涡模拟能对燃烧场中大尺度的流动结构准确地求解，是介于雷诺平均和直接数值模拟之间、精度较高但又经济可行的一种湍流燃烧模拟方法[2,12-13]。国外各大航空发动机公司(如 GE、赛峰、普惠等)，从 2008 年左右开始大力推广大涡模拟方法在发动机燃烧室设计和优化中的应用[9]。如图 5.6‐1 所示，PRECISE、AVBP[14]等商用软件中集成的大涡模拟方法，已经应用在研究发动机燃烧室点火/熄火、雾化燃烧过程和出口温度分布[15-17]、燃烧不稳定性、污染物生成等重要的工程实际问题中。值得一提的是,欧洲的 EU Consortium 和 CERFACS 在最近 10 年内完善并促进了燃烧大涡模拟在发动机研究中的应用。

(a) 罗·罗公司Iean燃烧引擎。
软件平台:PRECISE

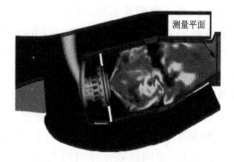

(b) P&W公司PW6000。
软件平台:CDP

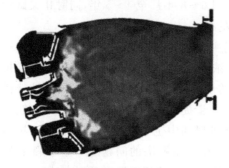

(c) G&E公司TAPS燃烧室。
软件平台:ANSYS-Fluent

(d) Safran公司Ardiden-3C。
软件平台:AVBP

图 5.6 - 1　大涡模拟在航空发动机燃烧室数值仿真中的应用

在燃烧模型方面,基于概率密度函数燃烧模型已成为高精度、高保真发动机燃烧室模拟的必然趋势。概率密度函数燃烧模型需要求解化学组分的输运方程,同时化学反应源项又具有较强的刚性,相比火焰面类燃烧模型,该类模型所需计算量一般较大[18-26]。过去几年,化学反应动力学高效计算方面取得了重要进展,发展了自适应建表、动态自适应化学和高效并行等方法[27-29],初步解决了概率密度函数燃烧模型计算量大的问题,为其工程应用中的推广奠定了较好的基础。就雾化来说,目前的实验和数值模拟多基于常温雾化蒸发过程,与燃烧室普遍存在的高温环境差距巨大,对高温引起的物性改变、产生物性梯度、不同单质存在差异化过程等因素鲜有考虑[30-31]。在雾化仿真方面,基于 CLVOF 的拉格朗日-欧拉耦合雾化仿真方法是未来雾化仿真发展的主要方向,这种方法既解决了雾化仿真精度的问题,又能以较小的计算成本耦合在燃烧室仿真过程中[32-37]。

而从商用软件中已有模型的适用性看,当前已具备大涡模拟功能的主流软件如

ANSYS Fluent、AVBP、Cascade 等,在两相雾化、蒸发和燃烧模型等方面,模型单一或不完善,对发动机燃烧关键问题(点/熄火过程、出口温度分布、燃烧不稳定性、污染物生成等)通用性不足或预测精度不够。与此同时,各大发动机公司如 GE 公司为了进一步提高燃烧室数值模拟软件的"实验前预测"能力,也在开展完善两相雾化蒸发、湍流燃烧、辐射等物理模型的二次开发工作,并针对多个型号燃烧室(如头部富油和头部贫油的旋流杯结构的燃烧室、双环腔燃烧室、双环预混旋流燃烧室以及三环腔头部的干式低排放的 DACRS 混合器燃烧室)开展了众多数值仿真计算,通过与试验数据的对比,对燃烧室数值模拟方法的预测能力进行充分的验证和确认。

综上所述,国外各大航空发动机公司一直以来高度关注高保真物理模型的构建、数值模拟软件的开发、验证和确认工作。未来随着计算机能力的进一步提高,LES 方法、概率密度函数燃烧模型、基于 CLVOF 的拉格朗日-欧拉耦合雾化仿真方法等一系列先进的高保真燃烧仿真模型和方法会逐渐成为航空发动机燃烧仿真的主流。

参考文献

[1] Mongia H. Recent progress in comprehensive modeling of gas turbine combustion[C]. 46th AIAA aerospace sciences meeting and exhibit, Reno, Nevada, 7-10, January, 2008.

[2] Gourdain N, Gicquel L, Staffelbach G, et al. High performance parallel computing of flows in complex geometries: II. Applications[J]. Computational science & discovery, 2009, 2: 104-124.

[3] 王珂, 白彬. 基于 EDM-FR 和 FGM 方法的湍流燃烧模型开发[C]. 中国航空研究院上海分院第一届学术论坛, 2016.

[4] Ham F, Apte S V, Iaccarino G, et al. Unstructured LES of reacting multiphase flows in realistic gas turbine combustors[J]. Annual research briefs, Center for turbulence research, Stanford University, 2003, 1: 139-160.

[5] Anand M, James S, Zhu J. Large-Eddy simulations as a design tool for gas turbine combustion systems[J]. AIAA Journal, 2006, 44(4):674-686.

[6] Cho C H, Baek G M, Sohn C H, et al. A numerical approach to reduction of NOx emission from swirl premix burner in a gas turbine combustor[J]. Applied thermal engineering, 2013, 59(1): 454-463.

[7] Rizk N K, Mongia H C. NO_x model for lean combustion concept[J]. Journal of propulsion and power, 1995, 11(1): 161-169.

[8] Anand M S, Eggels R, Staufer M, et al. An advanced unstructured-grid finite-volume design system for gas turbine combustion analysis[C]. ASME 2013 gas turbine India conference bangalore, Karnataka, India, 5-6 December, 2013.

[9] Jones W, Tyliszczak A. Large eddy simulation of spark ignition in a gas tur-

bine combustor[J]. Flow turbulence and combustion, 2010, 85: 711-734.

[10] Slotnick J, Khodadoust A, Alonso J, et al. CFD vision 2030 study: a path to revolutionary computational aerosciences[M]. Mchenry county natural hazards mitigation plan, 2014.

[11] 颜应文，赵坚行，张靖周，等. 环形燃烧室两相喷雾燃烧的大涡模拟[J]. 航空动力学报, 2006, 21: 824-30.

[12] Mongia H C. Perspective of combustion modeling for gas turbine combustors [C]. 42nd AIAA aerospace sciences meeting and exhibit, Reno, Nevada, 5-8 January, 2004.

[13] Pope S B. Small scales, many species and the manifold challenges of turbulent combustion[J]. Proceedings of the combustion institute, 2013, 34(1): 1-31.

[14] Richard S, Vermovel O, Colin O, et al. Predicting cyclic variability in a 4valve SI engine using LES and the AVBP CFD code[C]// International multidimensional engine modeling user's group meeting, 2007.

[15] Peters N. Laminar flamelet concepts in turbulent combustion[J]. Symposium on combustion, 1988, 21(1): 1231-1250.

[16] Pitsch H. Large-eddy simulation of turbulent combustion[J]. Annual review of fluid mechanics, 2006, 38: 453-482.

[17] Esclapez L, Ma P C, Mayhew E, et al. Fuel effects on lean blow-out in a realistic gas turbine combustor[J]. Combustion and flame, 2017, 181: 82-99.

[18] Valino L. A field Monte Carlo formulation for calculating the probability density function of a single scalar in a turbulent flow[J]. Flow turbulence and combustion, 1998, 60(2): 157-172.

[19] Jones W, Prasad V N. LES-PDF simulation of a spark ignited turbulent methane jet[J]. Proceedings of the combustion institute, 2011, 33: 1355-1363.

[20] Sabel N V, Soulard O. Rapidly decorrelating velocity-field model as a tool for solving one-point Fokker-Planck equations for probability density functions of turbulent reactive scalars[J]. Physical review E Statistical Nonlinear&Soft Matter Physics, 2005, 72(1): 016301.

[21] Mustata R, Valino L, Jimenez C, et al. A probability density function Eulerian Monte Carlo field method for large eddy simulations: Application to a turbulent piloted methane/air diffusion flame(Sandia D)[J]. Combustion and flame, 2006, 145(1-2): 88-104.

[22] Jones W P, Tyliszczak A. Large eddy simulation of spark ignition in a gas turbine combustor[J]. Flow turbulence and combustion, 2010, 85(3-4): 711-734.

[23] Mahesh K, Constantinescu G, Apte S, et al. Large-eddy simulation of gas

turbine combustors[M]. Mech. Engg. Dept. , Stanford Univ. , 2001.

[24] Boileau M, Staffelbach G, Cuenot B, et al. LES of an ignition sequence in a gas turbine engine[J]. Combustion and flame, 2008, 154(1-2): 2-22.

[25] Jones W P, Marquis A J, Vogiatzaki K. Large-eddy simulation of spray combustion in a gas turbine combustor[J]. Combustion and flame, 2014,161(1): 222-239.

[26] Stubbs R,Liu N S . Assessment of the National Combustion Code[C]// Joint Propulsion Conference & Exhibit,2007.

[27] Hiremath V, Ren Z, Pope S. Combined dimension reduction and tabulation strategy using ISAT-RCCE-GALI for the efficient implementation of combustion chemistry[J]. Combustion and flame, 2011, 158(11): 2113-2127.

[28] Ren Z, Xu C, Lu T, et al. Dynamic adaptive chemistry with operator splitting schemes for reactive flow simulations[J]. Journal of computational physics, 2014, 263: 19-36.

[29] Ren Z, Liu Y, Lu T, et al. The use of dynamic adaptive chemistry and tabulation in reactive flow simulations[J]. Combustion and flame, 2014, 161(1): 127-137.

[30] Jenny P, Roekaerts D, Beishuizen N. Modeling of turbulent dilute spray combustion[J]. Progress in energy and combustion science, 2012, 38: 846-887.

[31] Spencer J, James S, Herrmann M. Spray model evaluations for a reverse flow [C]. 51st AIAA aerospace sciences meeting, Grapevine, Texas, USA, 7-10 Jan, 2013.

[32] Hirt C W, Nichols B D. Volume of Fluid(VOF) method for the dynamics of free boundaries[J]. Journal of computational physics, 1981, 39(1):201-225.

[33] Gopala V R, Van W B. Volume of fluid methods for immiscible-fluid and free-surface flows[J]. Chemical engineering journal, 2008, 141(1): 204-221.

[34] Sussman M, Smereka P, Osher S. A Level Set Approach for Computing Solutions to Incompressible Two-Phase Flow [J]. Journal of computational physics, 1994, 114(1):146-159.

[35] Sussman M, Puckett E. A coupled level set and volume-of-fluid method for computing 3D and axisymmetric incompressible two-phase flows[J]. Journal of computational physics, 2000, 162(2):301-337.

[36] Bourlioux A. A coupled level-set volume-of-fluid algorithm for tracking material interfaces[J]. Computational fluid dynamies, 1995, 6: 15-22.

[37] Osher S, Fedkiw R P. Level set methods: an overview and some recent results[J]. Journal of computational physics, 2001, 169(2):463-502.

第 6 章

燃烧室试验

| 6.1 燃烧室试验简介 |

燃烧室中的燃烧反应非常复杂,既有气体流动、燃油雾化、蒸发、油气掺混、传热传质、压力速度脉动等物理变化过程,也有燃料裂解、氮氧结合、碳氧结合等化学变化过程,这些因素相互影响、相互作用,然而现有的燃烧理论、经验和设计方法,还不能完全解释燃烧室的工作机制,因此燃烧室的研制离不开燃烧试验,要进一步弄清楚燃烧室工作机制,需要大量详细的燃烧试验数据来支撑。

从航空发动机的研制发展上来说,只有通过试验证明性能优良的燃烧室,才能着手整台发动机的试验,因此燃烧室部件试验占燃烧室试验验证工作量的 90%,余下约 10% 的工作在整机上进行。只有进行了大量的燃烧室部件、组件、单管、扇形和全环试验,并获得在各种状况下的点/熄火性能、出口温度分布质量以及排气冒烟数据,并在燃烧室试验器上经历过最低限度时数的寿命考验,解决燃烧室的点火、出口温度要求、火焰筒的壁温等问题,再把燃烧室装到发动机上去试验,才有重要意义。

根据燃烧室研发流程,一般需在 6 个阶段(方案设计、大气条件单管试验、工作条件单管试验、多头部试验、全环试验和整机试验)开展燃烧室试验研究。涡轴涡桨发动机相对于大发动机,燃烧室空气流量及燃油流量低,供油方式多样,小尺寸效应明显,这些特点使得涡轴涡桨发动机燃烧室试验有其自己的特色:① 一般只开展单头部试验和全环试验,不开展多头部试验;② 折流燃烧室需开展甩油盘雾化试验;③ 在全参数条件下开展性能试验,而不采用降参数模拟试验;④ 高空高原点火试验宜在全环试验件下进行。涡轴涡桨燃烧室试验项目详见表 6.1-1。

表 6.1 - 1　涡轴涡桨燃烧室试验项目

燃烧室的组成	燃油喷嘴	甩油盘	燃油总管(含喷射油道等)	涡流器	火焰筒(含平板)	单/多头部燃烧室	全环燃烧室
试验项目	性能试验(燃油流量、喷雾锥角、周向分布、径向分布、雾化粒径 SMD 等)、油雾场试验(与涡流器匹配)	甩油盘动态试验(燃油流量、喷雾锥角、雾化粒径 SMD 等)、甩油盘静态试验(燃油能力、不均匀度等)	燃油总管密封性试验、燃油总管性能试验(燃油流量、分布等)、燃油总管填充试验	流量及流量系数、总压恢复系数、旋流数、流场试验	流量分配试验、壁面冷效试验、壁温试验、寿命试验	流场试验、组分场试验、点火试验、熄火试验、燃烧效率试验、污染排放试验	点火试验、熄火试验、性能试验(燃烧效率、出口温度场分布、总压损失等)、壁温试验、污染排放试验

　　燃烧室试验器是航空发动机研制不可或缺的重要设备。近几十年,燃烧室试验器的发展取得了长足进步,主要体现在:① 试验设备的能力进一步提高。空气压力和流量增加,空气预热和制冷能力及承受高温和高压的能力增强。② 测试手段更先进,参数测量精细化程度越来越高。燃烧室流态测量由粗放的水流模拟定性观察逐步改进为速度、压力等的空间分布光学定量测量,无干扰式测量代替干扰式测量,固定式定点测量发展为旋转扫描式测量,全环燃烧室出口温度场测点密度逐渐提高等。③ 数据采集与处理水平不断提高。系统操作和控制的自动化程度更高;传感器体积更小,在试验件上可布置的数量更多;采集精度和速度进一步提高,每次试验获得的信息数据量更多。

　　随着理论分析的发展,对燃烧室内部的物理、化学和控制过程的描绘更加深入细致,这就要求燃烧室试验和测试的点更多、更精确;同时随着微电子技术、传感器技术、光电测量技术、计算机技术的迅速发展,使得燃烧室内部的流场、油雾场、温度场、组分场、火焰结构等测试有了较大的进展,能够获得高时空分辨率的紊流火焰的速度场、油雾场、温度场以及火焰结构特征、组分场等有价值的实验数据,这不仅促进了对燃烧过程中的燃烧流场、化学反应及传热、传质相互作用的理解,而且还可以对数值计算采用的模型进行校验,因此,燃烧室试验正向精细化、多场同步测量的方向发展。涡轴涡桨发动机燃烧室试验所用到的测试方法如表 6.1 - 2 所列。

表 6.1 - 2　涡轴涡桨燃烧室试验测试方法

测试方法 ＼ 试验项目	流场	油雾场	组分场	温度场	壁温
常规测试	水流模拟	马尔文	燃气分析	热电偶	热电偶、示温漆
先进测试	激光多普勒、粒子图像、分子标记	PDPA	PLIF、SRS、CARS、TDLAS	燃气分析、火焰图像、PLIF、CARS、TDLAS	晶体测温、红外热像仪、热色液晶

|6.2　流场试验技术|

正确认识燃烧室内部气流结构,特别是火焰筒内部速度场的分布与变化规律对其内部气流压力分布、燃油雾化与掺混、头部燃烧组织、出口温度分布以及燃烧性能等方面的改善有着很强的指导作用,同时也是研究航空发动机燃烧室设计技术的基础。

20 世纪早期,热线测速技术占据了主导地位,随着激光技术和计算机技术的快速发展,激光测速技术已成为理想的测量手段,它具有高精度、瞬态、非接触等优点。它有机地将各个学科技术结合在一起,属于跨学科研究领域。从测量的发展趋势来看,今后的发展方向是从静态测量到动态测量、从宏观测量到微观测量、从定性测量到定量测量。目前来看,为了提高时空分辨率及避免干扰流场,非接触的光学测试技术将是未来发展的主要方向。

本节将集中讲述激光多普勒测速技术、粒子图像测速技术以及羟基标记法测速技术在流体流动测量中的应用。

6.2.1　激光多普勒测速技术

激光多普勒测速仪(Laser Doppler Velocimeter,LDV)是利用激光多普勒效应测量流体的流动速度。由于多普勒效应,辐射源和接收器之间的相对运动会产生辐射频率的变化。当光源相对接收器没有运动但光路某处光源被运动目标散射时,也会产生类似的多普勒频移,因此,只要测出随流体一起运动的微粒对激光束散射的多普勒频移,就可获得流场该点处的流动速度,尤其是对尺度较小的流道、困难环境(如低温、低速、高温、高速等)下的流速测量,更加显示出它的价值。目前激光多普勒测速仪已经应用于某些流体力学的研究中,如火焰、燃烧混合物中流速的测量,以及旋转机械中的流速测量等;此外,LDV 还有动态响应快、测量准确、仅对速度敏感而与流体其他参数(如温度、压力、密度、成分等)无关等特点。鉴于 LDV 上述优点,近 20 年来,它已成为流体力学试验研究的重要手段之一。

然而,LDV 也有其局限性。它对流动介质有一定的光学要求,要求激光能射入并穿透流体;信号质量受散射粒子的影响,要求粒子完全跟随流体流动;信号频率高,组成信号较难处理。这使得它的使用范围目前还主要限制在实验室中。不过鉴于 LDV 的测量优点,近年来有学者已将其应用于航空发动机燃烧室内流场的测量研究中。

LDV 按光学元件的布置可分为参考光系统、差动系统和后向散射系统等。图 6.2-1 是目前使用最普遍的差动多普勒系统,该系统主要由激光器、入射光学系统、接收光学系统(包括光电探测器)、信号处理器和微机数据处理系统五个部分组成。

在燃烧室内流场测量方面,LDV 是广泛采用的技术手段之一,如 Kao 等人搭建

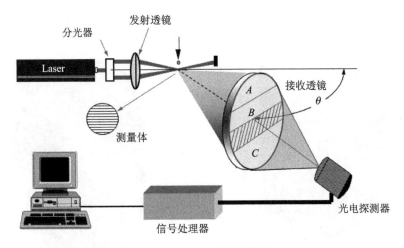

图 6.2-1　激光多普勒测速系统

了冷态流场试验平台,在进出口压降为 4% 的条件下,采用二维前向接收的 LDV 测量系统对双级径向旋流器进行了测量,测量时采用 LDV 对待测流场进行逐点扫描,最终获得了单个头部、三个头部以及五个头部的涡流器出口流场[1]。其每点采样周期为 5 s,每点的数据率大于 3 000,在靠近涡流器出口的地方测量点较为密集,随着距涡流器出口距离的增加,测量点逐渐稀疏(见图 6.2-2)。

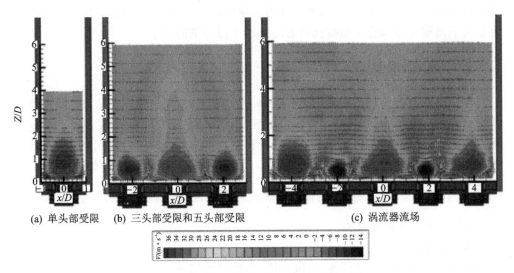

(a) 单头部受限　(b) 三头部受限和五头部受限　　　(c) 涡流器流场

图 6.2-2　采用 LDV 测试流场

　　Mohammad 等人设计了带主燃孔、掺混孔、冷却孔等结构的燃烧室试验件,为了获取其内部流动特性,分别采用 LDV 和 PIV 对单头部燃烧室内流场进行了测量[2]。其中 LDV 激光器为无需空气或水冷却的二极管泵浦的固体激光器,发射透镜和接收透镜的焦距分别为 500 mm 和 300 mm。PIV 采用的是分辨率为 1 376 pix×

1 040 pix 的 12 位的 CCD 相机和 15 Hz 的双脉冲 Nd：YAG 激光器。试验对比并分析了二者的测量结果,结果表明二者的吻合度较高(见图 6.2 - 3)。

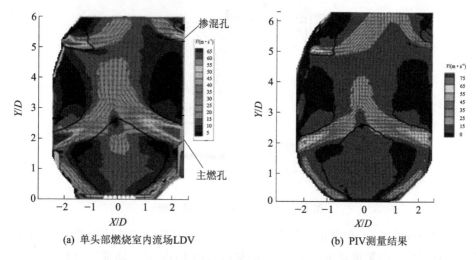

(a) 单头部燃烧室内流场LDV   (b) PIV测量结果

图 6.2 - 3 单头部燃烧室内流场 LDV 与 PIV 测量结果

随着科学技术的不断发展,LDV 测量系统逐渐变得小型化、轻便化,系统构成简单、实验操作方便,无需激光器调节和水冷系统,无需分光器和光纤耦合器,可实现对微通道流动信息的测量,并获得测量体内部速度信息及其分布[3],通过该系统可对燃烧室火焰筒壁面冷却孔及喷嘴孔口处的流动进行详细的测量。

6.2.2 粒子图像测速技术

粒子图像测速仪(Particle Image Velocimetry,PIV)的工作原理是利用脉冲激光器片光照射待测流场区域,通过图像采集系统对流场中撒播的示踪粒子按照特定的曝光时间间隔 Δt 进行连续的两次曝光获得两张粒子图像,然后依据相应算法(见图 6.2 - 4)对粒子图像进行处理,获得每一个查问域中示踪粒子图像的平均位移 $(\Delta x , \Delta y)$,根据 $V = \lim\limits_{\Delta t \to 0} \dfrac{\Delta x}{\Delta t}$ 得出每个查问域的速度大小及方向 (V_x , V_y)。

PIV 具有以下测量优点。

(1) 无扰性

相比于其他速度测量设备,如风标仪、热线热膜风速计等,PIV 通过片激光曝光流场中的示踪粒子,由 CCD 相机记录后经数据处理,计算得出流场速度信息,其过程对整个流场无任何干扰,这也使得其在高流速、高湍流、强剪切流等方面的应用更具优势。

(2) 间接性

粒子图像测速技术并不是直接对流场进行测量得出速度场,在其测量前需在流

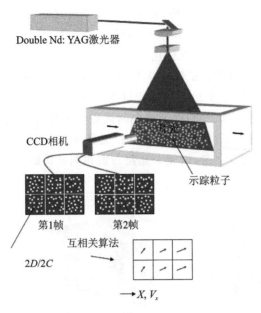

图 6.2-4 PIV 测量原理图

场中加入示踪粒子,示踪粒子跟随流动,然后测量流场中示踪粒子的速度,其实质是由所测得的示踪粒子的速度替代流场的速度。

(3) 全场性

PIV 技术可以在某一时刻"冻结"全场粒子得到粒子照片,从而得出该时刻全场的速度信息。而其他的测速设备只能反映流场局部速度信息,热线风速计得出的是一条线的速度信息,激光多普勒相位分析仪是单点速度测量。

典型的 PIV 测量系统主要由计算机、双脉冲激光器、导光臂、片光成型部件、CCD 相机、镜头、同步器、示踪粒子发生器、供气系统等组成,具体组成如图 6.2-5 所示。

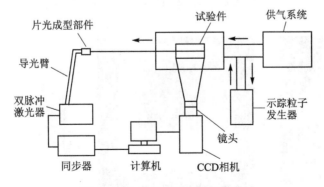

图 6.2-5 PIV 测量系统示意图

鉴于 PIV 具有诸多的测量优势,其在燃烧室内流场测量方面受到广大学者的青睐。如 Andreini 等人设计了三头部燃烧室模型试验件,采用 PIV 研究了在不同发射角条件下,主流与冷却气流的相互作用[4]。发射角有 20°、30°、90°,为便于测量,对试验件的比例尺寸进行了放大。试验在常温常压下通过模拟进出口压降进行。PIV 激光器采用 Newwave solo 200,最大脉冲能量为 120 mJ,选取橄榄油作为示踪粒子,并通过多孔板进入试验件。试验测量了过中间涡流器的中心平面、过三个涡流器的中心平面、平行于壁面且距壁面 5 mm 的平面(见图 6.2 - 6)。燃烧室除了冷却板外,其余三个面均采用透明观察窗,以便于光路布置和测量调试。

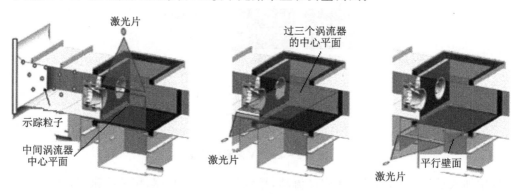

图 6.2 - 6　试验件及测量截面示意图

Willert 等人运用 SPIV(立体 PIV)对简易的燃气燃烧室进行了测量研究,燃烧室为长方体(85 mm×85 mm× 114 mm),底部装有双级同心旋流器,燃烧室三面开窗,采用厚度为 2 mm 的石英玻璃,金属材料一侧用于安装热电偶、压力传感器以及点火装置(见图 6.2 - 7)[5]。两个高精度的压力传感器安装在燃烧室的拐角处,用以监视燃烧室的振荡情况。测量前对台架布置进行了优化,以使激光反射光和散色光降到最低。其中一个相机与测量面呈典型的 2C 布置,第二台相机偏离轴线 45°布置。如此布置的优点在于可以通过经典 2C 布置,实现对整个内部流场进行成像(见图 6.2 - 7 右)。

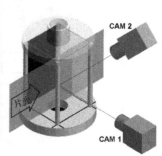

图 6.2 - 7　在大气压下简化燃烧室内流场测量

Boxx 等人搭建了 3 kHz 的 PIV 和 PLIF 联合测量实验台,对燃气涡轮燃烧室内部流动参量进行了尝试性测量。试验对象是以甲烷为燃料并带有观察窗口的燃烧室试验件(见图 6.2-8)[6],试验压力为 5 bar(1 bar=100 kPa),PLIF 为采用 DPSS 激光器泵浦的染料激光器。激光脉冲能量为 0.25 mJ(在 283 nm 时),在 20 mm×80 mm 的测量区域内获得了 4.1 的信噪比。其中激发光的吸收为最大的挑战,使信噪比在不断变化,后续测量时采用校正软件来解决此问题。PIV 激光器为二极管固体激光器,激光脉冲能量为 2.5 mJ(在 532 nm 时),在 20 mm×80 mm 的测量区,其空间分辨率为 1.25 mm,示踪粒子为 TiO_2,查问域为 16 pix×16 pix,覆盖度为 50%。通过测量调试,联合测量具有一定的可行性,并且所有测量都能够在几秒钟之内完成(见图 6.2-9),这种优势是以往任何测量手段都不具备的。

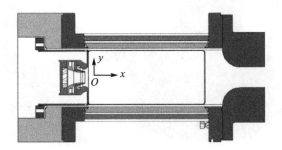

图 6.2-8　试验件示意图

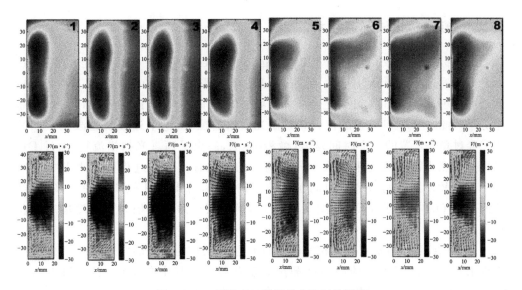

图 6.2-9　时均 OH 浓度分布和时均流速

PIV 是一种先进的流场测量技术,其测量系统具有很强的扩展性和升级性。目前,由单相机和双脉冲 Nd:YAG 激光器组成的标准 PIV 系统已商业化。随着计算机技术、激光技术以及图像处理技术的不断发展,为了能够满足更多精细化流动研究的需要,采用两台相机的立体 PIV 应运而生;同时由多台相机组成的高空间分辨率的层析 PIV(见图 6.2 - 10)也获得更多学者的青睐,它揭示了迄今为止不可观察到的现象。这些测量技术将对湍流的理解产生影响,尤其是在流动的基础机理研究方面做出了巨大贡献。但目前许多在常规 PIV 基础上发展而来的测量技术还处于实验室阶段,还无法较好地运用于航空发动机燃烧室内流场的工程中。

图 6.2 - 10 采用四台相机组成的层析 PIV 测量冲击射流流动特性

6.2.3 羟基标记法测速技术

羟基标记测速仪(Hydroxyl Tagging Velocimetry,HTV)的原理是使 193 nm ArF 激光通过分光镜分为两束,通过格栅光学组件形成菱形的激光网格。激光网格通过的流场,高能量的紫外激光会分解流场中的气体 H_2O 分子生成 OH 根离子(标记分子),此时 OH 根离子的位置就是激光网格的位置,这个过程就是激光"写"过程。经过预先设置的一个时间延迟(微秒级)后,一束平面激光扫描流场,通过 OH 根离子的激光诱导荧光来读取 OH 根离子的新位置。这个过程称为激光"读"过程。通过软件测量网格节点时间延迟前后的位置,可得 OH 根离子的位移,除以时间可得 OH 根离子速度(见图 6.2 - 11),通过获得的 OH 根离子速度场来代表待测流场。

针对传统测速方法在发动机实验中的不足,以美国为代表的发达国家自 20 世纪末以来不断积极探索新的高精度测量方法和技术。其中羟基标记法(Molecular Tagging Velocimetry,MTV)具有较大的潜力,发展很快。

羟基标记法使用激发光激发流场中的水分子,使其分解产生 OH 自由基,在给定的时间延迟(微秒级)后,使用平面激光扫描 OH 自由基的新位置从而得到位移,

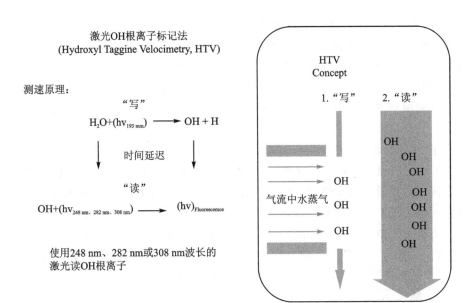

激光OH根离子标记法
(Hydroxyl Taggine Velocimetry, HTV)

测速原理：

"写"

$$H_2O + (hv_{193\,mm}) \longrightarrow OH + H$$

时间延迟

"读"

$$OH + (hv_{248\,nm,\,282\,nm,\,308\,nm}) \longrightarrow (hv)_{Fluorescemce}$$

使用248 nm、282 nm或308 nm波长的
激光读OH根离子

HTV
Concept

1. "写"　　2. "读"

气流中水蒸气

图 6.2 - 11　HTV 技术测量原理

该技术无需添加额外的标记物质即可实现无干扰精确的速度场测量。

以 HTV 系统测量火焰燃烧区速度的系统配置（见图 6.2 - 12）为例。由 193 nm
ArF 激光通过分光镜分为两束，通过格栅光学组件形成菱形的激光网格。激光网格
通过的待测燃烧火焰区流场，将流场中的气体 H_2O 分子生成 OH 根离子作为标记
分子。经过预先设置的微秒级时间延迟后，一束紫外平面激光（248 nm、282 nm 或

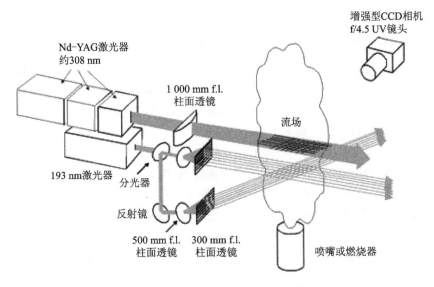

增强型CCD相机
f/4.5 UV镜头

Nd-YAG激光器
约308 nm

1 000 mm f.l.
柱面透镜

流场

193 nm激光器

分光器

反射镜

500 mm f.l.　300 mm f.l.
柱面透镜　　柱面透镜

喷嘴或燃烧器

图 6.2 - 12　HTV 系统组成示意图

308 nm 波长)扫描流场,通过 OH 根离子的激光诱导荧光来读取 OH 根离子的新位置。通过软件测量网格节点时间延迟前后的位置可得 OH 根离子的位移,除以时间可得 OH 根离子速度即流场的速度。

在羟基标记测速方法的测量中,标记气体分子 OH 通过激光激励技术在激光束的近旁区域由被测气体中的水蒸气分解产生,因此 HTV 方法适用于有化学反应的流场。

对于 11×11 的激光网格,可以同时测量流场中 121 个点的速度。上述方法使用一台 ICCD 相机测量的是二维流场;如果使用两台成一定角度的 ICCD 相机,则可实现三维流场的测量。对于燃烧室内流场,流场中已有 OH 根离子,OH 根离子"读"过程也会读取流场中已有的 OH 根离子;如图 6.2 - 13 所示,丙烷火焰生成的 OH 根离子的浓度小于激光"写"过程的 OH 根离子的浓度,网格交点依然清晰、确定;所以 HTV 方法适用于有化学反应的流场。HTV 技术的空间解析精度在几十到 100 μm 级,时间解析精度可以小于 1 μs,速度精度可高达 ±1%。

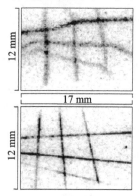
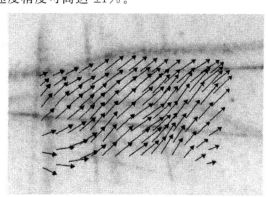

图 6.2 - 13   HTV 激光网格:"读"网格(左上),"写"网格(左下),测量的二维流场(右)

目前 HTV 测量技术在国外正受到业界越来越多的关注并逐步获得了较好的测量结果,图 6.2 - 14 为美国 Vanderbilt 大学利用羟基标记测速技术对 H_2 富氧扩散燃烧速度场进行的测量。左上图和左下图是"读"和"写"的激光网格,时间间隔为 10 μs,右图是处理后得到的二维速度场。

此外,在美国 Vanderbilt 大学与美国空军合作项目中,利用羟基标记测速技术对超声速进气的冲压发动机燃烧室凹腔内速度场(冷态)进行了测量[7]。凹腔的几何结构及试验系统示意图如图 6.2 - 15 所示,图 6.2 - 16 给出了实验分析结果。

目前对羟基标记测速技术的使用有一定的要求和限制,比如,需要经验丰富的设计人员自己设计系统,设备投资成本高,对设计和操作人员的水平要求高。同时,HTV 技术与传统的 PIV 技术相比,其测量区域略小,对于大区域测量,需要逐段扫描;但是,由于其卓越的测量能力,在美国已经参与到航空航天系统的研制中。

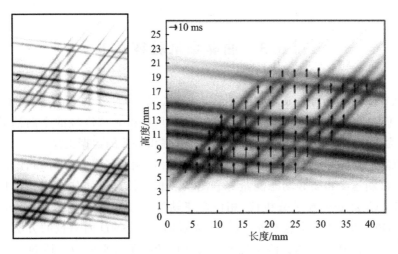

图 6.2－14 H$_2$ 富氧扩散燃烧速度场测量

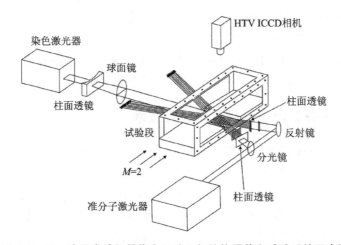

图 6.2－15 冲压发动机燃烧室凹腔几何结构照片和试验系统示意图

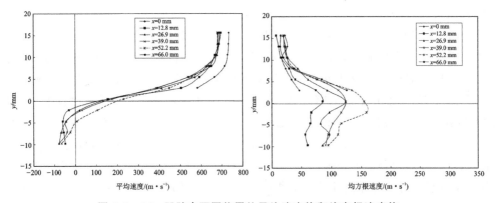

图 6.2－16 凹腔内不同位置处平均速度值和均方根速度值

6.3 油雾场试验技术

　　燃油经喷嘴雾化后形成一定的油雾区,该区域不同位置上的油雾粒子速度、粒径、浓度等各不相同,通过喷嘴雾化油雾场试验可以得到该区域的全面油雾粒子信息,从而为燃烧室流动 CFD 仿真和性能试验等提供必要的数据支撑。

　　燃烧室中喷嘴雾化油雾场的测量主要包括:液滴直径及尺寸分布、燃油分布特性、锥角、液滴速度和喷雾动态测量等。测量液滴直径及尺寸分布的先进技术主要有:马尔文(Malvern)粒子分析仪、相位多普勒粒子分析仪(Phase Doppler Particle Analyzer,PDPA)、激光全息术等,其中最先进的一种 SMD 面测量的方法是利用消光断层摄影结合 PIV 技术。测量燃油分布特性的技术有平面激光诱导荧光(Planar Laser Induced Fluorescence,PLIF)、PDPA、平面激光散射方法(Planar Laser Scattering,PLS)和消光断层摄像技术。测量液滴速度的技术主要是 PDPA 和 PIV。喷雾动态测量主要采用高速摄影技术。

　　本节中,主要介绍了 PDPA 测粒径技术、PLIF 测燃油分布技术、基于消光断层摄像技术测量燃油分布、基于高速摄影的喷雾动态测量。

6.3.1 相位多普勒粒子分析仪测粒径技术

　　PDPA 是在 LDV 的基础上发展起来的,可实现在测速过程中同时测量喷雾粒径及其分布、粒子数等参数。

　　PDPA 接收装置一般有两个以上的光电探测器,当喷雾粒子经过光学探测体时,光电探测器接收同频率的多普勒信号,由于探测器的位置不同,所接收的信号具有不同的相位,通过所测得的相位差便可求解出喷雾粒径。

　　PDPA 的系统组成及测量特点与 6.2.1 小节中的 LDV 相似,在本节不再重复叙述。

　　Xiao 等利用 PDPA 研究了溶有不同比例二氧化碳的柴油喷雾特性[8]。Lü 等采用 PDPA 研究了掺有乙醇、碳酸二甲酯或二甲氧甲烷的柴油的 SMD 和平均轴向速度[9],证明了通过燃料设计可明显改善喷雾特性。袁银南等利用 PDPA 和高速摄影法对比了生物柴油和柴油的喷雾特性[10]。Xu 等利用激光片光米氏散射技术和 PD-PA 研究了不同燃料热度下外开式 GDI 喷油器的喷雾特性[11]。董全等利用 PDPA 等光学方法对外开式 GDI 喷油器的喷雾特性进行了研究[12],讨论了背压对油滴速度和粒径的影响,比较了不同轴针座锥角下喷雾的空间分布和 SMD。Li 等利用 PDPA 和高速摄影法对丁醇和汽油的喷雾特性进行了比较研究[13],讨论了不同背压和喷射压力下喷雾的贯穿距和 SMD。H. Mongia 等人采用 PDPA 研究了旋流杯出口下游的雾化特性[14]，分别在旋流杯下游过喷嘴中心线的两个相互垂直的纵向截面上，距旋流杯出口 3 mm、5 mm、10 mm、15 mm 和 20 mm 处进行了测量。

6.3.2 平面激光诱导荧光测燃油分布技术

当特定物质的分子受到特定波长的激光激发后，会在一定光谱范围内发射携带了被测对象的某些物理参量信息的光信号。在已知某种物质的激发波长以及受激辐射波长后，就可以利用这个性质去寻找该物质在测量范围内的"踪迹"，根据检测到辐射光的强度来判断该物质的种类、浓度、温度及其分布等信息（见图 6.3-1）。

目前 LIF 按照测量维度来分，主要有平面激光诱导荧光技术（PLIF）和立体激光诱导荧光技术（VLIF）。PLIF 是测量一个平面内的参量信息，而 VLIF 是测量一个体内的参量信息。目前基础应用和工程应用主要是 PLIF，因为其使用较为方便，系统较为简单。

图 6.3-1 PLIF 测量原理示意图

图 6.3-2 为基本型 PLIF 系统的构成，主要由泵浦激光器、染料激光器、紫外片光成型器、在线能量监视器、ICCD 相机、计算机、同步器、滤光片等组成，主要用于测量燃烧场中 OH、CH、NO、CO、CH_2O 等组分。通常在测量不同组分时需要更换不同染料。在基本型 PLIF 的基础上增加相应的测量模块和硬件可以对其进行升级。通常可升级的模块有瑞利测温模块、拉曼测温模块、LII 碳烟测量模块、冷态喷雾测量模块等，以提升 PLIF 的测量功能。

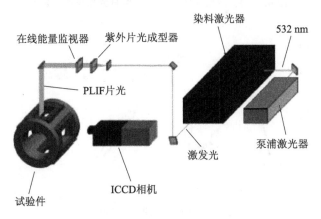

图 6.3-2 基本型 PLIF 测量系统示意图

关于燃油分布特性的研究，根据是否需要添加示踪剂可以分为燃油 PLIF 和示踪剂 PLIF。燃油 PLIF 中，燃油本身含有荧光物质，在特定的波长照射下能够产生荧光。燃油 PLIF 中，需要已知荧光物质的激光波长和荧光发射光谱。分别以波长为 266 nm、282 nm 和 308 nm 的激光作为激发光源时,航空煤油中的荧光信号光谱如图 6.3 - 3 所示。266 nm 激发光时,荧光信号分别在 285~295 nm 和 320~340 nm 两个波段出现峰值,而 282 nm 和 308 nm 激发光时只在 320~340 nm 波段出现峰值。为确定航空煤油中的荧光物质,根据对航空煤油组分的气相色谱分析结果,考虑单环和双环两类芳香族荧光化合物,用萘、1 - 甲基萘和 1,3 - 二甲基萘代表双环芳香族化合物,以及 1,2,4 - 二甲基苯代表单环芳香族化合物,以 266 nm 波长的光为激发光对航空煤油和各单组分的荧光光谱进行了分析(见图 6.3 - 4)。航空煤油在 270~310 nm 范围内的荧光强度曲线和 1,2,4 - 三甲基苯的荧光强度曲线基本重合,说明 1,2,4 - 三甲基苯可能是航空煤油中的荧光物质之一。航空煤油的第二段荧光光谱带为 310~400 nm,与萘、1 - 甲基萘和 1,3 - 二甲基萘代表双环芳香族化合物的荧光强度曲线是重合的,当取代基多时,荧光光谱会轻微发生红移。

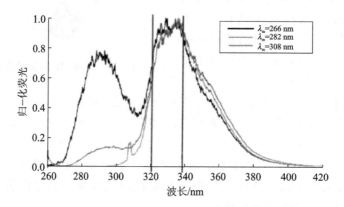

图 6.3 - 3　激发光波长对航空煤油荧光光谱的影响

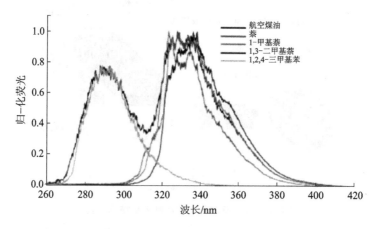

图 6.3 - 4　航空煤油和各组分芳香族化合物荧光光谱对比

国内中国科学院物理研究所刘存喜等人,利用平面激光诱导荧光(PLIF)测量了燃油的分布特性[15],结果如图 6.3-5 所示。

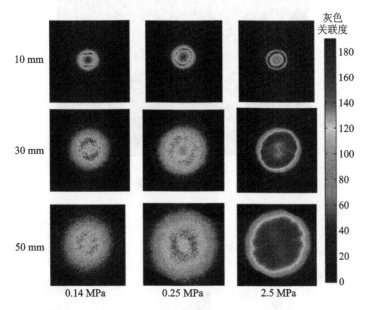

图 6.3-5 利用 PLIF 测得燃油分布结果

6.3.3 基于消光断层摄像技术测量燃油分布

采用光学分布检测仪(High Frequency Optical Patternator, HFOP,又名 SETSCAN)并利用消光断层摄像技术可实现对喷雾场燃油分布的测量,该技术是在激光切面成像(Computed Tomography,CT)技术上发展起来的,获得了美国 NSF 创新奖。其原理是利用单位容积的颗粒表面区域与亮度成对比的关系,通过采用激光切面使喷雾受光,然后通过斜角安装的 CCD 摄像机获取图像,最后经过处理得到喷雾场的喷雾锥角、浓度分布、粒径分布以及流量等信息;为了避免因激光衰减和二次喷射带来的误差,光学分布检测仪沿着一个激光切面,在用阵列进行消光测量的同时进行图像校准,从而避免因激光衰减造成误差,并且采用光束取代切面避免二次喷射等问题,其原理图如图 6.3-6 所示。

国外应用 X 射线成像技术对喷嘴雾锥进行了三维重建,测量原理如图 6.3-7 所示。与激光成像技术相比,X 射线辐射的优势是探测光的强度只取决于光的吸收,而散射光在小波长范围内可以被忽略。国外已经应用 X 射线成像技术对室温下非蒸发的柴油和汽油喷雾进行了研究,并获得了关于喷射循环的时均(相位平均)的实验结果,如图 6.3-8 所示,研究发现,在喷雾机构里存在明显的不对称现象。

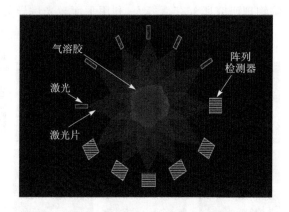

图 6.3-6　SETSCAN 测量原理图

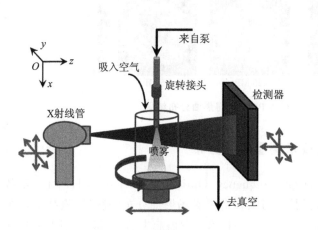

图 6.3-7　X 射线成像技术原理

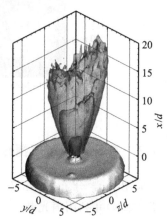

图 6.3-8　三维喷雾重建试验结果

6.3.4　基于高速摄影的喷雾动态测量

高速摄影仪是喷嘴雾化过程分析的一个重要工具。它可以实现对雾化过程的精确分析和测量。图 6.3-9 为高速摄影仪捕捉的某双油路离心喷嘴的初始破碎过程，图中能清晰地看到油膜的破碎位置和初始段的油膜张角。利用高速摄影技术配合其他相关工具，还可以对喷嘴液膜破碎长度和运动轨迹进行研究，而普通相机是无法对这些物理量或者物理现象进行直接呈现的，这些图像都只能通过高速摄影仪来进行捕捉。

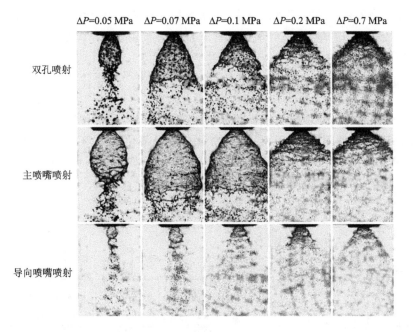

ΔP=0.05 MPa　　ΔP=0.07 MPa　　ΔP=0.1 MPa　　ΔP=0.2 MPa　　ΔP=0.7 MPa

双孔喷射

主喷嘴喷射

导向喷嘴喷射

图 6.3 - 9　某双油路离心喷嘴初始破碎过程图

6.4　组分场试验技术

　　航空发动机的燃烧效率、动力性能和污染物排放等均与燃烧密切相关。由于发动机燃烧过程极其复杂,表现为强湍流与燃烧化学反应的强相互耦合,会产生大量的中间组分,在对燃烧问题的探究中,流动和组分等参数的测量非常重要。目前,燃烧组分场测试技术按照测量方式可分为接触式和非接触式两类。接触式测量方法主要为燃气分析法,该方法使用侵入式的燃气取样探针,优点是直接将探针置于测量环境中,不受环境的热物性、火焰黑度等因素的影响,测量精度高,使用方便;但该方法灵敏度低,测量结果具有滞后性,并且在一些超高温、高速等特殊环境下,燃气取样的探针无法满足需求。非接触式的组分场测量方法主要为激光光谱法,该方法具有非接触、无干扰或干扰小、响应迅速、分辨率高、信息量大、应用范围广等优点,具有较好的发展前景。

6.4.1　燃气分析法组分场测试技术

　　燃气分析法是通过燃气取样探针把燃气引入测量仪器进行成分分析,再利用燃气成分数据计算燃烧效率、余气系数、燃烧温度以及污染物排放等参数的测量方法,该方法已经普遍应用到航空发动机燃烧室的组分场测试中,并成为重要的测试方法之一。燃气分析是一种"点"测试技术,为使测量数据能代表燃烧室出口截面的参数,必须布置足够多的测量点,燃气取样探针通常径向布置3~7个测点,并可沿周向摆动以增加测点。

1. 燃气分析系统的组成

燃气分析系统一般由燃气取样探针、样气输送管路、分析仪器、标准气和数据采集控制系统组成,如图6.4-1所示,可测量CO(一氧化碳)、CO_2(二氧化碳)、UHC(未燃碳氢化合物)、NO_x(氮氧化物)、O_2(氧气)、H_2O(水,气态)等组分浓度分布,具有测试数据较准确、易于标定校准等优点。

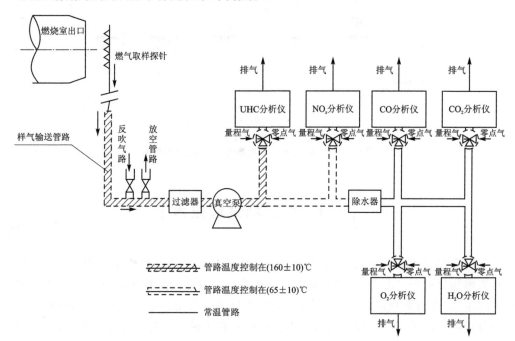

图6.4-1 燃气分析系统组成示意图

(1)燃气取样探针

燃气取样探针用于将燃烧室内取样孔附近的高温燃气取出,直接与高温燃气接触,通常采用水冷方式,使进入燃气取样探针的样气快速冷却到200℃左右,使燃气的化学反应停止而又不让燃气中的UHC和NO_x在燃气取样探针内冷凝,其取样孔一般按等面积布置。典型燃气取样探针结构示意图如图6.4-2所示。

(2)样气输送管路

样气输送管路是燃气取样探针出口到分析仪器进口的管路和附件的总称,一般由保温管路、调节阀门、无油薄膜真空泵、冷凝器、流量计以及各种接头等组成。在测量燃气中的NO_x和UHC两种成分时,为防止NO_x和UHC在管壁冷凝,需要对样

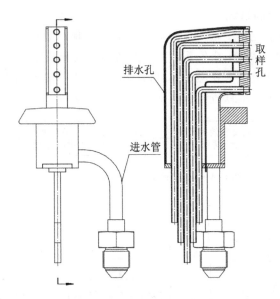

图 6.4 - 2 典型燃气取样探针结构示意图

气进行保温,一般使用复合电伴热保温管。使用红外气体分析仪测量 CO 和 CO_2 时,为防止水蒸气在分析仪器的气室内冷凝,应使样气在进入分析仪器前除去燃气中的水蒸气,一般使用冷凝器使样气冷却到 $4\sim6\ ℃$,析出绝大部分水蒸气,随后在管路内自然升温,再进入分析仪器。当样气压力过高时,需要在管路上安装调压阀门等;当样气压力低于 150 kPa 时,可在管路上安装无油真空泵抽取样气。

(3) 分析仪器

进行航空燃气涡轮发动机燃烧室组分场测试,一般需要测量的组分有:CO_2、CO、UHC 和 NO_x($NO+NO_2$)、O_2、H_2O。通常采用非红外气体分析仪测量 CO_2 和 CO,火焰离子检测器测量 UHC,化学发光分析仪测量 NO_x,磁氧法测量 O_2,非红外气体分析仪或"冷镜式"露点仪测量 H_2O。分析仪器的测试精度一般小于 $\pm1‰$ F.S.。基于燃气分析法测试燃烧室出口温度场,此时燃烧室出口温度较高,燃气组分中只含有极微量的 H_2、CH_4,其体积分数基本在 $0.005‰$ 以下,NO_x 的体积分数在 $0.05‰$ 以下,由于其热值较小,影响可忽略,因此,一般采用的分析仪器为多台套双通道非分光式红外气体分析仪(每台分析仪可同时测量 CO_2、CO 组分)和 UHC 分析仪,可节约设备布置空间和试验时间。

(4) 标准气

标准气用于专门配置高精度、已知体积分数的气体或气体混合物,作为分析仪器零点和标定点的基准。标定仪器零点的标准气通常叫做零点气。用来标定仪器在量程范围内某点精度的标准气通常叫作量程气,量程气体积分数的大小依据被测燃气的最大体积分数来确定,一般采用最大被测燃气体积分数的 $30‰$、$60‰$ 和 $90‰$ 的量程气来检查仪器的精度。

(5) 数据采集控制系统

数据采集控制系统用于燃气分析系统的集成控制及数据采集处理,可在线提供组分浓度测量值、燃烧效率、余气系数、温度、监测参数和相应的曲线等。

基于组分浓度测量值推算燃烧室出口温度的方法一般包括理论温升法、平均比定压热容法和焓值法。推算流程分别见图 6.4-3～图 6.4-5。

图 6.4-3　理论温升法推算温度流程图

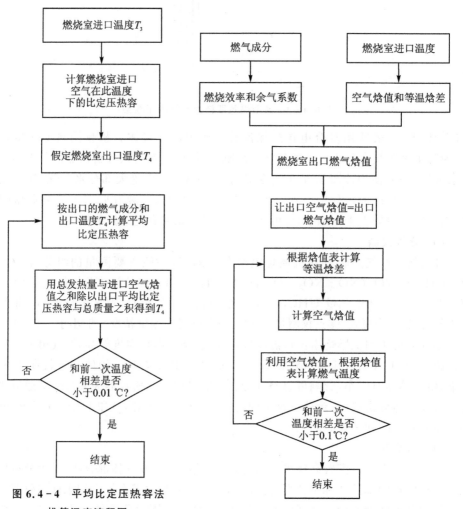

图 6.4-4　平均比定压热容法
推算温度流程图

图 6.4-5　焓值法推算温度流程图

2. 测试过程

测试过程包括：

① 安装燃气取样探针至设定位置；

② 校准分析仪器；

③ 连接燃气取样探针与样气输送管路；

④ 调节试验状态,摆动燃气取样探针到测量位置,数据采集控制系统运行；

⑤ 试验中、后检查仪器。

3. 测试结果

对试验获得的性能参数分类整理成图表或曲线进行分析,检查其合理性,并给出规律性总结意见;给出试验结果符合或偏离设计值的分析意见,以及试验出现的现象或存在问题的描述、意见或存疑。测试结果一般包括:

① 组分浓度数据及曲线；

② 燃烧效率数据及曲线；

③ 排放指数数据及曲线；

④ 温度数据及曲线。

6.4.2　激光光谱法组分场测试技术

激光光谱技术是以激光器件、光谱物理、光电探测、数据图像处理等为基础的非接触式测量技术,已发展成为当前湍流燃烧试验研究的主要测量工具。目前应用到燃烧室组分场试验技术的主要包括 PLIF(平面激光诱导荧光)、SRS(自发拉曼散射技术)、CARS(相干反斯托克斯拉曼散射)和 TDLAS(可调谐二极管激光吸收光谱技术)。

1. PLIF 法组分场测试技术

PLIF 是目前定量测量燃烧火焰组分较为先进的可视化方法,通过激光照射燃烧区,诱导燃烧区离子或分子发射荧光,获得燃烧区某种离子或分子浓度图像,具有实时性好及瞬态、非接触、全场定量测量等优点,被广泛应用于燃烧测量研究,可测量火焰中的 OH、CH_2O、CH、CO、CO_2、NO 等组分的分布及 soot(碳烟)的浓度等。

PLIF 测量系统主要由 532 nmNd:YAG 泵浦激光器、燃料激光器、导光臂、片光成型部件、信号采集器、ICCD 图像增强器、计算机、同步控制器、激光能量计、坐标架、标定炉、减振光学平台等组成,其主要组成示意图如图 6.4-6 所示。

如 P.O. Hedman 等人研究燃烧室中复杂的扩散火焰时分别采用 PLIF 和静态摄影数字图像仪(Digital Images from Still Film Photographs)记录了燃气的 OH 基分布及火焰随燃料系数变化的可视化结果,试验观察到了火焰的位置及结构高温区

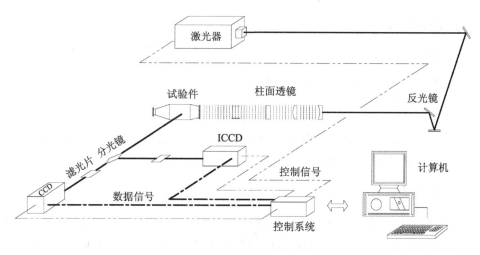

图 6.4 - 6   PLIF 系统组成示意图

位置随燃料系数发生变化的情况。T. R. Meyer 等采用 PLIF 对 TVC(驻涡燃烧室)开展了详细的可视化试验研究,获得了 OH 浓度分布和火焰结构等特征,如图 6.4 - 7 所示[16]。

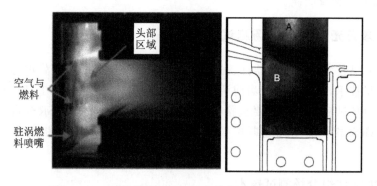

图 6.4 - 7   驻涡燃烧室 OH 浓度分布可视化试验结果

A. Cochet 等人对多种压力下的燃烧室内燃料、OH 和 CH 浓度分布进行了测量研究,实验结果如图 6.4 - 8、图 6.4 - 9 所示。利用 PLIF 技术进行组分浓度空间分布测量,必须考虑无辐射淬灭的影响,这需要详细地了解淬灭受温度、压强和局部组分环境的影响情况,通过合理选择荧光激励线将淬灭效应的影响降到可接受的水平,此时才可以认为在可容忍的误差范围内组分浓度与荧光强度成正比[17-18]。

2. SRS 法组分场测试技术

燃烧场主要组分浓度的测量常采用自发拉曼散射技术(SRS)。SRS 信号由激光与气体分子的非弹性散射过程产生,拉曼散射光与激励激光存在一定的频差,该频差燃料(彩色)   CO(灰色)

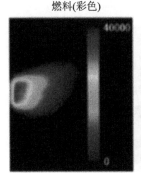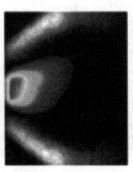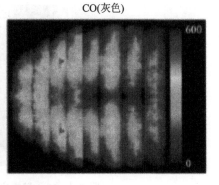

图 6.4 - 8　燃料和 CO 测量结果

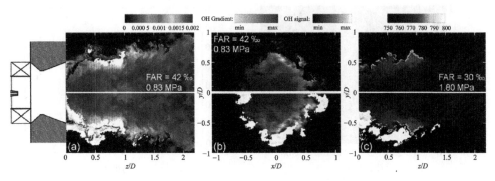

图 6.4 - 9　多种压力下 OH 测量结果

与激励激光的波长无关,仅由散射分子的振转能级决定,且不同种类的分子振转能级往往各不相同。因此,采用高分辨光谱成像器件可同时拍摄燃烧场小分子燃料和主要燃烧产物的拉曼光谱,并依据各组分的拉曼散射截面及其光谱强度计算浓度。SRS 信号强度与照射激光频率的 4 次方成正比,由于 SRS 信号极弱(比瑞利散射信号小 3 个量级),为提高信号强度,试验测量一般采用短脉冲、大功率紫外激光器。但是,当燃料为煤油时,紫外激光很容易激发煤油产生强的荧光干扰,因此发动机燃烧室试验大多采用小分子燃料作为替代燃料开展研究工作。

如 Locke 等人采用 SRS 技术获得了 3.0 MPa 压强下航空发动机模型燃烧室煤油燃烧场中已燃区域沿激光线的主要组分浓度分布,图 6.4 - 10 为测试设备和试验件,图 6.4 - 11 为测量的典型拉曼散射谱及主要组分浓度一维分布结果。试验中发现,即使探测区存在很少量的煤油,其与激光作用产生的荧光也足以淹没拉曼信号。这些研究为 SRS 方法更好地应用于发动机燃烧室测量提供了很好的借鉴,但如何抑制煤油等大分子碳氢燃料与激光作用产生的光谱噪声干扰并对极微弱拉曼光谱信号进行高效探测仍需深入研究[19]。

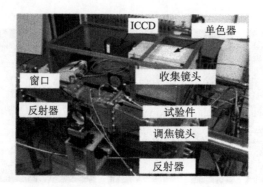

图 6.4 - 10　燃烧室试验的 SRS 设备组成与试验件

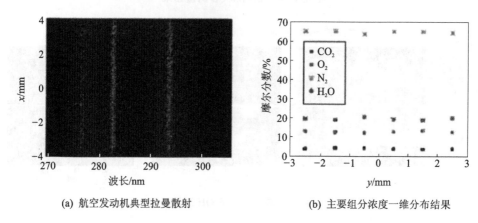

(a) 航空发动机典型拉曼散射　　　　　(b) 主要组分浓度一维分布结果

图 6.4 - 11　航空发动机典型拉曼散射及主要组分浓度一维分布结果

3. CARS 组分场测试技术

CARS 技术可用于火焰中 O_2、CO_2、H_2O、H_2 等组分浓度的测量。相较于温度测量,组分场测量往往需要采用多色 CARS 技术同时获取 2 种以上组分的 CARS 谱。该技术发展至今,多色 CARS 已出现 3 种方案,其中一种方案采用双泵浦 CARS 方式,即以 1 台倍频 YAG 激光器和 1 台窄带染料激光器作为泵浦光源,而以 1 台宽带染料激光器作为斯托克斯光源,采用这种技术可同时测量 2 种成分的 CARS 光谱,且这 2 种成分 CARS 光谱中心的频率间隔可以通过窄带染料激光器的调谐改变,使得 2 种光谱可以在探测器上被同时接收。

如 Dong Han 等人采用双泵振动相干反斯托克斯拉曼散射(DPVCARS)系统,在新研制的轴对称反应器辅助湍流(PARAT)预混火焰燃烧器上,对射流火焰中的组分浓度进行了测量,结果如图 6.4 - 12、图 6.4 - 13[20] 所示。

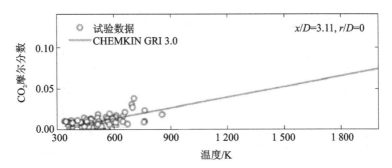

图 6.4 - 12 CO_2 摩尔分数与温度关系图

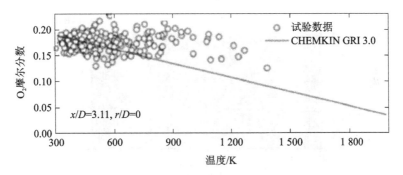

图 6.4 - 13 O_2 摩尔分数与温度关系图

4. TDLAS 法组分场测试技术

TDLAS 所依据的最基本的原理就是 Beer - Lambert 定律:气体分子在某一光谱范围内通过对某一特定波长上激光吸收前后的光强的对比即能反映出气体分子的浓度,适合 CO、NH_3、NO、NO_2、CH_4、O_2、H_2O 等气体的测量。

一个基本的 TDLAS 装置由一个可调谐二极管激光光源、发射光学器件、光学易吸收介质、吸收光学器件和检测器组成。TDLAS 典型设备组成示意图如图 6.4 - 14 所示。

如 Liu Hao Ma 等人采用 TDLAS 技术测量了某轴对称火焰中 H_2O、CO_2 的浓度分布,并与 CFD 计算值进行了对比,两者趋势基本一致[21],如图 6.4 - 15 所示。

在目前发展的组分场测试技术中,每种技术都有其局限性和适用范围,需要根据被测对象的要求和特点,选择合适的技术。燃气分析法现阶段技术较为成熟,广泛应用于航空发动机燃烧室出口组分场测量,但有测速较慢、干扰流场和分辨率不高等缺点。PLIF 是目前较先进的组分场激光测试技术,可以提供喷雾和燃烧过程详细的 2D 平面信息,测量量级很小的活性组分。OH、CH、CH_2O 等微量中间反应物的浓度分布主要采用 PLIF 方法,具有广阔的发展空间;SRS 技术能够一次测量获得所有主要组分及其浓度,并能实现空间一维分布测量,但对煤油富油燃烧区的测量仍十分

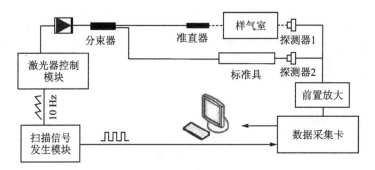

图 6.4 - 14　TDLAS 典型设备组成示意图

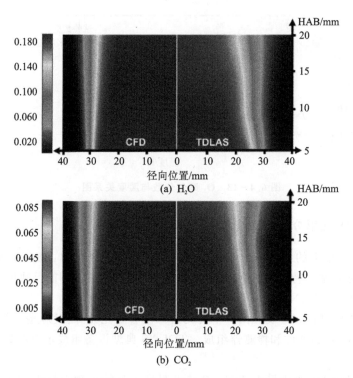

图 6.4 - 15　某轴对称火焰中 H_2O、CO_2 的浓度 TDLAS 测量值与 CFD 计算值对比

困难;双泵浦 CARS 技术有高的信号强度,但一般仅能同时获得 2 种组分的 CARS 谱,通常用于 O_2、H_2 或 CO_2 等组分的平均浓度空间分布测量,能够对火焰结构进行定量表征,但组分浓度的定量测量仍极具挑战性。相对于其他浓度测量技术,TD-LAS 的优点是它能够实现很低的检测极限;其主要缺点是这种技术高度依赖在背景上测量信号的微小变化,背景噪声对测量精度影响较大。

6.5　温度场试验技术

燃烧室温度场,通常指燃烧室出口温度分布,其品质直接影响高压涡轮导向叶片和工作叶片的寿命及可靠性,是燃烧室的重要性能指标之一。高性能军用航空发动机追求越来越高的燃烧室出口平均温度,而民用航空发动机追求热端部件的长寿命及环境友好性,这些都对燃烧室出口温度场品质提出了越来越严格的要求;同时,为了深入认识和掌握燃烧机理,需对火焰筒内部高温燃烧区域燃气温度进行测量。如何准确测量燃烧室温度场成为了燃烧室试验的重要内容。

传统的热电偶测温具有操作简单、低成本等特点,广泛应用于燃烧室温度场测量中。制作热电偶的偶丝材料标定由国家标准局制定并发布,测量温度偏离值通常由供应商确定并提供。热电偶的测量误差是对流、辐射、导热、速度和表面反应影响的函数,可根据经验和理论的联系获得函数方程中每个参数的很好的一个估值,以及通过设计或操作技术来降低修正项的量级。热电偶测温的固有误差和热电偶修正的联合影响能达到 $\pm 1.5\%$ 的数值。当温度超过 1 800 K 或更高时,表面反应(包括催化反应)和燃气辐射带来了额外的很难被评估的未知量[22]。

在燃烧室高温高压情况下热电偶修正的不确定性及新技术的发展促进了开发新的方法来测量燃烧室温度场,如燃气分析法测温技术、火焰图像测温技术、基于激光光谱测试的 PLIF 测温技术、CARS 测温技术和 TDLAS 测温技术等。

6.5.1　燃气分析测温技术

燃气分析测温技术是通过测量燃气成分后推算出燃气的温度,继而得到整个燃烧室出口截面上的温度分布,燃气分析测温原理及系统组成见 6.4.1 小节。

采用燃气分析法测量燃烧室出口温度场时,用 2 支 5 点非混合式取样装置,相隔 180°安装在燃烧室出口旋转位移机构上,试验采用 5 台非分光式红外气体分析仪测量 CO_2 和 CO。试验时先采集 1 支取样装置的 5 路样气,再采集另 1 支取样装置的 5 路样气,保证测点密度不大于 1 点/cm^2。为保证进入测试仪器的样气流量恒定,样气采用浮子流量计调节。为减少燃气分析测试时间,采用旁通阀门放空部分样气来提高样气在输送管路中的流动速度。综合考虑样气从取样装置到测试仪器所需时间以及仪器测试稳定时间,在燃气分析测试程序中设置样气采集等待时间,等待结束后开始记录数据,可保证燃气分析法所测数据与所在测点位置相对应。即使设置了旁路加快取样管路中的样气流速,在试验时采集 1 次全环温度场数据也需要约 2 h[23]。

采用燃气分析法测量燃烧室出口温度场获得的数据误差来源于燃气成分(CO_2、CO、UHC 等)及其他因素(如燃烧室进口温度、燃料热值等)。燃气分析的总体精度由每一部分的精度来决定。对于全刻度记录读数,质谱分析的精度为±0.5%;这个值适用于在线系统和实验室质谱仪。在线数据读取系统的精度为±0.1%。标定气体的误差可能为其组成精度的±1%或者总精度的±0.1%,选取其中的小值。此外,探针中对气体样本的快速淬火引入的问题具有不确定性,很难评估,但是我们认为其值小于±1%。总体精度分析显示在高效率水平下,燃烧效率值的误差在±1%左右。但由于气体采样系统的复杂性,为了获得这个精度,必须确保所有的部件在合适的运行条件下工作。目前624所针对大中型航空发动机的燃气分析测温法已有工程应用。

在某环形燃烧室中采用燃气分析法与热电偶法测得的燃烧室出口径向分布系数对比如图6.5-1所示。结果表明,CO_2测量精度和燃料热值的测量偏差是燃气分析测温系统主要的误差来源,燃气分析的测温系统总误差在1%以内。

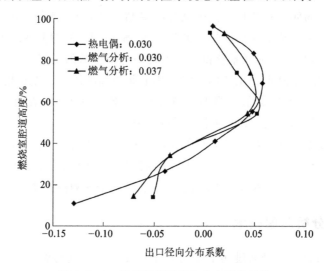

图6.5-1 燃烧室出口径向分布系数对比

6.5.2 火焰图像测温技术

火焰图像测温技术是通过多台相机还原火焰的三维图像(见图6.5-2),从而获得三维温度场(见图6.5-3),进一步可以通过三维温度场获得三维投影温度场(见图6.5-4),最后通过截取截面的火焰图像进一步获得某一截面的温度分布(见图6.5-5)。工业CCD摄像机具有耐灼伤、图像清晰度高、工作稳定可靠、抵抗力强等优点,被广泛应用于燃烧火焰的温度测量中。

在上述关于三维温度场、三维投影温度场测量的研究中,将CCD的波段响应简化为单色响应处理,这样彩色CCD的三基色响应输出就可以认为是3个单色波长的辐射图像,引起的误差采用实验予以标定[25-26]。该方法硬件实现简单,被广泛地应用,在火焰温度场测量中具有代表性,其关键点就是将波段测量近似看作波长测量,

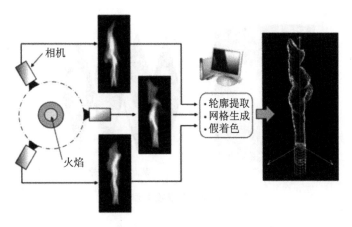

图 6.5 - 2　三维还原火焰图像原理

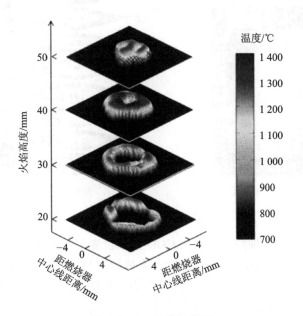

图 6.5 - 3　三维温度场

并将这种近似关系用实验或是具体的 CCD 光谱响应函数标定。

$$T = \frac{C_2 \left(\dfrac{1}{\lambda_2} - \dfrac{1}{\lambda_1} \right)}{\ln \dfrac{E_{\lambda_1}}{E_{\lambda_2}} + 5\ln \dfrac{\lambda_1}{\lambda_2}}$$

　　获取火焰图像温度需要采用火焰图像测温系统,其包括硬件系统(火焰观测系统)及软件系统(火焰图像处理软件)。火焰观测系统主要由转接段、折射镜头、摄像机、图像处理系统等部分组成(见图 6.5 - 6)。转接段位于燃烧室试验段与排气管路之间,前、后端分别与燃烧室试验段和排气管路连接。折射镜头安装在转接段上,镜

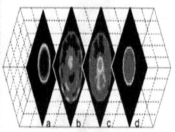

火焰图像　　　　　　　　　　截面温度重建

图 6.5-4　三维投影温度场

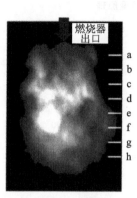
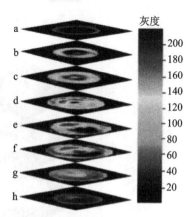

捕获的二维灰度图像　　　　　　　截面温度典型示例

图 6.5-5　截面温度场

头中心处于管道的中心轴线上。利用 CCD 摄像机通过折射镜头摄取燃烧室燃烧火焰图像,并将图像传输到摄像机上,然后转为视频信号,经电缆传输到图像处理系统后在监视器上显示,实时观测燃烧室内部火焰燃烧情况。根据辐射能量与温度的关系设计火焰图像处理软件。通过软件完成图像采集、预处理(滤波、目标识别)、温度计算、伪彩色处理等功能。软件可从火焰观测系统中实时捕获当前燃烧室燃烧火焰视频图像,对视频图像进行处理并定时抓图,再根据抓取的图像实时、在线地给出燃烧室火焰图像的温度图像曲线图,省略了对数据进行后处理的环节。

　　国内清华大学吴占松教授等最早开展小型发光火焰温度图像检测的实验研究工作[24],建立了火焰亮度图像和火焰温度之间的关系,并经黑体炉标定获得了 NO_x 排放和火焰温度之间的多项式回归模型,开创了国内火焰图像处理研究的先河。上海交通大学的徐伟勇教授等采用传像光纤和数字图像处理技术检测电站锅炉燃烧火焰[25],并根据火焰彩色图像信息判断燃烧器的着火情况。南京自动化研究院的许柯夫探讨了基于火焰辐射图像处理的燃烧温度图像检测的方法[26]。浙江大学热能工

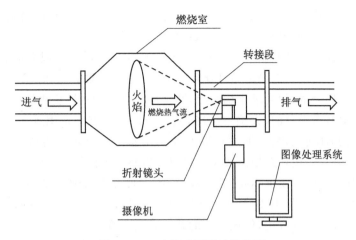

图 6.5 - 6　火焰观测系统结构图

程研究所岑可法院士领导的课题组早期提出了采用双色法从彩色火焰图像中计算火焰温度图像的方法[27]，具有重要的应用价值；其后对火焰温度场重建、温度和浓度联合重建以及基于火焰图像处理的燃烧诊断开展了深入的研究。东南大学王式民教授等也开展了炉内火焰图像处理研究工作[28]，并探讨火焰三维温度场可视化的方法。周怀春等人通过研究提出了多种光谱段图像传感器研制方案[29]，建立了炉内燃烧火焰温度分布和火焰辐射图像之间的定量模型，模拟研究了温度场重建方法，可对高温物体表面温度场测量分布进行测量。杨臧健等人用多光谱分析的方法提出了介质边界光谱强度信息和黑度的检测方法[30]。这些新方法、新技术的提出也为 CCD 图像测温技术应用到航空发动机燃烧室出口温度场的测量提供了充分的理论基础和参考依据。

采用火焰图像测温技术进行中小型航空发动机燃烧室出口温度场温度的测量尚处于实验室研究阶段，要在工程应用中实现温度测量需要解决三个关键技术问题：① 掌握燃烧室液体燃料燃烧火焰辐射的特点；② 获得可靠的火焰图像；③ 通过图像重建温度场。同时，火焰图像测温公式的得出都是基于灰性假设，而这一假设与实际并不相符，相关研究表明，火焰的单色黑度随波长的增大而减小，火焰辐射的非灰性会给测量结果带来误差。

6.5.3　PLIF 测温技术

平面激光诱导荧光技术是一种新型无干扰流场测试技术，可以实现浓度场与温度场的高精度可视化测量[30]。PLIF 技术根据荧光物质在激发状态下荧光强度的温度依赖特性精确描述流体的温度场，具体原理及系统组成参见 6.4.2 小节。对于大多数荧光物质，吸收效率 ε 不受温度的影响；而量子效率 Φ 会受温度的影响，从而导致荧光强度变化。因此通过检测流场中的荧光强度便可准确得到温度场信息。一般情况下,当温度变化 1 ℃时,荧光强度变化仅为 1%,然而有些有机物染料如罗丹明 B,对温度变化的敏感性较强,荧光强度的变化可高达 2%。

PLIF 可以提供三种测温技术:① 拉曼测温,通过光谱仪实现火焰温度测量,它基于理想气体状态方程,对测量条件比较苛刻,且是单点测量,目前很少用。② 瑞利测温,能够实现场测量,但要求火焰纯净,通常用于气态燃料燃烧测量;对于航空煤油来说,燃烧通常是不充分的,火焰不纯净,使得用该方法有一定困难。③ 双线测温,通常采用双线 OH 进行测温,通过选取 OH 自由基的两个相近的转动能级,利用温度与激发态布居数的玻耳兹曼函数关系可以获得整个平面场的温度信息。前两种方法的优点是对硬件设备要求不高,成本较低;第③种方法对硬件要求较高,需要 2 套激光器、2 台图像增强器,且对试验人员的能力要求较高。在双线测温中,还有一些单位尝试采用双线 NO 方法,但该方法的缺点是需要在火焰中加入示踪 NO,而 NO 在火焰中容易参与反应,很难以定量的方式对其进行掌控,必须通过大量前期研究来消除这方面的影响。

PLIF 技术可以对流场的结构进行高精度的成像,在国外,LIF 技术目前处于迅速发展之中,近几年相继报道了若干基于荧光特征衰减期的测温系统,在燃烧室、涡轮盘、喷口试验中得到了应用[32-33]。图 6.5 - 7 是采用 PLIF 通过检测 OH 根离子获取的燃烧图像,显示了燃烧室内燃烧区的分布及局部燃烧强度[34]。

Lena Voigt[35] 等人在某高压单头部燃烧室内,在实际压力(1.3 MPa)和预热温度(850 K)条件下采用 PLIF 法测量 OH 根离子浓度,并通过数值计算获得了燃烧室中间平面近壁面处有/无发散孔时的温度分布,如图 6.5 - 8 所示。

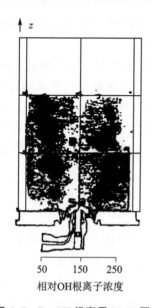

图 6.5 - 7 OH 根离子 PLIF 图像

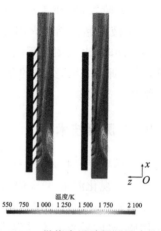

图 6.5 - 8 燃烧室近壁面处温度分布

美国学者 Meier 等人采用双线 OH 对航空煤油燃烧温度场进行了测量。上海交通大学齐飞通过采用大功率的激光器拟实现高频 PLIF 双线测温。北京航空航天大学薛鑫拥有一套 PLIF,他尝试采用一套 PLIF 进行双线测温,并获得了一定结果,但测量结果为时均值而非瞬态值。

目前,PLIF 所测结果大多为相对值,现有的做法是通过标定炉并结合标定软件实现定量测量,但是标定条件和实际测量条件有时存在一定差异,仅作为参考。

6.5.4　CARS 测温技术

CARS 测温技术是一种广泛应用的光谱测量技术,具有非侵入、不干扰流场、可遥测、响应时间快等优点,适用于多种恶劣条件下的燃烧诊断研究。又由于 CARS 光具有较高的信号转换效率和空间相关性,可以有效地抑制高干扰燃烧体系的背景噪声,并且可以实现很高的空间和时间分辨。CARS 已成为燃烧科学研究的标准配置之一,在燃烧动力装置的研究中发挥着重要作用。

吴倩倩等从 CARS 的基本理论出发,得到了 CARS 光强的表达式[36],建立起 CARS 谱线线型和温度之间的联系,计算了 CARS 光谱测温的三种理论模型(振转 CARS 光谱模型、转动 CARS 光谱模型、时间分辨 CARS 光谱模型),建立了随温度变化的 CARS 光谱库。通过将实验测得的光谱与理论光谱(见图 6.5-9)拟合,就可以得到燃烧场的温度参数,所得温度结果精度可以达到 ±50 K。此模型同样可以用于 CO、H_2、O_2 等燃烧相关介质的光谱计算,只需更改相应的分子光谱参数即可。

Hans Kaaling 等采用 CARS 测温技术在某 RQL 燃烧室上成功进行了在测试条件为 0.25 MPa、580 K 下的温度测量,并对平均温度分布和标准偏差进行了探讨,给出了波动温度的概率密度函数[37](见图 6.5-10)。

J. E. van Niekert 等采用 CARS 测温技术在某简易研究燃烧室上进行了室温条件(4 MPa,285 K)下的出口温度测量,并与传统热电偶测量结果进行了对比,成功证明了 CARS 测温技术在高速度下的高温测量具有巨大的优势[38](见图 6.5-11)。

李麦亮等利用氮分子 Q 支 CARS 光谱在专门设计的平面火焰中进行了温度测量,结果表明,实验光谱和理论光谱拟合结果不准确、标定不准确及冷热信号叠加造成的信号线性畸变是测量结果的误差来源[39];同时,热电偶测量的不准确导致光谱测量结果与热电偶测量结果不能重合,由于热电偶会干扰流场,且因辐射、传热等而使测温结果数值偏低(见图 6.5-12)。

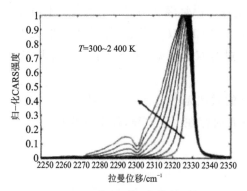

(a) 氮气CARS光谱线型
随温度的变化曲线

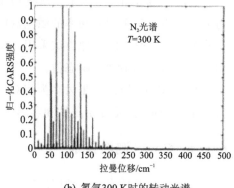

(b) 氮气300 K时的转动光谱

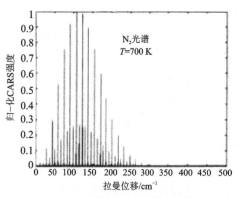

(c) 氮气700 K时的转动光谱

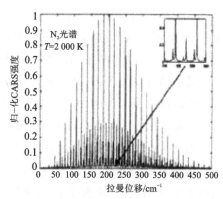

(d) 氮气2 000 K时的转动光谱

图 6.5 - 9　CARS 测温理论光谱

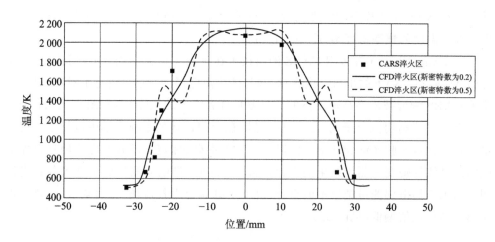

图 6.5 - 10　采用 CARS 测温技术及 CFD 得到的某 RQL 燃烧室温度测试结果对比

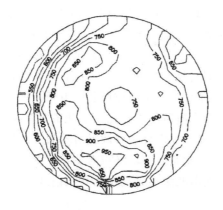

图 6.5-11　采用双线 CARS 得到的燃烧室出口温度分布(单位：K)

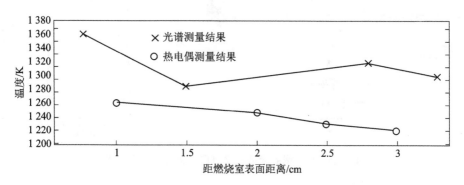

图 6.5-12　采用 CARS 与热电偶测量对比

6.5.5　TDLAS 测温技术

TDLAS 测温技术是基于光谱吸收理论的 Beer-Lambert 定理,主要运用波长可快速调谐的二极管激光器产生单纵模激光(线宽约 2 MHz),由高响应速率(ns 量级)半导体探测器测量激光经过吸收介质后光强的变化情况,即通过选择适当的激光波长实现对探测组分的单条或多条吸收线的扫描测量,通过两条吸收线的强度比确定吸收介质温度,温度确定后,利用吸收线的强度计算吸收组分浓度。TDLAS 技术是路径积分过程,由于谱线强度对温度响应是非线性的,且不同吸收线的谱线强度对温度的响应不同,所以测量结果不是激光传播路径上的算术平均值,而与具体的温度分布及谱线选择有关。

根据波长调谐方式的不同,TDLAS 技术主要分为直接吸收法和二次谐波法。直接吸收法的测量原理如图 6.5-13 所示。激光穿过待测气体,吸收造成的光强衰减遵守朗伯-比尔定律。温度测量通常利用同一种气体的两条吸收线强比值进行测量,不同低态能级的吸收具有不同温度响应特性,其线强比值是温度的单调函数。利用这一关系可以获得燃气温度和组分的摩尔分数。直接吸收法可以获得整个吸收谱线的线型轮廓,可以消除燃烧场压强变化对测量的影响,但测量灵敏度低,易受散射颗粒、湍流以及现场振动的影响。二次谐波法是基于锁相检测的原理,利用两条吸收谱线的二次谐波信号高度(中心频率处的值)之比来进行温度测量,其原理如图 6.5-14 所示[40]。二极管激光器的输出波长除了以一个锯齿波的形式进行扫描外,在每个扫描周期内还受一个频率更高的正弦波调制。由于介质的吸收系数对波长响应是非线性函数,所以经过吸收介质后的激光光强变化的频率将包含很多谐波成分。二次谐波法便是通过测量激光经过燃烧场后调制信号的二次谐波信号实现对燃烧场参数的测量。该法能够有效抑制其他频段噪声对测量的影响,具有测量灵敏度高和抗干扰能力强的优点;但二次谐波法不能直观地反映谱线线型,需要标定,这一直是二次谐波法应用的障碍。

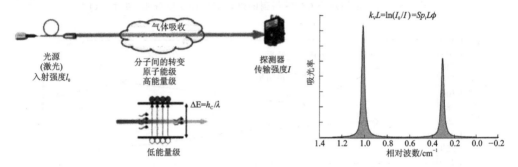

图 6.5-13　吸收光谱测量原理示意与典型吸收谱

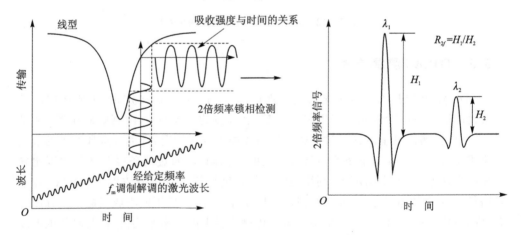

图 6.5-14　二次谐波法测温原理示意图

通过采用 TDLAS 直接吸收和二次谐波两种测量方法,并结合固定点移动扫描式对航空发动机模型燃烧室高温区内的燃气温度和 H_2O 气分压(浓度)进行不同状态下的测试研究。结果表明:两种方法均能够获得燃烧区内具有时间和空间分辨特性的温度信息;测量燃气温度的时间、分布趋势基本合理,但在具体数值上可能还存在一定的误差;由于试验环境复杂且缺乏标准结果,尚难以对测量的准确性或者不确定度进行量化评价。在航空发动机燃烧流场测试方面,TDLAS 技术初步具备了工程应用的可行性,但还须对系统和方法做进一步的改进和优化。

| 6.6 壁温试验 |

在涡轴涡桨发动机燃烧室研制过程中,燃烧室壁温试验是十分重要的技术手段之一,精确掌握燃烧室火焰筒的表面温度情况,不论是对燃烧室的性能提高,还是对燃烧室的效率计算,或是对燃烧室部件材料的选择,都具有重要的意义。

壁温试验时的测量方法有很多,按照接触方式分为接触法测温和非接触法测温两类,接触法测温包括普通热电偶测温、薄膜热电偶测温、热电阻测温、示温漆测温、晶体测温、遥测测温等;非接触法测温有红外热像仪测温、辐射高温计测温、PIV＋Laser 测温、热色液晶测温等。本节主要介绍薄膜热电偶测温、示温漆测温、晶体测温、红外热像仪测温和热色液晶测温技术。

6.6.1 薄膜热电偶测温技术

薄膜热电偶是一种基于物质的热电效应原理测量瞬变温度的接触测量仪器,其采用真空蒸镀、真空溅射、化学涂层或电镀等技术,将两种金属薄膜直接镀制在金属表面,形成沉积有绝缘材料层的薄膜传感器。与传统热电偶相比,薄膜热电偶可以随意安排在被测表面上,工作寿命长,测量端部小(测量膜厚度可小至 μm 级),热容量小,可用于微小面积上的温度测量;响应速度快,时间常数可达 μs 级,可实现动态温度测量;受金属表面换热和流场干扰影响小,避免了常规热电偶测量位置不准确、蠕变滞后等弊端。图 6.6 - 1 是薄膜热电偶剖面示意图,图 6.6 - 2 是完成热压焊接的薄膜热电偶平板试验件。

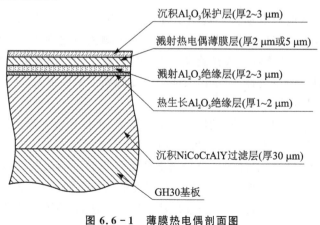

沉积 Al_2O_3 保护层(厚 2~3 μm)

溅射热电偶薄膜层(厚 2 μm 或 5 μm)

溅射 Al_2O_3 绝缘层(厚 2~3 μm)

热生长 Al_2O_3 绝缘层(厚 1~2 μm)

沉积 NiCoCrAlY 过滤层(厚 30 μm)

GH30 基板

图 6.6 - 1 薄膜热电偶剖面图

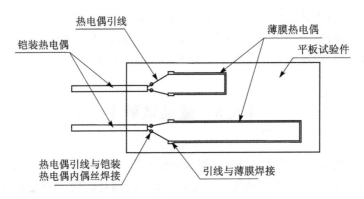

图 6.6 - 2　薄膜热电偶平板试验件

　　早在 1996 年,罗·罗公司采用 Pt - Rh/Pt 薄膜热电偶测量了薄壁导向器叶片高达 1 200 ℃的温度分布。薄膜传感器成功地以薄膜形式直接沉积在试验涡轮导向叶片上。目前,罗·罗公司已建有生产薄膜温度传感器的设备,研制的薄膜热电偶已在燃气涡轮发动机上得到应用,其测量不确定度为±2%。

　　PW 公司研制了膜厚为 2~12 μm、基底材料为 FeCrAlY 的 Pt/Pt - 10%Rh(S 型)溅射式薄膜热电偶,该热电偶能承受温度高达 1 093 ℃的高温炉试验和高压燃烧室气流试验,其热电势在 S 型热电偶分度误差的 1.5%以内,寿命可达 50 h。试验结果表明,热电偶的偏差小于 276 ℃/h,已成功应用于新型发动机燃烧室和涡轮研制。

6.6.2　示温漆测温技术

　　示温漆测温作为一种接触、非干涉式的温度测试方法,具有不破坏物体表面形状、不改变气流状态、无需测试引线、无需测试窗口、使用方便、测量结果直观等特点,对测量航空发动机高温高速旋转构件和复杂构件的壁面温度以及显示大面积温度分布有独到之处,已经广泛应用于各型涡轴涡桨发动机燃烧室部件和零组件的壁温试验中。

　　当前国内获取航空发动机燃烧室部件示温漆试验结果常常采用人工判读的方法。由于人的眼睛具有恒常性、色对比和色适应等颜色视觉特性,同时判读时易受环境光的影响,此外受判读者个人经验和个人辨色力等不确定因素的影响,导致人工判读的结果带有很强的主观性,对示温漆颜色温度的判读偏差很大,导致判读结果误差大,为燃烧室壁温定量分析带来一定的困难。

　　随着数字图像处理技术的发展,采用基于像素 RGB 和基于等温线的示温漆自动判读技术将极大提高示温漆测温结果的精度。

　　基于像素 RGB 的示温漆温度自动识别算法首先通过测试获取有限的像素点的 RGB 值及该点温度值,并拟合成 RGB 值与温度值的拟合曲线,从而获得所有像素点的温度值。该方法简单易行,也是目前广泛使用的方法,但存在以下不足:

①　温度函数由有限的像素点拟合而成,绝大多数像素点的温度只能通过插值近似得到,因此温度识别的精度较低。

②　受拍摄环境等诸多因素的影响,采集的示温漆图像通常有一定失真,即 RGB 值存在偏差,这也会给温度识别带来较大的误差。

③　采集的图像很难有温度与 RGB 的一一对应关系,同一 RGB 值可能对应一定的温度范围,即示温漆图像的 RGB 值分辨不出细小的温度变化,温度识别仍然具有较大误差。

④　每一种示温漆都需要建立单独的色温数据库,工作量大,实际应用时操作难度较大。

基于等温线的示温漆温度自动识别算法首先通过边缘提取定位等温线,然后用空间聚类法来识别等温线附近区域的颜色值,并通过标准色温库对比确定等温线的温度值,最后通过等温线的温度插值整个区域的温度分布。基于等温线的温度识别算法具有以下特点:

①　采用空间聚类算法对等温线附近色块而不是单个 RGB 像素点进行分析,大大提高了算法的抗噪能力和识别精度。

②　对原始图像的颜色误差不敏感,对质量差的示温漆图像有很强的适用性。

③　多变色示温漆颜色搭配关系固定且有限,因此根据这种关系识别的等温线温度精度很高,同时根据这些固定关系建立色温数据库的数据量很少,数据库建立方便,工作量小。

④　算法相对复杂,对图像处理算法要求高,软件编程较困难。

6.6.3　晶体测温技术

晶体测温技术是利用辐照晶体温度传感器进行发动机表面温度测量的技术,它是以辐照缺陷的热稳定性为基础建立起来的,以中子辐照过的晶体为信息载体,通过建立起物性(一般用辐照晶体的晶格常数表征)与退火温度之间的函数关系,从而实现温度测量。此技术仅需将辐照晶体传感器安装到待测点即可实施测温,可测量部件经历的最高温度,测温精确度较高,且尺寸较小,几乎不占用空间,无需引线连接,无需考虑测温环境是否狭窄、待测部位外形是否规则,对部件的拐角、凸起、凹陷等部位均可实施测温,还可以多点测量获得部件在最大状态下的温度场分布,可应用于传统测温方法难以实施测温的特殊场合,如高速旋转的涡轮盘和叶片、封闭环境下的燃烧室内壁等。

德国 SIEMENS 公司曾在 SGT-800 燃气轮机上将 1 975 个测温晶体布置在发动机热区,90 个测温晶体安装在 1 个叶片上,测温晶体有 95% 的高存活率,通过测试发现,减少了超过 25% 的冷却气,改进了热机械疲劳特性,成为晶体测温最成功的案例。

国内的晶体测温技术研究起步较晚,2009 年国内天津大学学者在报告中首次介绍了经中子辐照后的 6H - Si 晶体的比热容增大,并随退火温度的升高而规律性恢复的特性。2013 年王鹏飞等人首次利用衍射峰半高宽的退火回复规律开发出国内的辐照碳化硅晶体,可实现 500~1 400 ℃ 范围内最高温度测量;同年 606 所张兴在期刊中阐述了如何利用 X 射线衍射研究碳化硅晶体的退火特性和缺陷观察方法。对比国外,国内的晶体测温技术的研究尚处于起步阶段,特别是在发动机温度测试方面仍缺少大量试验数据的支持,国内近两年已经开始了晶体测温技术的应用探索,并已初步应用在发动机试验的温度测试中。

6.6.4　红外热像仪测温技术

红外热像仪用红外成像镜头把物体的温度分布图像成像在二维传感器阵列上,将物体的辐射能量转化为可视的温度图像,从而获得物体空间温度场(严格地说是辐射场)的全场分布,其信息量很大,但温度分辨力和空间分辨力都不高,由于是全辐射成像,受表面发射率影响大,测量准确度一般为量程的 1%~2%,不能给出清晰的图像。由于航空发动机的涡轮和燃烧室内部的环境十分恶劣,存在烟雾和粉尘颗粒对辐射光的反射叠加问题,故测量误差较大。

尽管红外热像仪的精度不如热电偶高,但相比于热电偶的单点测量和接触式测量方式,红外热像仪具有面测量和非接触式测量的优势。因此,在壁温冷效试验中红外热像仪是一种常用测温方式,一般与热电偶测温相结合对壁面温度进行测量。

6.6.5　热色液晶测温技术

热色液晶测温(TLC)是近年来发展起来的壁温测试新技术,为非接触测温方式,并且可以得到整个研究表面的温度场,使用该技术进行换热测量在国内外已有应用。近年来发展液晶瞬态测量技术已形成趋势。其基本原理是:当气流流过与之不同温度的试验模型表面时,试验模型表面各点的温度变化与该点的换热速率密切相关,因此,只需准确记录试验件表面各点的温度变化,就可根据传热学理论计算出各点的换热速率。由于该方法不要求换热达到稳定,因而试验时间较短,对设备能力的要求较稳态测试技术低。

参考文献

[1] Kao Y H, Tambe S B, Jeng S M. Proceedings of ASME Turbo Expo 2013: Turbine Technical Conference and Exposition[R]. GT2013, June 3-7, 2013, San Antonio, Texas, USA, 2013.

[2] Mohammad B S, Cai J, Jeng S M. Gas Turbine Single Annular Combustor Sector: Aerodynamics [R]. University of Cincinnati, Cincinnati, OH, 45220, 2010.

［3］ Buttner L，CZARSKE J. Vortrag laser doppler velocity profile sensor［C］. Technische Universität Dresden，2013.

［4］ Andreini A，Becchi R，Facchini B，et al. The effect of effusion holes inclination angle on the adiabatic film cooling effectiveness in a three-sector gas turbine combustor rig with a realistic swirling flow［J］. International Journal of Thermal Sciences，2017，121：75-88.

［5］ Willert C，Voges M，Hassa C，et al. Selected applications of planar imaging velocimetry in combustion test facilities［C］. January，2008，DOI：10. 1007/978-3-540-73528-1-15 • Source：DLR，2008.

［6］ Boxx I，Slabaugh C，Kutne P，et al. 3 kHz PIV/OH-PLIF measurements in a gas turbine combustor at elevated pressure［J］. Proceedings of the Combustion Institute，2015，35：3793-3802.

［7］ Pitz R W，Grady N R，Shopoff S W，et al. UV Raman scatteringmeasurements of a mach 2 reacting flow over a piloted cavity［R］. AFRL-RZ-WP-TP-2008-2036，2008.

［8］ Xiao J，Huang Z，Qiao X Q. Experimental study of theeffects of carbon dioxide concentration in diesel fuel on spray characteristics［J］. Atomization and Sprays，2008，18(5)：427-447.

［9］ Lü X C，Zhang W G，Qiao X Q，et al. Fuel design concept for improving the spray characteristics and emissions of diesel engines［J］. Proceedings of the Institution of Mechanical Engineers，Part D：Journal of Automobile Engineering，2005，219(4)：547-557.

［10］ 袁银南，陈汉玉，张春丰. 生物柴油和石化柴油喷雾特性的对比研究［J］. 内燃机工程，2008，29(4)：16-18.

［11］ Xu B，Li M，Zhang Y Y，et al. Spray characterizations from outward-opening DISI engine injector under various fuel superheat degree conditions［C］// 2013 International Conference on Advanced Mechatronic Systems (ICAMechS)，IEEE，2013：123-128.

［12］ 董全，隆武强，田江平，等. 直喷汽油机压电晶体控制外开轴针式喷油器的喷雾场粒子特性［J］. 内燃机学报，2013，31(2)：126-132.

［13］ Li Y F，Guo H J，Wang J X，et al. The comparative study of gasoline and n-butanol on spray characteristics［C］// SAE Paper. Birmingham，United Kingdom，2014，2014-01-2754.

［14］ Jeng S M，Flohre N M，Mongia H. Swirl cup modeling⋯atomization［C］. AIAA2004-137，2004.

［15］ 刘存喜. 多级旋流空气雾化喷嘴雾化特性及光学测试方法研究［D］. 北京：中国

科学院工程热物理研究所,2012.

[16] Meyer T R, Fiechtner G J, Gogineni S P, et al. Simultaneous PLIF/PIV Investigation of Vortex-induced Annular Extinction in H_2-Air Counterflow Diffusion Flames [J]. Exp. Fluids, 2004, 36: 259-267.

[17] Cochet A, Bodoc V, Brossard C, et al. ONERA test Facilities for Combustion in Aero Gas Turbine Engines, and Associated Optical Diagnostics[J]. AEROSPACELAB JOURNAL No 11, AL11-01, 16 pages TP, 2016: 548.

[18] Malbois P, Salaün E, Rossow B, et al. Quantitative measurements of fuel distribution and flame structure in a lean-premixed aero-engine injection system by kerosene/OH-PLIF measurements under high-pressure conditions[J]. Proceedings of the Combustion Institute 000, 2018: 1-8.

[19] Xiao Yinli, Wang Zupeng, Lai Zhengxin, et al. Flow field and species concentration measurements in the primary zone of an aero-engine combustion chamber[J]. Advances in Mechanical Engineering, 2018, 10(1): 1-11.

[20] Dong Han, Aman Satija, Jupyoung Kimb, et al. Dual-pump vibrational CARS measurements of temperature and species concentrations in turbulent premixed flames with CO_2 addition[J]. Combustion and Flame 181, 2017: 239-250.

[21] Ma Liuhao. Non-uniform temperature and species concentration measurements in a laminar flame using multi-band infraredabsorption spectroscopy [J]. Appl. Phys. B DOI 10.1007/s00340-017-6645-7, 2017, 123: 83.

[22] Williamson R C, Stanforth C M. Measurement of jet Engine Combustion Temperature by the Use of Thermocouples and Gas Analysis [J]. Society of Automotive Engineers, National Air Transportation Meeting, New York, 1969, 4: 21-24.

[23] 韩冰,王明瑞,李亚娟,等.燃气分析法在高温升全环燃烧室出口温度场试验中的应用[J].航空发动机,2017,43(5): 79-84.

[24] 吴占松,王补宣.图像处理技术用于发光火焰温度分布测量的研究[J].工程热物理学报,1989,4:446-448.

[25] 徐伟勇,数字图像处理技术在火焰检测上的应用[J].中国电力,1994,1(10): 41-44.

[26] 许柯夫,等.数字图像处理技术在电厂锅炉燃烧监测中的应用[J].电力系统自动化,1995(4).

[27] 王飞,等.利用火焰图像同时重建温度场和浓度场的试验研究[J].动力工程,2003,6(3): 2404-2408.

[28] 王式民,等.图像处理技术在全炉膛火焰监测中的应用[J].动力工程,1996,

12,16(6):68-72.

[29] 周怀春,等.基于辐射图像处理的炉膛燃烧三维温度分布检测原理及分析[J].
中国电机工程学报,1997,17(1):1-4.

[30] 杨臧健.谱色测温系统的研究[D].合肥:中国科学技术大学,2009.

[31] 杜闰萍,刘喆,程易,等.平面激光诱导荧光技术用于快速液-液混合过程温度场
测量[J].过程工程学报,2007,7(5):859-864.

[32] Nere N K, Patwardhan A W, Joshi J B. Liquid-phase Mixing in Stirred Ves-
sels: Turbulent Flow Regime [J]. Ind. Eng. Chem. Res., 2003, 42:
2661-2698.

[33] Meyer T R, Fiechtner G J, Gogineni S P, et al. Simultaneous PLIF/PIV In-
vestigation of Vortex-induced Annular Extinction in H_2-Air Counterflow Dif-
fusion Flames [J]. Exp. Fluids, 2004, 36: 259-267.

[34] 金大祥,邹介棠.现代激光测试技术在燃气轮机燃烧室测试中的应用[J].船舶
工程,1999(4):48-51.

[35] Lena Voigt, et al. QUANTITATIVE CO PLIF MEASUREMENTS IN
AEROENGINE GAS TURBINE COMBUSTION CHAMBERS UNDER RE-
ALISTIC CONDITIONS[J]. GT2017-63413, 2017.

[36] 吴倩倩,等.CARS 光谱测温技术的三种理论模型研究[J].电子世界,2012,7:
100-101.

[37] Hans Kaaling, et al. RQL COMBUSTIOR DEVELOPMENT INCLUDING
DESIGN,CFD CALCULATIONS, CARS MEASUREMENTS AND COM-
BUSTION TEST [J]. ISABE 97-7076, 1997: 536-544.

[38] van Niekert J E, et al. CARS TEMPERATURE MEASUREMENTS IN A
GAS TURBINE COMBUSTOR [J]. ISABE 91-7039, 1991: 394-402.

[39] 李麦亮,赵永学,耿辉,等.CARS 在发动机燃烧场温度和压力测量中的应用研
究[J].宇航学报,2001,9,22(5):56-61.

[40] 刘重阳,等.高温燃烧区燃气温度与水浓度 TDLAS 测试技术初探[J].中国航
空学会第十九届燃烧与传热传质学术交流会论文集,2017,8.

第 7 章
航空替代燃料

| 7.1　航空替代燃料简介 |

目前,全球航空运输业每年消耗航空煤油超过 15 亿桶[1],几乎全部来自原油,并以 1.9% 的年均增长率不断增长[2],航空产业对石油具有高度依赖性。随着全球原油储量逐渐减少,能源和经济安全问题愈加突出。对于军用飞行器而言,非产油国过于依赖进口原油将会引发国家安全问题。因此,出于长远战略考虑,需要在军、民用航空发动机上使用替代燃料,以减少对于进口原油的依赖。此外,全球气候变化也对航空运输业提出了新的要求,需要寻求更加环保的新型燃料。2009 年,国际航空运输协会(IATA)代表全行业向国际民航组织(ICAO)提出三大承诺目标[3]:2020 年实现碳排放零增长;从 2009—2020 年,平均每年燃油效率提高 1.5%;2050 年碳排放量比 2005 年减少 50%,并且特别强调了要达到这个减排目标,需要依靠航空替代燃料技术,特别是生物燃料。

综上所述,目前主要由石油炼制生产的航空燃料,面临政治上要求减少温室气体排放和经济上石油枯竭带来的能源经济、安全两方面的困扰,对航空替代燃料的研究和生产已经迫在眉睫。

从中长期全球航空工业技术和经济角度分析,航空燃料仍然以传统燃料为主、各类替代燃料为辅,所以替代燃料的性质需与传统喷气燃料相近,可与其完全互溶,可以任何比例进行混合和共同运输,不需要改动或较少改变现有的储运系统、发动机、航空器等基础设施。从目前航空替代燃料的开发和发展来看,煤液化喷气燃料(CtL)、气体合成喷气燃料(GtL)和生物质喷气燃料(BtL)三种产品在能量密度、流动性等方面的性质与现有喷气燃料基本相近,所以国际上航空替代燃料主要是指这三类[4]。考虑到燃料生产制备过程中的能源消耗以及碳排放,就需要在制造成本和制造潜力间进行平衡。目前,各国对航空替代燃料的研究主要以生物质喷气燃料为主流对象,煤液化喷气燃料在世界范围内仅在南非进行工业化生产。

从航空发动机燃烧室研发需求角度看,层流火焰传播速度、点火延迟时间和化学反应生成物等基础燃烧特性与燃烧室的点火、熄火、燃烧效率和污染排放等综合燃烧性能密切相关,涡轴涡桨发动机燃烧室则需特别关注替代燃料燃烧的结焦、冒烟特性。因此,开展航空替代燃料的化学反应动力学研究十分必要,这对燃烧室数值仿真来说也非常重要。

因此,本章主要以生物替代燃料为主展开介绍,煤基喷气燃料和气体合成喷气燃料则不作过多介绍,将对以下三个方面内容进行介绍:

① 航空替代燃料需要满足的相关要求及认证体系;
② 航空替代燃料的主要种类;
③ 航空替代燃料的基础燃烧特性及综合燃烧特性。

7.2 对航空替代燃料的要求及管理

7.2.1 基本要求

与在其他工业部门的应用有所区别,由于需要满足一些特殊要求,替代燃料在航空产业的应用面临诸多限制。在航空替代燃料的推广和应用过程中,燃料的灵活性和适应性至关重要,否则会给航空公司、机场和飞机制造商等部门增加额外的负担。首先,替代燃料需要保证燃烧反应可以在极端工况条件下可靠地、安全地发生;其次,替代燃料需要与现有航空喷气燃料具有完全互换性,以避免增加机场保障、商业条款等方面的困难;最后,由于商业飞机使用寿命较长,要求替代燃料能够"向下兼容",即能满足现有的航空发动机技术使用要求。

烃类燃料的特性已被大家所熟知[5]:当其密度高于喷气燃料时,将具有更高的粘性、更低的热稳定性;芳香族成分含量越高,其雾化和蒸发性能越差;当其密度低于喷气燃料时,以上大部分规律则相反。另外,碳含量高或氢含量低的燃料的绝热火焰温度更低,对降低 NO_x 排放有利。然而,对替代燃料特性的了解则相对较少,尽管其也表现出与烃类燃料相似的变化趋势:对于相同密度的碳氢燃料来说,其分子结构越大,氢含量越低,将导致能量密度更低,尽管比能量含量随分子大小增加而显著提高;大分子成分将增加燃油混浊和蜡化的可能性,即燃料的冰点和浊点更高,使得燃料不满足飞行使用要求。

图 7.2-1 给出了一系列燃料的低热值(LCV)与密度的关系[6-8],图中水平虚线表示目前航空喷气燃料标准要求的燃料 LCV 最小值,即 42.8 MJ/kg,两条垂直虚线表示目前航空喷气燃料标准规定的燃料密度范围,即 $775 \sim 840$ kg/m^3。对于气态燃料,参考文献[9]中提出用 Wobbe 指数来表征一种替代燃料与理想设计燃料间的差

距。该指数中包含了燃料质量流量、能量值,式(7.2-1)给出了 Wobbe 指数 I_w 的定义。图7.2-1中也给出了基于喷气燃料±0.05 的 Wobbe 指数范围。使用 Wobbe 指数处理液态燃料时需要进行一些修正,因为液态燃料物性的影响更复杂,例如表面张力、粘性等对燃油雾化性能有重要影响。高 LCV 值和高密度值对飞行使用来说是最理想的,可以使单位体积和单位质量的释热值最大。图7.2-1中对碳氢燃料给出了一条拟合线(见图中"——+——"),清晰地表明了高能量密度(单位 MJ/m³)与低质量密度间的妥协平衡关系,同时划定了碳氢燃料高 LCV 值——高密度值目标的上界限。实际上,超出上述限制的燃料也是存在的,如戊鹏烷(pentaborane),是一种高密度、高 LCV 值燃料。然而戊鹏烷具有毒性,只能用作应急燃料[8]。总的来说,燃料越重,能量密度越高;燃料越轻,比能量越高。

$$I_w = \frac{LCV}{\sqrt{SG}} \tag{7.2-1}$$

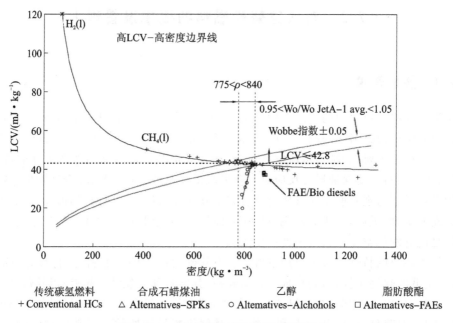

图7.2-1 液态燃料低热值与密度的关系

目前,国内外研究出了不同的合成石蜡煤油(SPKs)制备途径,例如费托合成(FT)、氢化燃油(HRJ)等(详见第7.3.1小节),这有力地拓展了除原油、焦油砂和页岩油之外的喷气燃料的生产原料来源。这些制备途径可制造正链石蜡(n-praraffins)或异链石蜡(iso-paraffins),如果不添加更重的成分,由图7.2-1可知,合成石蜡煤油(SPKs)落在航空燃料标准要求的密度值下限附近。SPKs 还具有其他一些优点,如不含硫及其他微量元素。醇类和脂肪酸酯(Fatty Acid Esters,FAEs)等其他替代燃料落在边界线之下,其中醇类燃料的低热值随其分子大小增加而显著提高。脂肪酸酯类燃料在这方面没有明显的线性规律可循,这主要是由于脂肪酸酯类燃料的性质与其制备过程选择的原材料及甘油三酯有关。

7.2.2 管理、技术标准及验证流程

参考文献[10]中详细比较了国内外生物航空煤油的管理、标准及验证流程。国外发展的航空替代燃料首先追求的是即用型(drop-in)的特性,即要求替代燃料简单易用,对机场设施、飞机和发动机硬件无需改动,可以直接替代传统航空燃料。因此,航空替代燃料需要满足一些特定的要求以及认证程序。以美国联邦航空管理局(Federal Aviation Administration,FAA)和欧洲航空安全局(European Aviation Safety Agency,EASA)两个管理民航适航当局为例,FAA 和 EASA 建立了一套生物喷气燃料管理办法来保证其应用安全性。FAA 和 EASA 借助美国试验和材料协会(American Society for Testing Materials,ASTM)等行业协会的平台,采用技术标准的管理方式进行管理,适航当局通过对飞机或发动机的型号进行审定,将批准的生物喷气燃料技术标准列入飞机或发动机型号数据清单(TCDS)中。

1. 对新燃料的管理

国外主要适航当局对一种新燃料的管理,主要依据是否需改变飞机和发动机的使用限制分为两条路径,如图 7.2-2 所示。首先,由工业界行业协会制定新燃料的技术标准,该技术标准应包括燃料的组分、生产工艺以及理化性能等要求。随后,由 FAA、飞机制造商、发动机制造商对该技术标准进行评估,以确认是否需要改变现有飞机和发动机的使用限制。若评估表明该技术标准规定的新燃料仍满足现有燃料的

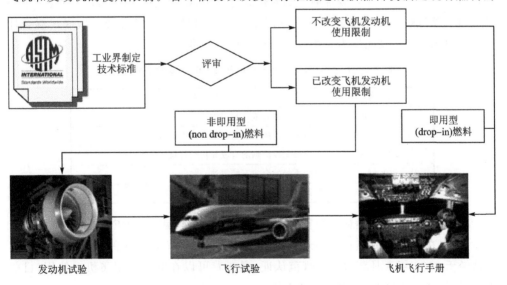

图 7.2-2 FAA 对新燃料的认证流程(图片来源于 FAA)

技术要求,不会改变飞机和发动机任何的使用限制,毋需对飞机和发动机进行任何的改装和变更,则认为该燃料是即用型燃料,可直接使用。若评估结果表明使用该燃料需要改变飞机和发动机的使用限制,则认为该燃料为非即用型(non drop-in)燃料,应作为一种全新燃料进行管理,需重新进行审定,并在开展发动机试验和飞行试验验证合格后方可使用,主要评估依据是 ASTM D4054[11]。

　　与国外管理模式不同,国内采用了一套独具特色的生物燃料管理模式,即将航空油料视为航空器上使用频率最高的重要"零部件",参考零部件的审定,采用技术标准规定批准书(CTSOA)的方式进行审定[12]。技术标准规定(CTSO)是由民航局颁布,规定民用航空器上材料、零部件和机载设备的最低性能标准。CTSOA 是批准 CTSO 项目的制造人的设计和生产的凭证。

2. 技术标准

　　ASTM 有针对传统航空燃气轮机燃料 Jet A/Jet A-1 的详细规范 ASTM D 1655,但为了保证替代燃料在商用飞机上的适用性,正在逐步添加针对替代燃料的认证规范。MIL-DTL-83133 是针对美国军用航空燃料 JP-8 的军用规范,美国替代燃料认证局(CAAFI)在此基础上编写了军用手册《航空燃料认证书 MIL-HDBK-510》,以允许使用合成燃料替代传统航空煤油。同时,CAAFI 也在为商用飞机编写标准的替代燃料认证指南,并且在美国多家政府机构、研究所和实验室的协同工作下与上述三种燃料规范和手册同步开展。2009 年 9 月,ASTM 批准了规范《含合成烃航空涡轮燃料》ASTM D7566,允许添加费托合成碳氢燃料混合油的使用,随后逐年都进行了修订[13]。《含合成烃航空涡轮燃料标准》(ASTM D7566-17b)中规定了向传统航空喷气燃料中添加的调和合成烃(SPK)燃料种类,见表 7.2-1,规定混合比例最高可为 50%,以此作为生物合成燃料的认证标准。

表 7.2-1　ASTM D7566-17b 中规定的合成烃燃料范围

名　称	原料来源
FT-SPK	费托合成的合成石蜡煤油(2009 年)
HEFA-SPK	源自加氢的酯和脂肪酸的合成石蜡煤油(2011 年)
SIP-SPK	源自加氢发酵糖的合成异构烷烃(2014 年)
SPK/A	含芳香烃的合成石蜡煤油
ATJ-SPK	醇制喷气燃料合成石蜡煤油

　　在欧洲,英国航空燃料协会针对航空煤油 JetA-1 编写了 DEFSTAN91-91 规范,目前也在针对合成燃料编写新的规范纲要。而 SASOL 公司的费托合成喷气燃料已经于 2002 年 6 月获得了该规范认证,意味着可以在欧洲商用飞机上使用,目前正在开展 ASTM D 1655 规范认证工作。

　　国内《3 号喷气燃料标准》(GB 6537)2018 年修订新增了合成烃燃料相关的内

容[14]，其中 4.3 节规定，含 FT - SPK 或 HEFA - SPK 合成烃类组分的 3 号喷气燃料除满足一般燃料的要求外，还应满足以下要求：① FT - SPK 和 HEFA - SPK 合成烃组分要求，见参考文献[14]中附表 B.1；② 含合成烃组分的 3 号喷气燃料中，FT - SPK 或 HEFA - SPK 组分的体积分数应不高于 50%；③ 芳香烃体积分数不低于 8.0%，馏程 50% 与 10% 回收温度差不小于 15 ℃，90% 与 10% 回收温度差不小于 40 ℃。

中国国家民用航空局 2013 年签发了含合成烃的民用航空喷气燃料技术标准规定(CTSO—2C701)，适用于含合成烃的民用航空喷气燃料的适航审定，其规定了合成烃喷气燃料生产工艺包含费托合成产品加氢工艺(FT - SPK)、酯类和脂肪酸类加氢工艺(Hydroprocessed Ester and Fatty Acids，HEFAs)；合成烃的民用航空喷气燃料是指含传统喷气燃料和合成石蜡煤油(SPK)组分的喷气燃料。

3. 认证程序

2009 年，AFRL 和美国国防部下属机构国防能源保障中心(DESC)资助五家航空发动机设备生产商 OEM(GE Aviation, Honeywell International Inc. , Rolls Royce North Technologies Inc. , Prattle & Whitney, Williams International)开展联合研究计划，研究航空替代燃料对燃烧室性能的影响，推动航空替代燃料的认证。FAA 等适航当局、飞机和发动机制造商参与到了 ASTM D7566 的制定过程中，如图 7.2 - 3 所示。整个认证过程分为性能验证、标准审核两个部分。其中性能验证部分包含四个阶段：① 燃料理化性能试验，确定燃料的理化指标参数；② 与飞机、发动机以及油路系统材料相关的特定性能试验，验证燃料与飞机、发动机以及燃油系统材料的相容性；③ 燃烧室等部件/台架试验，验证燃料的燃烧性能；④ 发动机试车试验，验证发动机性能、耐久性等。以上试验完成后，形成一份详细的研究报告提交给

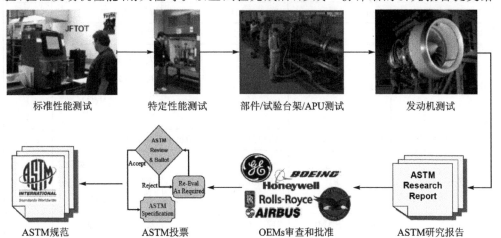

图 7.2 - 3　ASTM 燃料认证程序

飞机发动机 OEM 和管理机构,进入标准审核阶段。然后,由 FAA 和相关发动机公司技术专家对研究报告进行评估和批准,通过后再提交 ASTM 投票表决通过,正式形成产品标准,用以约束替代燃料的使用性能。

我国对生物替代燃料的验证标准依据《含合成烃民用航空喷气燃料》(CTSO—2CS701),也需要从理化性能、特定性能、发动机台架和试验飞行等几个方面对生物替代燃料进行验证。其中,发动机台架试验需对比同一发动机分别使用传统 3 号喷气燃料以及生物替代燃料时的功能和性能参数。试车过程中,需记录对比发动机的转速、燃油流量、贫油熄火性能、加速时间、推力、排气温度、冷起动、热起动等关键技术参数,并以是否满足发动机修理放飞标准作为判定试验结果的依据。

4. 飞行演示验证项目

飞行演示验证是验证一种新燃料在飞行器上适用性的最后验证步骤。近年来,国外多家航空公司联合飞机及发动机制造商频频对航空替代燃料开展飞行试验,验证新型燃料的可行性,为未来航空替代燃料的推广应用积累数据和经验,如图 7.2 - 4 所示,汇总见表 7.2 - 2。这些飞行试验和相应的地面测试结果表明:使用替代燃料的航空发动机无须进行硬件上的改装,即可达到预期性能。

表 7.2 - 2　替代燃料飞行演示验证项目汇总表

验证项目	测试使用燃油	验证平台	测试内容	参考文献
AAFEX	JP - 8、GtL、CtL、调和油	CFM56 - 2C1 发动机	颗粒物、气态污染物	[15]
发动机环境研究所	S - 8(GtL)、S - 8 添加芳香溶剂	T63 涡轴发动机,试验燃烧室部件	颗粒物	[16-17]
Hunter 军用机场	S - 8	T700、T701C	颗粒物	[18]
B52	S - 8	TF33 P - 103、B - 52	颗粒物	[19]
全合成燃料验证	CtL、Jet A - 1	JT9D、压力雾化喷嘴、4 头部燃烧室、全环燃烧室	发动机耐久性、颗粒物、雾化性能、气态污染物、点火性能、贫油熄火	[20-22]
空客、罗·罗、壳牌	Jet A - 1、GtL	A380、Trent 900 发动机	发动机性能	[23]
罗·罗	JP - 8、S - 8	AE3007 全环燃烧室	颗粒物、气态污染物、火焰筒壁温、熄火、点火、出口温度场	[24]
维珍航空	Jet A - 1、FAME	747 - 700、CF6 - 80C	发动机工作性能	[25]
新西兰航空	Jet A - 1、麻风树 SPK	747 - 400、RB211524G2 - T	再点火、总体性能	[26-27]

续表 7.2 - 2

验证项目	测试使用燃油	验证平台	测试内容	参考文献
大陆航空	Jet A-1、麻风树/海藻 SPK	737-800、CFM56-7B	发动机排放、发动机性能	[26-27]
日本航空	Jet A-1、麻风树/亚麻/海藻 SPK	747-300、JT9D	发动机性能	[26-27]
加拿大普惠	Jet A-1、50%/100%HVO	PW615	发动机性能、排放	[27]
荷兰航空/法航半合成燃料评估	Jet A-1、亚麻 SPK S-8、IPK、GtK(x3)	747-400、CF6-80C2	载客条件发动机性能非燃烧性能、材料相容性	[28]

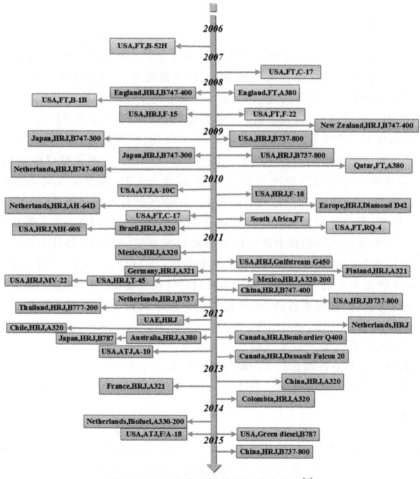

图 7.2 - 4 替代燃料的飞行演示验证[4]

2011 年,中国石化改造建成了世界第一套生物航空煤油生产装置,以棕榈油、餐饮废油为原料,生产出了合格的生物航煤。2013 年 4 月 24 日,东航空客 A320 在上海虹桥机场成功进行中国石化"1 号生物航煤"试飞。2014 年 2 月 12 日,中国石化"1 号生物航煤"获得适航批准,中国成为继美国、法国、芬兰之后第四个拥有生物燃料自主研发生产技术的国家。2017 年 11 月,加注中国石化"1 号生物航煤"的海南航空 HU497 航班 B787 型客机执行了从北京到芝加哥的跨洋商业载客飞行验证。

7.3 航空替代燃料的种类

7.3.1 生物喷气燃料(BtL)

1. 简 介

生物燃料是以生物质或生物油脂为原料经过化学或生物途径处理获得的液体燃料。由生物质转化为液体燃料有多种方法,包括低温发酵、高温热解和生物质合成等。目前以麻风树和海藻等为原料的氢化处理可再生生物燃料(HRJ)应用潜力最大,这些生物原料可避免"与人争粮""与粮争地"的问题,对淡水的消耗也很少。

以生物质生产喷气燃料有多种方式,包括:气化、厌氧消化、蒸馏和发酵等。对于生物直接发酵加上简单蒸馏生产航空喷气燃料的工艺,有两个难以逾越的障碍。一是,生物法生产的喷气燃料冰点较高,一般高于 -3 ℃,在商业飞机的巡航高度(9 000 m 左右)会凝固。即使与石油馏分生产的喷气燃料进行调和,掺入 3% 左右的生物喷气燃料,也会使调和燃料的冰点高于目前 GB 6537 和 Jet A-1 要求的 -47 ℃。二是,生物法生产的燃料中含有较多的脂肪酸甲酯(FAME)和其他杂原子化合物,添加 2% 就会使调和喷气燃料的热氧化安定性(JFTOT)不合格。因此,如果飞机使用直接生物法生产的喷气燃料,必须重新设计飞机发动机、飞机机体和航空油料配送储运系统等,其综合成本较高,不适宜发展。以下几种工艺生产的喷气燃料符合 ASTM D 7566 标准要求,包括[13]:

- 含碳资源的气化合成生成喷气燃料技术;
- 脂肪和植物油直接加氢生产喷气燃料技术;
- 烯烃聚合作为喷气燃料组分技术。

2. 生产途径

图 7.3-1 给出了以生物质为原料生产燃料的三种不同途径:一是用动植物脂肪,采用酯交换反应制备脂肪酸酯;二是用动植物油脂,采用直接加氢方式生产喷气燃料;三是生物质气化或直接液化,气化采用费托(FT)合成经加氢生产喷气燃料,直

接液化经加氢裂化等生产喷气燃料。目前,采用天然植物油和油脂,经直接加氢制得生物喷气燃料,主要工艺有 UOP 加氢精制工艺和合成油公司的 Bio-Synfining™ 工艺。此类工艺生产的产品也称为加氢可再生生物喷气燃料(HRJ)。本节对主要的三种生产途径进行介绍。

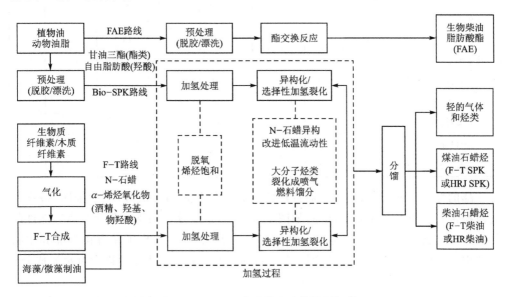

图 7.3-1　不同工艺路线生产生物燃料对比

(1) 脂肪酸酯(FAE)

脂肪酸酯化(FAEs)通常是指通过酯交换反应由原油中的甘油三酯组分制备得到链式脂肪酸酯组分的过程,如图 7.3-2 所示。通过该路径最终得到的生物燃料的确切成分与原料成分以及酯交换反应过程进行的方式有关,使用甲醇和乙醇将分别得到甲基脂肪酸酯(Fatty Acid Methyl Esters,FAME)和乙基脂肪酸酯(Fatty Acid Ethyl Esters,FAEE)。酯交换反应相对来说是一种比较廉价的制备工艺,将有分支的大分子结构转换为特定的直链小分子结构,以满足典型迪塞尔循环燃烧发动机(柴油机)的使用要求。表 7.3-1 中给出典型的成分,经过酯交换反应,各类脂肪中的甲基酯或乙基酯含量将基本相当。

表 7.3-1　不同脂肪或油脂制备得到的不同链长碳氢化合物成分含量(质量分数)对比[29]　%

碳氢链 油/脂	14:0	16:0	18:0	18:1	18:2	18:3	20:0	22:1
大豆油		6~10	2~5	20~30	50~60	5~11		
玉米油	1~2	8~12	2~5	19~49	34~62	跟踪		
花生油		8~9	2~3	50~65	20~30			
橄榄油		9~10	2~3	73~84	10~12	跟踪		

续表 7.3-1

油/脂 \ 碳氢链	14:0	16:0	18:0	18:1	18:2	18:3	20:0	22:1
棉籽油	0~2	20~25	1~2	23~35	40~50	跟踪		
高亚油酸红花		5.9	1.5	8.8	83.8			
高油酸菜籽		4.3	1.3	59.9	21.1	13.2		
芥菜型油菜籽		3.0	0.8	13.1	14.1	9.7	7.4	50.7
黄油	7~10	24~26	10~13	28~31	1~2.5	0.2~0.5		
牛脂	3~6	24~32	20~25	37~43	2~3			
亚麻籽油		4~7	2~4	25~40	35~40	25~60		
桐树油		3~4	0~1	4~15		75~90		
黄油膏	1.27	17.44	12.38	54.67	7.96	0.69	0.25	0.52

酯的性质与初始材料有关,而且初始材料中的任何污染成分,例如金属,最终都会被携带转移至产物脂肪酸酯中,如图 7.3-2 所示。这些污染成分会对热端部件的材料产生有害影响[30],特别是当有钒存在时。表 7.3-2 给出了在石化柴油和生物柴油中存在的典型金属成分的含量[31]。目前航空燃料规格中不允许含有金属成分。

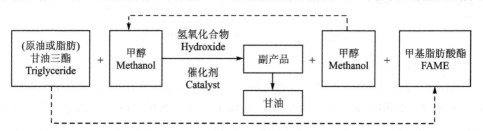

图 7.3-2 制备甲基脂肪酸酯的酯交换反应过程

表 7.3-2 石化柴油或生物柴油中的常见金属含量

类 别	单位(干重)	生物柴油	石化柴油
砷	%wt/wt	5	<0.05 [%]
镉	mg/kg	3	<0.01
铬	mg/kg	30	<0.01
铜	mg/kg	50	0.03
铅	mg/kg	20	<0.05
汞	mg/kg	0.3	0.05
镍	mg/kg	30	0.02
钒	mg/kg	20	0.01
锌	mg/kg	150	0.02

（2）费托合成

"合成燃料"一词通常用来描述由非石油燃料采用各种合成方法获得的燃料。煤原料向液态燃料产物的直接转化，又称为"液化"，被认为是能源利用最高效的路径，而目前商用技术大多是基于非直接转化的。直接转化路径要求由合适的原料生产得到合成气，然后将合成气液化[32]。根据原料不同，可以将该过程用"X to Liquid"（XtL）表示，其中原材料 X 可以为煤（C）、天然气（G）或生物质材料（B）。合成气，即氢气和一氧化碳的气态混合物，可以由煤、天然气或生物质材料制备得到。由煤或生物质材料制备合成气，就需要气化技术，使固体燃料部分氧化。

其中，费托合成是目前应用前景最好的航空替代燃料制备方法，其实际就是一种合成气的液化技术，主要包含以合成气为反应物的碳链生成过程。根据不同的产物要求，需要选择合适的能够促进生成长链石蜡（烷烃）的催化剂，下式为合成过程的化学反应方程：

$$nCO + \left(n + \frac{m}{2}\right)H_2 \rightarrow C_nH_m + nH_2O \qquad (7.3-1)$$

粗制合成物通过氢化处理、分馏、分离进行提纯，用以制造商业产品。通过改变费托合成反应的工作温度、压力和合成气组分，可控制产物的碳原子数目，从而得到适合航空使用的合成燃料[33]。图 7.3-3 给出了不同费托合成燃料的气相色谱分析结果。图中，Sasol IPK 为煤基合成液化（CtL），S-8 为天然气合成液化（GtL），Shell GTL 以及 Sasol GTL-1 和 Sasol GTL-2 来自 Sasols Oryx 植物合成液化（BtL）。

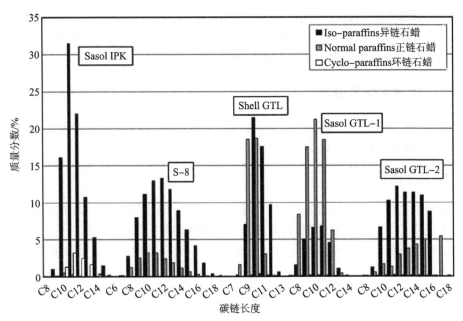

图 7.3-3　不同 FT 燃料的碳氢化合物分布[28]

目前,在采用费托合成反应对化石燃料进行提纯(CtL 及 GtL)的过程中积累了充足的经验,为下一步开展生物质基液化(BtL)奠定了良好的基础,后者是一种更清洁、更环保的合成途径。当然,合适的生物质原料的识别和发展,以及 BtL 过程较低的技术成熟度,都使得生物质基液化合成途径面临诸多困难,亟待解决。

(3) 氢化燃油(HRJ)

氢化处理是一种对植物油(甘油三酯混合物)进行加氢处理的技术,技术成熟度还较低。近年来,使用氢化燃料技术合成的航空燃料完成了一系列飞行测试。氢化处理最早在传统精炼工艺中使用,包括加氢脱氧(Hydrotreatment)和加氢裂化(Hydrocracking)过程。图 7.3-4 给出了该过程示意图[34-35]。

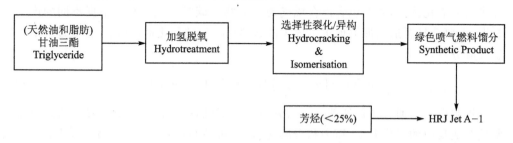

图 7.3-4 植物油的氢化处理流程

同样地,基于生物质材料的氢化燃油生产过程包括:① 通过加氢处理从甘油三酯中去除氧分子及其他重金属等有害成分;② 选择性地加氢裂化、重组原子结构得到更轻的碳氢化合物,以适合航空使用(如 Jet A-1:C8~C16[36])。美国 UOP 石化公司已经量产了一种上述的氢化燃料。通过对生物质油进行氢化处理制备的替代燃料称为氢化处理可再生航空喷气(HRJ)燃料。

7.3.2 煤液化喷气燃料(CtL)

基喷气燃料可分为两类:煤直接液化合成喷气燃料和煤间接液化合成喷气燃料,后者即煤气化费托(FT)合成喷气燃料。

1. 直接液化

煤的直接液化是在高温(400 ℃)、高压(10 MPa 以上)条件下,在催化剂和溶剂作用下使煤的分子进行裂解加氢,直接转化成液体燃料,再进一步加工精制成 LPG、汽油、喷气燃料、柴油等燃料油,又称"加氢液化"。直接液化法的主要目的是提高氢/碳比例,氢/碳比稍微提高使得生成的液态燃料较重,与提炼石油的残油相当。增加氢化作用的力度,则可得到挥发性与汽油相当的液态燃料。

2. 间接液化

煤的间接液化是将煤气化成合成气,然后以煤基合成气(CO 和 H_2)为原料,在一定的温度和压力条件下,将其催化合成烃类燃料油及化工原料。煤的间接液化主要包括煤炭气化制取合成气、气体净化与交换、催化合成烃类产品以及产品的分离和改制加工等过程。煤间接液化技术主要包括三种,即南非的萨索尔(Sasol)费托合成法、美国的 Mobil 甲醇制汽油法和直接合成法。

经过多年的研究,国际主要商业航空协会已逐步将煤基费托合成的喷气燃料纳入标准范围内。目前,英国国防部标准 DEF STAN 91−91、ASTM D1655 及联合检查集团(JIG)等国际标准,均列出可以安全使用由 50% 的经费托工艺生产的合成燃料与 50% 的 JetA 或 Jet A−1 组成的混合燃料。到 2011 年的英国国防部标准 DEF STAN 91−91 第 7 版,可以 100% 使用 Sasol 煤液化喷气燃料。已发布的 ASTM D7566 含合成烃类的航空涡轮燃料的规格标准,规定加氢合成石蜡煤油(SPK)作为喷气燃料的调和组分,对其性能有具体要求,可以最大质量分数 50% 与传统喷气燃料调和使用,这一标准包含了煤间接液化喷气燃料。

3. 燃料性质对比

煤直接液化油品和煤间接液化油品可以看作是石油基油品的两个"极端",其主要组成成分如表 7.3−3 所列。其中,直接液化油品以环烷烃为主,密度低、凝点低,可用作军用及航空航天特种燃料;间接液化油品以链烷烃为主,密度低、十六烷值高,可用作高端蜡、溶剂油、PAO 等。直接液化油品和间接液化油品具有稀缺性和特殊性,均属于高清洁燃料,与石油产品互溶性很好。

表 7.3−3　煤直接液化、间接液化和石油基油品组成对比

类　别	链烷烃组分/%	环烷烃组分/%	芳香烃组分/%	10^6・硫、氮组分
石油基燃料	50～60	20～30	20～30	<10
煤直接液化燃料	<10	>85	<3	<1
煤间接液化燃料	>85	<10	<3	<1

由煤的粗制液体中提炼出的 JP−5 燃料尽管进行了氢的强化处理,但在有些方面仍达不到规定的要求,其热稳定性较差,燃烧热点分布在边缘,密度太高以及冒烟临界点太低[37-38]。Cohn[39] 和 Singh[40] 分别使用缩小尺寸和实际尺寸的燃烧室对 12 种不同的煤液化燃料和 3 种油页岩燃料进行了一系列试验。测量的排放物主要有 NO_x、Soot、CO 和 UHC,同时也测量了火焰筒壁温。试验结论为:从煤和油页岩获得的燃料同从石油中获得的燃料在燃烧特性上没有太大的区别。

7.3.3　气体合成喷气燃料(GtL)

天然气合成油(GtL)属于清洁燃料,其优点在于不含硫、氮、镍等杂质及芳香烃等非理想组分,完全符合现代发动机的严格要求和日益严苛的环境法规,从而成为生

产清洁能源的又一有力途径。全球在建或拟建的 GtL 装置至少有 10 多套,规模为 45~495 万吨/年。GtL 产品质量与煤间接液化油品基本一致,均被称为合成喷气燃料(synthetic jet fuel)。

| 7.4 航空替代燃料燃烧的特性 |

7.4.1 概 述

航空喷气燃料的化学成分非常复杂,包含上百种碳氢化合物。以 RP-3 为例,其中包含链烷烃、环烷烃和芳香烃三类主要碳氢化合物,而这三类化合物使燃油表现出不同的物理性质,进而对燃烧室性能产生特定的影响。

链烷烃($C_n H_{2n+2}$)为单链饱和结构,主要化学反应路径为氢提取反应,C—C 断键反应贡献较低,其化学性质比较稳定。传统航空煤油中正链烷烃含量较高,碳原子数为 C6~C16。一般而言,链烷烃趋向于具有更高的氢/碳比、更低的密度和凝固点以及更高的比热容值和热稳定性,燃烧起来很少发生积碳和冒烟现象。因烷烃熔点较高,高碳原子数的烷烃含量增加将使燃料冰点提高。

环烷烃($C_n H_{2n}$)是环状链结构,因为是饱和结构,化学物性也比较稳定,燃烧清洁。同时,在相同碳原子数条件下,环烷烃与链烷烃相比冰点更低,有利于低温条件下的使用。

芳香烃为不饱和环状碳氢化合物,可以是单环结构(烷基苯),也可以是双环结构(萘类),总体来说芳香烃的含氢量低,单位质量热值较低,因此芳香烃的体积分数对航空煤油的总燃烧热值有较大的影响,必须在燃料制备过程中严格控制(不超过25%);同时,芳香烃燃烧易产生发光火焰,并倾向于生成碳烟颗粒,将影响燃烧效率,并造成发动机冒烟;其燃烧产物也容易在燃烧室部件的喷嘴、火焰筒头部等部位形成积碳,造成部件性能衰减,影响发动机的可靠性。尤其是芳香烃中双环结构的萘更会促成烟和积碳的生成,因此应在各燃料规范中均严格限制萘的体积分数不超过 3%。而芳香烃中的烷基苯在化学反应中呈现出显著的分子结构效应,支链越长,燃料分解温度越低,即长链烷基苯较多的燃油更易点燃,这一特性会影响燃烧室极端条件下的点/熄火性能。

除上述三类主要碳氢化合物之外,烯烃(OLEFIN)也是航空煤油中重要的组分,虽然其含量较低,但因其高度不饱和性,化学物性较其他碳氢化合物成分更活泼,易于反应。不同炼制方法下燃油中烯烃含量有较大差异,在裂化燃油中,大量烯烃的存在使其热安定性变差,也造成不易储存的问题。

此外,从燃油总体物性对航空发动机燃烧性能的影响研究来看,燃油的含氢量也是一个重要参数,相关研究表明:在航空发动机大功率状态(如起飞、高空巡航等)

下,燃烧室发烟和氮氧化合物均随着燃油含氢量的增加而显著减少,同时火焰筒壁温也有所降低;而在发动机慢车状态,燃油的含氢量也直接影响发动机冒烟。

7.4.2　基础燃烧特性

1. 着火延迟时间

大量研究对传统喷气燃料和航空替代燃料的着火延迟时间进行了试验测量,如表 7.4－1 所列,其中测量手段主要包括激波管(Shock Tube,ST)和快速压缩机(Rapid Compression Machine,RCM)两种。

表 7.4－1　不同燃料着火延迟时间的相关研究

研 究	燃 料	测量方式	压力范围/atm,1 atm＝101 kPa	温度范围/K
Vasu 等[41]	Jet A、JP－8	ST	17～51	715～1 229
Kumar 和 Sung[42-43]	Jet A、JP－8、S－8	RCM	7、15、30	615～1 100
Wang 等[44]	Jet A、S－8、Shell GTL、Sasol IPK	ST	8～39	651～1 381
Allen 等[45]	JP－8、CHRJ、THRJ	RCM	5、10、20	625～730
Zhu 等[46]	JP－8、HRJ、FT		2.07～8.27 (fuel/air) 15.9～44.0 (fuel/4%O$_2$/Ar)	1 047～1 520
Valco 等[47]	JP－5、JP－8、两种 HRJ、两种 FT	RCM	20	625～1 000

图 7.4－1 中给出了不同燃料/空气混合物着火延迟时间的对比,其中混合物当量比为 1,压力为 20 atm(1 atm＝101 kPa)。由图可知:在高温度区(＞900 K),Jet A 等传统喷气燃料和 S－8、Shell GTK、Sasol IPK 等费托合成燃料的着火延迟时间基本相同;当温度低于 900 K 时,Jet A 和 FT SPK 的着火延迟时间开始呈现差异;当温度在 750～900 K 范围内时,所有燃料的着火延迟时间呈现随温度降低而微弱减小的趋势,被称为"逆温响应"。另外,逆温响应的温度区间与压力关系很大,当压力升高时,逆温区间将向高温区域移动。在低温区(＜750 K),传统喷气燃料和 FT、HRJ 等替代燃料的着火延迟时间将呈现显著差异,除 Sasol IPK 之外的大部分替代燃料的着火延迟时间比传统喷气燃料短。其中,Sasol IPK 的着火延迟时间较长,这是由于燃料中易于反应的正链石蜡含量较少。

在低温区到中等温区观察到的燃料着火延迟时间结果表明,不同燃料在低温条件的化学反应特性差异较显著,与在高温条件下相比,化学反应特性对燃料成分和分子结构更加敏感。因此,替代燃料在中低温区内的化学反应特性值得进一步深入研究。

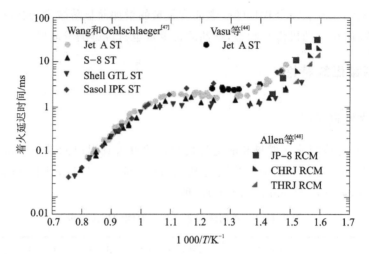

图 7.4 - 1　不同燃料/空气混合物着火延迟时间对比(压力 20 atm,ST&RCM)[4]

2. 十六烷值

　　十六烷值(Derived Cetane Number，DCN)是描述压缩点火型发动机内着火特性的另一重要参数,燃料的十六烷值越高,意味着其着火延迟时间越短,也意味着发动机更可能完全燃烧做功以及产生更低排放。计算十六烷值需要测量着火延迟时间,此处延迟时间的定义与 7.4.2 小节的定义存在较大差异,7.4.2 小节中测量的是预混、预蒸发的均质混合气的自燃延迟时间,而此处是指从燃料喷射到其着火燃烧的时间间隔。其中包含了燃料雾化、蒸发、混合以及着火等过程,因此,十六烷值可反映燃料在发动机上的真实着火特性。可采用两种 ASTM 标准设备测量 DCN,即燃料着火试验器(Fuel Ignition Tester，FIT)[48]、着火品质试验器(Fuel Quality Tester，FQT)[49];两种设备的燃烧腔室体积恒定,分别为(0.60 ± 0.03)L、(2.13 ± 0.002)L、初始工作条件分别为(2.40 ± 0.02)MPa、(510 ± 50)℃ 和(2.137 ± 0.007)MPa、(545 ± 30)℃。表 7.4 - 2 列出了不同类型传统喷气燃料和替代喷气燃料的十六烷值研究结果,由表中数据可知,除 Sasol IPK 之外,大部分替代燃料的十六烷值比传统喷气燃料高。

表 7.4 - 2　不同燃料的十六烷值[50-54]

燃　料		DCN	
类　型	POSF#	FIT, ASTM D7170	IQT, ASTM D6890
Jet A	4 658	49.35	47.1
JP - 8	6 169	—	47.3
Syntroleum S - 8	4 734	66.50	58.7
Shell GTL	5 172	64.69	59.1

燃　料		DCN	
类　型	POSF#	FIT, ASTM D7170	IQT, ASTM D6890
Shell SPK	5 729	—	58.4
Sasol IPk	5 642	33.46	31.28
Sasol IPK	7 629	—	31.1
R-8	5 469	66.27	—
亚麻 HRJ	6 152	60.70	53.94
亚麻 HRJ	7 720	—	58.9
牛脂 HRJ	6 308	65.85	58.1

参考文献[50]对传统燃料和替代燃料按比例调和的混合燃料的十六烷值进行了测量,如图 7.4-2 所示,S-8 和 Jet A 调和燃料、IPK 和 Jet A 调和燃料的十六烷值与混合分数呈线性变化趋势,但前者中 S-8 体积分数越高其十六烷值越低,后者中 IPK 体积分数越高其十六烷值越高。

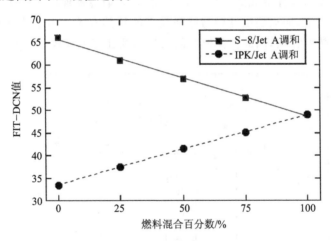

图 7.4-2　FIT-DCN 随燃料混合百分数变化[50]

3. 层流火焰传播速度

在火焰机理研究中,层流火焰传播速度是表征可燃混合气的重要参数之一,其定义为平面绝热燃烧波向均匀燃料/空气混合物进行一维稳态层流传播的速度。在实际燃烧过程中,层流火焰传播速度与燃烧室内的燃料燃烧速率有关,因此会影响燃烧效率和排气污染。近年来,诸多学者将研究目光聚焦于航空替代燃料的层流火焰传播速度上,如表 7.4-3 所列。

涡轴涡桨发动机燃烧室先进技术

表 7.4-3　不同燃料层流火焰传播速度的相关研究

研　究	燃　料	压力范围/atm	温度范围/K
Kumar 等[55]	Jet A、S-8	1.0	400、450、470
Mzé-Ahmed 等[56]	CTL FSJF、Jet A-1	1.0、3.0	473
Kick 等[57]	GTL、GTL FSJF	1.0	473
Vukadinovic 等[58]	Jet A-1、GTL、GTL	1.0、2.0、4.0	373、423、473
Hui 等[50]	Jet A、S-8、Sasol IPK、CHRJ	1.0	400、470
Hui & Sung[59]	Jet A、S-8	1.0~3.0	400
Munzar 等[60]	Jet A-1、HRJ	1.0	400

　　图 7.4-3 给出了不同燃料在预热温度 473 K 条件下的层流火焰传播速度的数据对比,这些数据来自 4 个研究团队[50,56-58],每个团队测得的传统喷气燃料和替代燃料的层流火焰传播速度基本一致,而各团队的数据则存在一定差异,可能是由于试验设备和测量误差的差异造成的。众所周知,层流火焰传播速度主要由阿累尼乌斯动力学火焰温度决定,而火焰温度则与燃烧反应的释热有关。由于传统喷气燃料和航空替代燃料的热值相当,因此两类燃料的火焰传播速度差异较小。

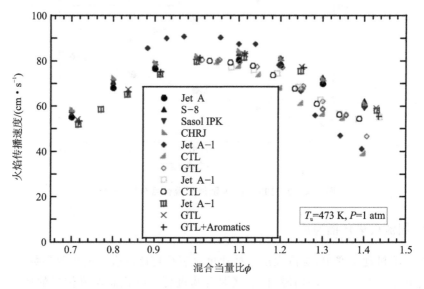

图 7.4-3　不同燃料/空气混合当量比条件下的层流火焰传播速度对比 (473 K,1.0 atm)[4]

4. 熄火拉伸率

　　关于火焰特性的另一个重要参数是熄火极限,通常是由不完全化学反应或非均匀传热传质耦合火焰拉伸效应诱导产生熄火。其中,火焰拉伸效应由非均匀流动、火焰形状以及流动/火焰的不稳定性控制。在逆流结构中,熄火极限通常可通过分析火焰熄灭时的火焰拉伸率捕捉,火焰拉伸率代表了化学动力学现象,表征了火焰/流动特征时间与化学反应特征时间的关系。火焰拉伸率是描述火焰稳定性的重要参数,与发动机的熄火特性直接相关。国内外对传统喷气燃料和航空替代燃料的熄火拉伸率的研究较少,参考文献[50]中对 Jet A、S-8、Sasol IPK 和 CHRJ 等燃料预混火焰的熄火拉伸率进行了测量,如图 7.4-4 所示。由图可知,不同燃料熄火拉伸率随混合当量比的变化趋势一致,替代燃料的熄火拉伸率稍高于传统喷气燃料。

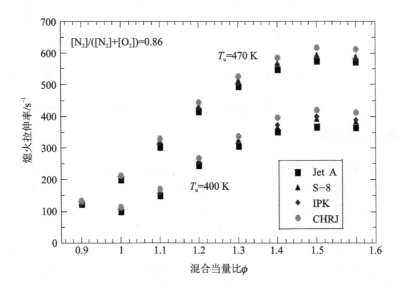

图 7.4-4　不同燃料火焰熄火拉伸率对比(400 K、470 K,1.0 atm)

7.4.3　综合燃烧特性

　　军用和商用航空替代燃料分别需要满足 MIL-DTL-83133F 和 ASTM D7566 标准,根据本章 7.2.2 小节介绍的航空替代燃料认证程序或验证流程,发动机 OEM 需要对新燃料进行燃烧室部件/台架试验以验证其综合燃烧性能。表 7.4-4 列出了针对替代燃料的燃烧部件试验研究,试验内容包括燃油雾化、点火及熄火性能等。

表 7.4-4　对替代燃料的燃烧室部件试验研究

研究对象	测试部件	测试燃料
雾化性能	压力雾化喷嘴(2007)[61]	Sasol FSJF
	压力雾化喷嘴(2012[62]、2014[63]、2015[64])	FT CTL、GTL、HRJ

续表 7.4 - 4

研究对象	测试部件	测试燃料
点火和高空再点火	Trent 全环燃烧室(2007)[65]	Sasol FSJF
	环管燃烧室(2012)[66]	Shell GTL
	双头部燃烧室(2011)[67,69]	FT SPKs
	单管燃烧室(2005)[68]	FT SPK
	单头部矩形燃烧室(2012)[62]	FT CTL
	RQL 燃烧室(2014)[70]	SPK
贫油熄火	全环燃烧室(2007)[61]	Sasol FSJF
	三头部燃烧室(2010)[71]	Shell GTL
	单头部矩形燃烧室(2012)[62]	FT CTL
	模型燃烧室(2012)[72]	Sasol FSJF、GTL、SPK
	RQL 燃烧室(2014)[70]	SPK

1. 燃油雾化性能

Williams 等[61]利用某燃油喷嘴对 Sasol FSFJ 燃料的雾化性能进行了试验研究。结果表明,在 −40 ℃条件下,该型替代燃料与 Jet A 的油雾打开压力、雾化锥角等基本一致,前者雾化粒度更小,对发动机低温条件起动更有利。Lin 等[62]对比了某 FT CTL 和 RP-3 的雾化性能,前者在低油压条件下具有更好的雾化性能,雾化粒径稍小,分布更均匀。Kannaiyan 和 Sadr 等[63]利用压力雾化喷嘴对比研究了两型 GTL 和 Jet A-1 的雾化性能,在中心区域 GTL 燃油破碎,弥散更快。上述现象的成因被认为是所研究替代燃料的粘度比相应传统燃料更低。

2. 点火和高空再点火性能

对 Sasol FSJF[65]、FT GTL[66]和 FT SPKs[67]等替代燃料的点火性能试验研究结果表明,使用上述替代燃料时,燃烧室点火性能与使用 Jet A 和 Jet A-1 等传统喷气燃料时基本一致;参考文献[67]中还发现,燃料中的异链烷烃/正链烷烃比越高,燃烧室点火性能越好。Hermann 等[68]对比研究了 FT SPK 和 Jet A-1 的点火特性,发现前者需在稍富油状态点火。需要指出的是,研究使用的 FT SPK 与 Jet A-1 具有更高的闪点和粘度,故其雾化和蒸发性能稍差,导致点火性能稍差。Lin 等[62]同样发现,试验使用的 FT SPK 的粘度比 RP-3 略低,使用该替代燃料时燃烧室点火边界更宽。因此,分析替代燃料对燃烧室点火和高空点火性能的影响时,需要关注燃料的粘度和闪点的差异。

3. 贫油熄火性能

Wiliiams[61]和 Shouse 等[71]研究发现,所选用替代燃料和传统燃料在贫油熄火

(LBO)性能方面没有明显的差异。而 Lin 等[62] 的试验结果表明,在低压降条件下,选用 FT CTL 时熄火性能较 RP - 3 更好。Burger 等[72] 利用实验室模型燃烧室对 Sasol FSJF、SPK、Jet A - 1 和其他调和燃料的贫油熄火表现进行了系统研究,并将 LBO 结果与蒸馏曲线、密度、粘度、闪点和着火延迟等燃料特性进行了关联性分析。研究发现:LBO 极限与燃油的挥发性间具有显著关联关系;当密度和粘度减小时,熄火边界拓宽;其他燃料特性则对 LBO 影响不大。

7.5 航空替代燃料的排放特性

对于费托燃料在内燃机中污染排放性质的研究开展得较早,已经取得了比较全面的成果[73],当前国际上对费托燃料在航空燃气轮机燃烧室中的燃烧性质也开展了相关研究。Biddle[74] 研究发现,与 Jet A 相比,Sasol FSJF 的 LTO 循环,NO_x 下降 4%,CO 下降 19%。Hermann 等[74] 研究了 FT SPK 在不同进口温度、不同油气比条件下的排放特性。结果表明:在较贫油的状态,使用 FT SPK 时 EICO 较 Jet A - 1 更低;在较富油的状态则相反,使用 FT SPK 时 $EINO_x$ 较 Jet A - 1 更低。Shouse 等[71] 对比了 FT GTL 和 JP - 8 的排放,与 JP - 8 相比,FT GTL 的 EICO 更低,在较贫油状态下其 $EINO_x$ 更低,而在较富油状态其 $EINO_x$ 则更高。尽管上述研究在 NO_x 和 CO 的对比结论上有一定出入,但传统喷气燃料和航空替代燃料的 NO_x 和 CO 排放总体上为相同量级,显著差异则表现在冒烟方面。Hermann 等[68]、Shouse 等[71]、Biddle[74] 和 Pucher 等[75][76] 均认为替代燃料在降低冒烟排放方面效果非常显著。例如,参考文献[75]中发现 100%GTL 和 50/50 GTL/Jet A - 1 的冒烟比 Jet A - 1 分别降低 83% 和 65%,100%HRJ 则可降低 96%。另外,使用替代燃料可有效避免燃油结焦和积碳,100%合成 GTL、50/50 GTL/Jet A - 1 调和燃料比 Jet A - 1 积碳量分别减少 95%、64%[76]。替代燃料中不含芳香烃成分,被认为是结焦、积碳减少的原因。航空替代燃料排放特性的相关研究如表 7.5 - 1 所列。

表 7.5 - 1 航空替代燃料排放特性的相关研究

研究对象	测试部件	测试燃料
排放、冒烟、积碳等	四头部扇形燃烧室[74]	Sasol FSJF
	单管燃烧室[68]	FT SPK
	三头部燃烧室[71]	Shell GTL
	双头部燃烧室[69]	FT SPKs
	单头部矩形燃烧室[62]	FT CTL
	环管燃烧室[75-76]	CTL、GTL、HRJ、FAME

7.6 航空替代燃料的应用前景

总的来说,未来 30～50 年内航空替代燃料仍将以"即用型"燃料为主。而远期来看,由于生物燃料较传统航空燃料和合成燃料在可持续发展和应对全球气候变化方面具有明显的优势,因此需要重点发展生物替代燃料。我国急待启动针对航空替代燃料的论证和验证工作,借鉴国外的发展经验,较为合理的规划为:2020 年前完成合成燃料飞行认证,并在 2025 年实现推广应用;生物燃料则在此基础上相应推后5 年;针对军用和民用需求,替代燃料发展重点有所不同,进度可做适当调整。

航空替代燃料将实现航空能源多样化、低碳化和可持续发展,为我国的交通运输、能源安全和国防建设提供强有力的保障,它也将是助推中国航空工业腾飞的又一股新生力量。

参考文献

[1] Gardner R. The outlook for energy: a view to 2040 [R]. Exxon Mobil, 2015.

[2] Chèze B, Gastineau P, Chevallier J. Forcasting air traffic and corresponding jet-fuel demand until 2025 [J]. Working Papers, 2010.

[3] Li Ye, Cui Qiang. Carbon neutral growth from 2020 strategy and airline environmental inefficiency: A Network Range Adjusted Environmental Data Envelopment Analysis [J]. Applied Energy, 2017, 199: 13-24.

[4] Zhang C, Hui X, Lin Y, el al. Recent development in studies of alternative jet fuel combustion: Progress, challenges, and opportunities [J]. Renewable and Sustainable Energy Reviews, 2016, 54: 120-138.

[5] Blakey S, Rye L, Wilson C. Aviation gas turbine alternative fuels: A review [J]. Proceedings of the Combustion Institute, 2011, 33(2): 2863-2885.

[6] Gökalp I, Lebas E. Alternative fuels for industrial gas turbines (AFTUR) [J]. Applied Thermal Engineering, 2004, 24(11-12): 1655-1663.

[7] Odgers J, Kretschmer D. Gas turbine fuels and their influence on combustion [M]. Tunbridge Wells, England: Abacus Press, 1986.

[8] Goodger E M. Alternative fuels: chemical energy resources [M]. London Bagsing Stock: Macmillan International Higher Education, 1980.

[9] Poloczek V, Hermsmeyer H. Modern gas turbines with high fuel flexibility [J]. POWER-GEN Asia, Kuala Lumpur, Malaysia, 2008, 200(8).

[10] 杨智渊，曾萍，杨晓奕，等. 生物航煤的管理、验证标准及验证流程 [J]. 航空动力学报，2018.

[11] ANSI/ASTM. Standard Practice for Qualification and Approval of New Aviation Turbine Fuels and Fuel Additives：ASTM D 4054 [S]. Philadelphia, US：ASTM, 2016.

[12] 中国民用航空局. 民用航空产品和零部件合格审定规定：CCAR-21 2007 [S]. 北京：中国民用航空局，2007：1-8.

[13] ANSI/ASTM. Standard Specification for Aviation Turbine Fuel Containing Synthesized Hydrocarbons：ASTM D7566-21 [S]. Philadelphia, US：ASTM, 2021.

[14] 中国国家标准化管理委员会. 3 号喷气燃料标准：GB 6537-2018 [S]. 北京：中国标准出版社，2018.

[15] Bulzan D, Anderson B, Wey C, et al. Gaseous and particulate emissions results of the NASA alternative aviation fuel experiment (AAFEX) [C]. Proceedings of the ASME Turbo Expo 2010, Glasgow, Scotland, June 14-18, 2010.

[16] Corporan E, DeWitt M J, Belovich V, et al. Emissions characteristics of a turbine engine and research combustor burning a Fischer-Tropsch jet fuel [J]. Energy and Fuels, 2007, 21(5)：2615-2626.

[17] DeWitt M J, Corporan E, Graham J, et al. Effects of aromatic type and concentration in Fischer-Tropsch fuel on emissions production and material compatibility [J]. Energy and Fuels, 2008, 22(4)：2411-2418.

[18] Cheng M D, Corporan E, DeWitt M J, et al. Emissions of volatile particulate components from turboshaft [J]. Aerosol and Air Quality Research, 2009, 9(2)：237-256.

[19] Corporan E, DeWitt M J, Klingshirn C. DOD assured fuels initiative：B-52 aircraft emission burning a Fischer-Tropsch/JP-8 fuel blend [C]. 10th International Conference on Stability, Handling and Use of Liquid Fuels, IASH, Tucson, Arizona, 2007.

[20] Moses C A, Biddle T B, Seto S P. Combustion and operational characteristics of Sasol fully synthetic jet fuel [C]. 10th International Conference on Stability, Handling and Use of Liquid Fuels, IASH, Tucson, Arizona, 2007.

[21] Moses C A, Roets P. Properties, Characteristics, and Combustion Performance of Sasol Fully Synthetic Jet Fuel [J]. Journal of Engineering for Gas

Turbines and Power，2009，131(4).

[22] Moses C A. Evaluation of Sasol Synthetic Kerosene for Suitability as Jet Fuel—Phase II：Engine and Combustor Tests [R]. San Antonio，USA：Southwest Research Institute，2007.

[23] Moses C A. Airbus，Alternative Fuels Programme：1st Phase GTL Flight Test Final Report [R]. San Antonio，USA：Southwest，2008.

[24] Rizk N. Overview of the relationship between fuel properties and engine performance [R]. ICAO workshop，Montreal，Canada，2009.

[25] Foster S. A change is in the air：sustainable fuels for the aviation industry [C]. International Conference on Alternative Aviation Fuels Programme，Royal Aeronautical Society，London，2008.

[26] IATA. Report on Alternative Fuels [R]. IATA，2009.

[27] Rahmes T，Kinder J，Crenfeldt G，et al. Sustainable Bio-Derived Synthetic Paraffinic Kerosene (Bio-SPK) Jet Fuel Flights and Engine Tests Program Results [C]. 9th AIAA Aviation Technology，Integration，and Operations Conference (ATIO)，2009.

[28] Moses C A. Comparative evaluation of semi-synthetic jet fuels [R]. CRC，2008.

[29] Peterson C L，Wagner G L，Auld D L. Transaction of ASME[J]，1986，29(5).

[30] Bradshaw A，Simms N J，Nicholls J R. Passage of trace metal contaminants through hot gas paths of gas turbines burning biomass and waste-fuels [J]. Fuel，2008，87(17-18)：3529-3536.

[31] Wilson C W，Blakey S，Cornwell S. Preparing the way for gas turbines to run on alternative fuels [C]. British Flame，Birmingham，2007.

[32] Behrendt F，Neubauer Y，Oevermann M，et al. Direct liquefaction of biomass [J]. Chemical Engineering and Technology，2008，31(5)：667-677.

[33] Schulz H. Short history and present trends of Fischer-Tropsch synthesis [J]. Applied Catalysis A：General，1999，186(1-2)：3-12.

[34] Speight J G. The chemistry and technology of petroleum [M]. 4th Edition，New York：CRC Press，2006.

[35] Altman R. Aviation alternative fuels，characterizing the options [R]. ICAO，Montreal，Canada，2009.

[36] Bogers P. Alternative fuels for aviation-industry options & challenges (Shell) [R]. ICAO，Montreal，Canada，2009.

[37] Blazowski W S, Maggitti L. Future fuels in gas turbine engines [J]. Progress in Astronautics and Aeronautics, 1978, 62: 21-73.

[38] Nowack C, Solash J, Delfosse R J. Evaluation of coal-derived JP-5 fuels [J]. CEP Technical Manual, 1977, 3: 122-126.

[39] Bauserman G W, Spengler C J, Cohn A. Combustion effects of coal liquid and other synthetic fuels in gas turbine combustors: Part II — Full scale combustor and corrosion tests [C]. Proceedings of the ASME 1980 International Gas Turbine Conference and Products Show, New Orleans, Louisiana, USA, March 10-13, 1980.

[40] Singh P P, Bazarian E R, Mulik P R, et al. Comparative Testing of Petroleum Surrogate Fuels with Coal-Derived Liquids in a Combustion Turbine Burner[J]. ASME 80-GT-64, Gas Turbine Conference, New Orleans, LA, 1980.

[41] Vasu S S, Davidson D F, Hanson R K. Jet fuel ignition delay times: shock tube experiments over wide conditions and surrogate model predictions[J]. Combust Flame, 2008, 152: 125-143.

[42] Kumar K, Sung C J. A comparative experimental study of the autoignition characteristics of alternative and conventional jet fuel/oxidizer mixtures[J]. Fuel, 2010, 89: 2853-2863.

[43] Kumar K, Sung C J. An experimental study of the autoignition characteristics of conventional jet fuel/oxidizer mixtures: Jet – A and JP – 8[J]. Combust Flame, 2010, 157: 676-685.

[44] Wang H, Oehlschlaeger M A. Autoignition studies of conventional and Fischer-Tropsch jet fuels[J]. Fuel, 2012, 98: 249-258.

[45] Allen C, Toulson E, Edwards T, et al. Application of a novel charge preparation approach to testing the autoignition characteristics of JP – 8 and camelina hydroprocessed renewable jet fuel in a rapid compression machine[J]. Combust Flame, 2012, 159: 2780-2788.

[46] Zhu Y, Li S, Davidson D F, et al. Ignition delay times of conventional and alternative fuels behind reflected shock waves[J]. Proc. Combust Inst. , 2015, 35(1): 241-248.

[47] Valco D, Gentz G, Allen C, et al. Autoignition behavior of synthetic alternative jet fuels: an examination of chemical composition effects on ignition delays at low to intermediatetemperatures[J]. Proceedings of the Combust Institute, 2015, 35(3): 2891-2983.

[48] ASTM. Satandard test method for determination of Derived Cetane Number (DCN) of diesel fuel oils—fixed range injection period, constant volume combustion chamber method[S]. ASTM D7170, 2012.

[49] ASTM. Standard test method for determination of ignition delay and Derived Cetane Number (DCN) of diesel fuel oils by combustion in a constant volume chamber[S]. ASTM D6890, 2012.

[50] Hui X, Kumar K, Sung C J, et al. Experimental studies on the combustion characterisitics fo alternative jet fuels[J]. Fuel, 2012, 98: 176-182.

[51] Bessee G B, Hutzler S A, Wilson G R. Propulsion and power rapid response Research and Development (R&D) support. Delivery order 0011: analysis of synthetic aviation fuels[R]. DTIC document, 2011.

[52] Dooley S, Won S H, Heyne J, et al. The experimental evaluation of a methodology for surrogate fuel formulation to emulate gas phase combustion kinetic phenomena[J]. Combust Flame, 2012, 159: 1444-1466.

[53] Dooley S, Won S H, Jahangirian S, et al. The combustion kinetics of a synthetic paraffinic jet aviation fuel and a fundamentally formulated, experimentally validated surrogate fuel[J]. Combust. Flame, 2012, 159: 3014-3020.

[54] Won S H, Veloo P S, Santner J, et al. Comparative evaluation of global combustion properties of alternative jet fuels[J]. AIAA 2013-0156, 2013.

[55] Kumar K, Sung C J, Hui X. Laminar flame speeds and extinction limits of conventional and alternative jet fuels[J]. Fuel, 2011, 90: 1004-1011.

[56] Mzé-Ahmed A, Dagaut P, Hadj-Ali K, et al. Oxidation of a coal-to-liquid synthetic jet fuel: experimental and chemical kinetic modeling study[J]. Energy and Fuel, 2012, 26: 6070-6079.

[57] Kick T, Herbst J, Kathrotia T, et al. An experimental and modeling study of burning velocities of possible future synthetic jet fuels[J]. Energy, 2012, 43: 111-123.

[58] Vukadinovic V, Habisreuther P, Zarzalis N. Experimental study on combustion characteristics of conventional and alternative liquid fuels[J]. J. Eng. Gas Turbine Power, 2012, 134: 121504.

[59] Hui X, Sung C J. Laminar flame speeds of transportation-relevant hydro-carbons and jet fuels at elevated temperatures and pressures[J]. Fuel, 2013, 109: 191-200.

[60] Munzar J D, Zia A, Versailles P, et al. Comparison of laminar flame speeds,

extinction stretch rates and vapor pressures of JetA-1/HRJ biojet fuel blends
[J]. Proc. ASME Turbo Expo，ASME 2014 – GT – 25951，2014.

[61] Williams R. Final report evaluation of sasol fully synthetic jet fuel for approv-
al for use as Jet A – 1 fuel[R]. Honeywell Aerospace，2007，Report No. 21-
13781，2007.

[62] Lin Y，Lin Y，Zhang C，et al. Evaluation of combustion performance of a
coal-derived synthetic jet fuel[J]. Proc. ASME Turbo Expo，ASME 2012-
GT-68604，2012.

[63] Kannaiyan K，Sadr R. Experimental investigation of spray characteristics of
alternative aviation fuels[J]. Energy Convers Manage，2014，88：1060-1069.

[64] Sivakumar D，Vankeswaram S K，Sakthikumar R，et al. Analysis on the at-
omization characteristics of aviation biofuel discharging from simplex swirl at-
omizer[J]. Int. J. Multiphase Flow，2015，72：88-96.

[65] Herman F. Cold day ignition and altitude relight testing of SASOL fully syn-
thetic aviation kerosene—External report to Southwest Research Institute
[R]. Rolls-Royce PLC，2007，Report No. DNS.126274，2007.

[66] Rye L，Wilson C W. The influence of alternative fuel composition on gas tur-
bine ignition performance[J]. Fuel，2012，96：277-283.

[67] Fyffe D，Moran J，Kannaiyan K，et al. Effect of GTL-like jet fuel composi-
tion on gt engine altitude ignition performance：Part I：Combustor operability
[J]. Proc. ASME Turbo Expo，ASME 2011-GT-45487，2011.

[68] Hermann F，Hedemalm P，Orbay R，et al. Comparison of combustion prop-
erties between a synthetic jet fuel and conventional Jet A-1[J]. Proc. ASME
Turbo Expo，ASME 2005-GT-68540，2005.

[69] Mosbach T，Gebel G C，Clercq P L，et al. Investigation of GTL-like jet fuel
composition on GT engine altitude ignition and combustion performance，Part
II：detailed diagnostics[J]. Proc. ASME Turbo Expo，ASME 2011-GT-
45510，2011.

[70] Burger V，Mosbach T，Yates A，et al. Fuel influence on targeted gas turbine
combustion properties，part II：detailed results[J]. Proc. ASME Turbo Ex-
po，ASME 2014-GT-25105，2014.

[71] Shouse D T，Neuroth C，Hendricks R C，et al. Alternate-fueled combustor-
sector performance，Part A：Combustor performance；Part B：Combustor
emissions[J]. ISROMAC 13-2010-49，2010.

[72] Burger V，Yates A，Viljoen C. Influence of fuel physical properties and reaction rate on threshold heterogeneous gas turbine combustion[J]. Proc. ASME Turbo Expo，ASME 2012-GT-68153，2012.

[73] Gill S S，Tsolakis A，Dearn K D，et al. Combustion characteristics and emissions of Fischere-Tropsch diesel fuels in IC engines [J]. Progress in Energy and Combust. Sci. ，2011，37：503-23.

[74] Biddle T. Pratt & Whitney emissions test to determine the effect of sasol fully synthetic jet-A fuel on the emissions of a commercial combustor[R]. Southwest Research Institute，2007.

[75] Pucher G，Poitras P，Allan W，et al. Emissions from a gas turbine sector rig operated with synthetic aviation and biodiesel fuel[J]. J. Eng. Gas Turbine Power，2011，133：111502.

[76] Pucher G，Allan W，Poitras P. Characteristics of deposits in gas turbine combustion chambers using synthetic and conventional jet fuels[J]. J. Eng. Gas Turbine Power，2013，135：07150.

第 8 章
新概念燃烧室

| 8.1　新概念燃烧室简介 |

　　21 世纪的军、民用航空动力要求做到：超高速、超高空；无限时、无限航程；推重比更高、油耗更低等。基于上述要求，发展出一些新概念动力装置，包括：超燃冲压发动机、爆震发动机、组合循环发动机、高超声速发动机等。尽管新概念发动机的种类繁多，但从燃烧室的角度而言，这些新概念发动机均需要燃烧室有更宽的稳定工作范围、更高的功重比、更低的排放、更低的成本等。基于这些需求，国际上发展了驻涡燃烧室、超紧凑燃烧室、爆震燃烧室、波转子燃烧室、智能燃烧室等多种新概念燃烧室技术。本章就可应用于涡轴涡桨发动机的驻涡燃烧室、超紧凑燃烧室、爆震燃烧室、内燃波转子燃烧室、智能燃烧室五个方面对各自的技术和发展概况进行简要介绍。

| 8.2　驻涡燃烧室 |

　　驻涡燃烧室(Trapped Vortex Combustor, TVC)的概念是由美国在 1993 年提出来的，典型的驻涡燃烧室结构及流动特征如图 8.2-1 所示。驻涡燃烧室是典型的分级供油、分区燃烧燃烧室，其中，驻涡区为值班级，通过合理组织进入驻涡区内的空气和燃油，在驻涡区内形成稳定的漩涡，使得值班级在各种工况下均可稳定燃烧；主燃级空气通过头部的周向分流钝体/径向联焰板组合结构流入燃烧区，周向分流钝体起分流、强化掺混及火焰稳定的作用，径向联焰板主要用来传播火焰使主燃级能够顺利被值班级点燃。在小状态下，仅值班级供油，主燃级不供油；在大状态下，值班级、主燃级同时供油工作。

　　在借鉴空腔减阻的研究成果基础上，戴顿大学的 Hsu 教授等于 1995 年设计出

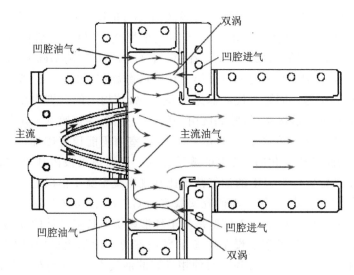

图 8.2-1　典型驻涡燃烧室结构及流场示意图

了第一代驻涡燃烧室模型,如图 8.2-2 所示。该燃烧室包括了前体、后体和中心体,由前体和后体构成空腔形成驻涡区,可以通过移动前后体而改变驻涡区的轴向长度。后体在轴向分隔成两个独立的空间,中心体由两个同心管组成,分别与后体的两个空间相连,燃料由内部的管子进入后体,并经由小管从后体前盖板中间的一排孔喷入驻涡区,外部管子通入一部分空气经由后体前盖板的另外两排孔流入驻涡区,这部分空气把燃料包在中间,起到初始油气混合和燃烧的作用,主流经由前体流入。该模型的主要贡献在于验证了用凹腔实现火焰稳定的想法,存在的主要问题是驻涡区和主流间的质量和能量交换较少,所有的燃油都供入驻涡区,使得驻涡区热负荷很大,而主

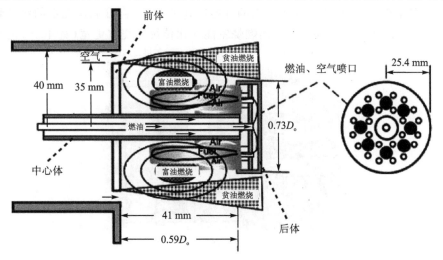

图 8.2-2　第一代驻涡燃烧室

流温升不高,出口温度场不均。另外,驻涡区油气当量比超过化学当量油气比,而主流空气又不易进去,因此燃油在驻涡区不能完全燃烧,燃烧会在后体的下游继续进行,为保证燃烧效率只能加长燃烧室。在第一代驻涡燃烧室的基础上,美国空军研究实验室(AFRL)与 GEAE 公司开发了第二代驻涡燃烧室,如图 8.2-3 所示。该燃烧室为轴对称罐式构造。同第一代驻涡燃烧室相比,结构上的差别主要表现为:整个燃烧室由主燃区和驻涡区构成,驻涡区由中间转至外围,主流喷入一定的燃料。试验结果表明:① 在主流速度高至 150 m/s 时,燃烧室内仍能稳定燃烧;② 油气当量比在 1 和 0.05 之间迅速变化时,仍能正常工作;③ 贫油熄火极限比常规燃烧室小得多;④ 燃烧效率高至 99% 以上的油气范围比常规燃烧室宽 1 倍以上。为了更好地适应采用液体燃料的燃烧,美国空军研究实验室与 GEAE 公司又开发了第三代驻涡燃烧室模型,如图 8.2-4 所示。该模型是基于环形燃烧室特点设计的驻涡燃烧室矩形模型。第三代模型主要考察了慢车状态下燃烧室的贫油熄火极限(LBO)和燃烧效率。试验的主要结论是:① 得到了两种相对好的油气方案,分别对应驻涡区内双涡流动模式和单涡流动模式;② 两种方案的 LBO 均低于常规燃烧室的 LBO,且基本不受主流变化的影响,其中双涡模式最低;③ 两种方案的燃烧效率均高于常规燃烧室,模型驻涡燃烧室在常压下的效率几乎与传统燃烧室在 5 个大气压下的效率相当,双涡模式的效率最高。第三代驻涡燃烧室模型的试验结果为后续高温高压驻涡燃烧室模型的设计提供了重要依据。针对驻涡燃烧室在真实进口气动热力条件的性能,美国空军研究实验室与 GEAE 公司联合开发了高温高压驻涡燃烧室模型,部分文献称之为第四代模型,如图 8.2-5 所示。在第四代驻涡燃烧室中设计了单涡(1V)和双涡(2V)以及双通道(2P)和三通道(3P)结构,如图 8.2-1 所示。高温高压试验结果显示(见图 8.2-6):2P-2V 结构的综合性能更好;相对于现有技术,驻涡燃烧室在点火、贫油熄火、空中再点火等方面的性能提高了近 50%;驻涡燃烧室的污染物排放量比 CAEP2 少 40%~60%;驻涡燃烧室能在比传统燃烧室更宽(宽 40%)的范围

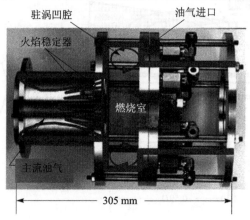

驻涡凹腔　　　　油气进口

火焰稳定器

燃烧室

主流油气

305 mm

图 8.2-3　第二代驻涡燃烧室

内保持 99％以上的燃烧效率[1-13]。

图 8.2－4　第三代驻涡燃烧室

图 8.2－5　第四代驻涡燃烧室实物图

　　按 IHPTET 第三阶段中 ATEGG 的计划,AFRL 与 GEAE 将设计完整的 TVC 燃烧室在 XTC77－1 或 XTE－77/SE 上进行验证,但由于 ATEGG 计划中止,很多工作可能没有开展。尽管如此,由于 TVC 前期研究中所表现出的良好性能,GEAE、NAVY 和 ESTCP 制订了一个联合计划,开展 TVC 应用于下一代战机的工程化研究。该计划从 2003 年开始至 2009 年结束,在 2007 年完成了一个全环 TVC 燃烧室的设计并进行了燃烧试验(见图 8.2－7),从燃烧室污染物排放的结果(见图 8.2－8、图 8.2－9)来看,驻涡燃烧室全环件的燃烧性能优异。另外按计划,在 2008 年度完成第二个全环试验件加工并开展燃烧性能试验,但至今未有相关资料公开发表[13]。

　　驻涡燃烧室凭借“天生”的特质——分级供油、分区燃烧,决定了其在民用方面有较大的潜力,鉴于此,美国制订了一个联合计划研究低排放驻涡燃烧室,其内容包括:在美国空军研究实验室高压驻涡燃烧室的基础上开展结构优化,设计旋流结构及波瓣结构,从而降低污染物排放,提高性能;在美国能源部((Department of Energy, DoE)NETL Morgantown Facility 上实现论证 RQL 驻涡燃烧室概念;由 GE 公司完成驻涡燃烧室 60°扇形件的设计与性能评估;根据 F414 发动机的参数完成驻涡燃烧室全环件的设计和制造;由 GE 公司完成 F414 驻涡燃烧室全环件试验,并评价其排放和性能;完成带有驻涡燃烧室的 F414 发动机的整机性能评估。

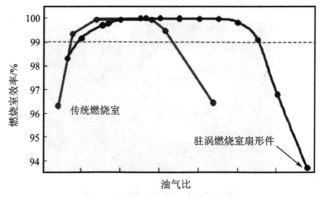

(a) 燃烧效率随油气比的变化

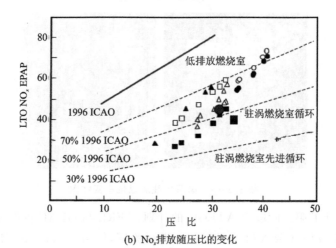

(b) No$_x$排放随压比的变化

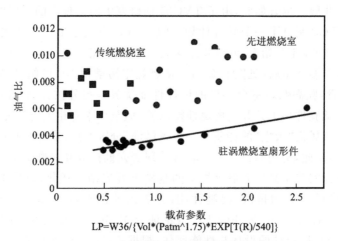

$$LP=W36/\{Vol*(Patm^1.75)*EXP[T(R)/540]\}$$

(c) 贫油熄火油气比随载荷参数的变化

图 8.2 - 6　驻涡燃烧室高压试验件综合性能

图 8.2 - 7　驻涡燃烧室全环试验件及其剖面示意图

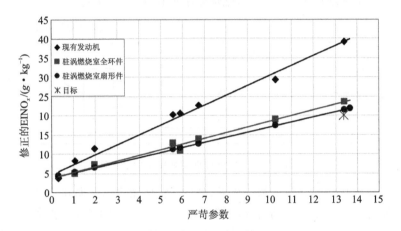

图 8.2 - 8　NO$_x$ 排放对比

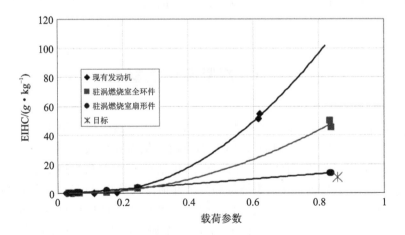

图 8.2 - 9　UHC 排放对比

在 DoE 的支持下，Straub 等对用于地面燃气轮机的 RQL 驻涡燃烧室进行了研究。该研究中，驻涡燃烧室主流采用流量分配盘达到快速淬熄的效果。他们采用试验和数值模拟相结合的方法对该模型的排放性能进行了研究，结果表明，在较低的凹腔当量比下，数值模拟和试验结果比较吻合，但是在较高的凹腔当量比下，两者得到的 NO_x 差别较大。Straub 认为，凹腔内的副涡会将贫油区的氧传输到富油区，这将限制驻涡燃烧室降低 NO_x 排放的能力。Bucher 等在 DoE 的支持下对 LPP 驻涡燃烧室进行了研究。研究中所设计的燃烧室主要包括一个前钝体模块和 TVC 模块（见图 8.2 - 10）。采用甲烷作为燃料，与空气进行预混，在贫油状态下分别对纯钝体结构和 TVC 结构进行了燃烧试验。纯钝体结构虽然能得到 99% 以上的燃烧效率，但是其 CO 排放没有竞争力。而在 TVC 结构下，得到了极低的污染物排放（NO_x/CO/HC 排放分别为 $9/9/0\times10^{-6}$），燃烧效率也在 99.9% 以上[14-16]。

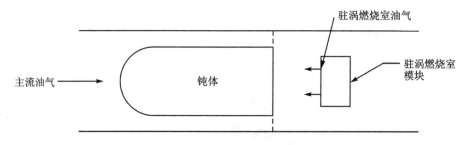

图 8.2 - 10 LPP 驻涡燃烧室结构示意图

在美国提出驻涡燃烧室的概念以后，法国、印度、德国、意大利、中国等也从多方面对驻涡燃烧室进行了相关的研究，并取得了一些有价值的结果。此外，在驻涡燃烧室的基础上，还发展出了很多新型的燃烧室，包括依靠凹腔稳焰的级间燃烧室、由凹腔做值班稳定器的超级燃烧室、带波瓣混合器的高速驻涡燃烧室、超燃冲压发动机等[17-21]。

| 8.3　超紧凑燃烧室 |

通过提高涡轮温度来提高效率是一种有效的方法，涡轮内燃烧正是基于这种理念提出的。由于涡轮内部结构的特殊性，涡轮内燃烧需要解决一些关键技术：热力循环性能模型的建立和应用计算方法的推导，包括小空间引起的热壅塞导致总压损失问题等；超紧凑小空间合理组织燃烧和分区低损流动的机理研究；应用这些关键技术进行原型概念设计方案研究，包括高温引起的涡轮叶片过热和热斑等问题可能采取的措施。基于上述需求及关键技术，美国空军研究实验室提出了超紧凑燃烧室（Ultra Compact Combustor，UCC）。

UCC 原型概念研究以凹腔稳焰切向喷油补气周向燃烧的六叶片涡轮通道缩小模型为基础,开展机理特性研究。该研究分为四个阶段:第一阶段为单级涡轮直叶型,第二阶段为单级弯叶型(见图 8.3-1);第三阶段为双级涡轮叶片带预旋气流的弯叶型,第四阶段为多涡轮叶片的全尺寸模型(见图 8.3-2)。图 8.3-3 示出了常规燃烧室与三种超紧凑燃烧方案的 LBO 比较,图 8.3-4 示出了三种常规旋流燃烧室油气比 OFAR 与超紧凑燃烧,可以看出超紧凑燃烧室的燃烧效率不像常规旋流燃烧室那样随油气比和负荷变化很大,其特性充分表明超紧凑燃烧技术可以工作在低油气比和高负荷的工作条件下。美国空军研究实验室提出的 UCC 燃烧技术以实现尺寸小、质量轻和涡轮内补燃增推等技术为目标,研究已经取得了重大进展,其贫油熄火油气比只有目前系统的 25%~50%,其涡轮导向器与补燃器一体化的涡轮内燃烧器可以实现涡轮内燃烧的构想,并且设想用以取代主燃烧室,实现高效率动力输出,能显著减轻发动机的质量和减小尺寸。该技术是一个运用凹腔稳焰、多点喷燃理念组织燃烧,结合周向燃烧、旋流燃烧、补气射流、驻涡燃烧等在涡轮通道内实施补燃概念的目前几种先进燃烧技术的综合体现[22-47]。

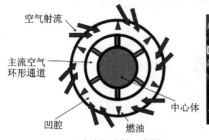

(a) 凹腔油气喷射示意图

(b) 直叶型实验模型

(c) 弯叶型实验模型

图 8.3-1　凹腔油气喷射示意图、直叶型实验模型及弯叶型实验模型

(a) 双级预旋叶片流动计算模型

(b) 多叶片全尺寸模型

图 8.3-2　双级预旋叶片流动计算模型及多叶片全尺寸模型

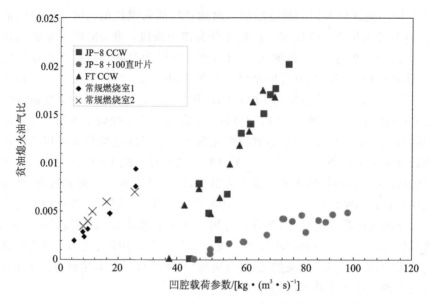

图 8.3 - 3　常规燃烧室与三种超紧凑涡轮内燃烧模型实验 LBO 比较

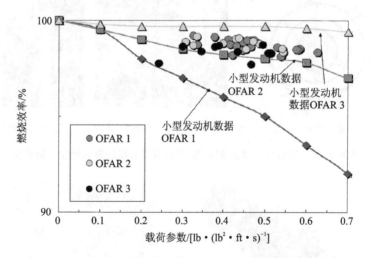

图 8.3 - 4　超紧凑燃烧室与常规旋流燃烧室的燃烧效率比较

| 8.4　爆震燃烧室 |

采用爆震燃烧模式的燃气涡轮发动机称为爆震发动机,爆震发动机主要有两种类型:脉冲爆震发动机(PDE)和旋转爆震发动机(RDE)。爆震发动机可以显著提升热循环效率(20%~25%)、降低发动机的耗油率(20%~25%),可用作战略飞机、无人机、导弹的动力装置,也可用作轨道转移发动机、行星着陆发动机,以及航天器姿态控制、卫星机动的动力装置等,在未来空天推进领域具有广阔的应用前景。

1. 脉冲爆震

利用间歇式或脉冲式爆震波产生的高温高压燃气来产生推力的发动机称为脉冲爆震发动机(Pulse Detonation Engine,PDE)。目前,将 PDE 分为三类:第一类是纯脉冲爆震发动机(pure PDE),第二类是混合式脉冲爆震发动机(hybrid PDE),第三类是组合式脉冲爆震发动机(combined PDE)。

脉冲推进技术是 20 世纪 30 年代由纳粹德国的科学家开发出来的。1940 年,德国的 Hoffmann 等对脉冲爆震进行了试验研究。20 世纪 50 年代研究人员对此进行了全面探索,美国的 Nicholls 等开展了脉冲爆震推进的可行性试验研究。但由于缺少经费,20 世纪 60 年代末终止了将爆震燃烧作为替换火箭推进装置的探索性研究。20 世纪 80 年代,美国又重新开展了对 PDE 的研究;90 年代,PDE 的研究进入了全面发展时期。1986 年,Helman、Shreeve 和 Eidelman 等对 PDE 进行了探索性试验研究,试验证实:PDE 不仅可以设计成不同的推力水平,而且能够研制成推力可调的实用推进发动机。在 1996 年、1997 年,NASA 兰利研究中心和洛·马公司提出用PDE 代替涡轮冲压发动机的思路,美国国际科学应用公司也提出了 PDE 的发展战略,并指出 PDE 将对 21 世纪的航空和航天飞行器产生深远影响。1998 年,NASA计划用三年时间研制适用于助推级的脉冲爆震火箭发动机技术,目前已完成了概念验证试验,并且高频反复爆震也获得成功,同时实现了真空启动,并于 2005 年研制出了实验用发动机,2009 年研制出了全尺寸可飞行的发动机。美国空军从 1998—1999财年研究用于下一代侦察攻击飞行器及吸气式推进器的 PDE 技术,主要研究在涡扇发动机的外涵采用脉冲爆震燃烧,以替代加力燃烧室。1999 年 5 月,美国海军研究办公室(Office of Naval Research,ONR)启动了为期五年的有关 PDE 的核心研究计划和大学多学科研究创新计划,研究使用一般液体燃料的、能从亚声速到马赫数为 5的低成本、结构简单的战术导弹用 PDE 推进系统。

进入 21 世纪,美国更是动用政府机构、军方、私营公司和大学等 20 多家单位,进行 PDE 燃烧机理、飞行动力学、热力及机械应力环境、材料和制造技术方面的研究。美国国防高级研究计划局(DARPA)的 PDE 研究目标是用于尺寸非常小的武器和军用平台,如小型飞行器和无人战斗机的质量轻、成本低、寿命短的小型 PDE 推进系统,所发展的 PDE 系统以 JP - 8 为燃料,直径为 1.27～15.24 cm,推力为 0.088～89 N。GE 公司已经于 2002 年 6 月运行了一台 PDE,并产生了推力,2003 年确定PDE 验证机的结构,2003—2004 年进行了设计工作和早期的部件实验,2005—2006 年运行了全尺寸的验证机。GE 目前的重点是开发超声速运输机的动力装置,目标是混合脉冲爆震发动机的涡轮发动机,现主要针对不补充氧就能启动爆震过程的航空燃料进行试验和计算研究,并计划到 2020 年得到商用混合 PDE 原型机。

2004年,美国空军研究实验室使用一种超临界燃料喷射系统实现了JP-8燃料在空气中的爆震,该喷射系统不但结构简单,而且燃烧不会积碳,并于同年秋,成功完成了世界上第一架以PDE为动力的有人驾驶飞机的地面声学和振动试验。试验结果显示,该飞机的声学水平与B-1B轰炸机相当。美国空军于2008年首次以PDE为动力,在改进型的Long-EZ飞机上进行了飞行演示试验,发动机由4个能产生频率为80 Hz的脉冲爆震的管子组成,产生890 N的推力,在近30 m高度自主飞行了10 s。2009年初,由普惠和波音公司联合推出的PDE样机ITR-2在海军航空武器中心进行了实用性验证,ITR-2是第一台在飞行尺度、飞行频率、飞行条件下进行系统集成试验的脉冲爆震发动机,有5个爆震室,采用预爆震点火系统,单管工作频率为80 Hz时,实际测量的净推力与单位燃油消耗率和预测结果非常接近,推力达到了2 023~2 669 N。美国NASA计划在2015年之前,研究在普通燃气涡轮发动机的加力燃烧室采用脉冲爆震燃烧的发动机概念,在2015年之后,在燃气涡轮发动机的主燃烧室采用脉冲爆震燃烧的发动机概念。目前,基于脉冲爆震燃烧的混合循环推进系统的概念设计已经结束,美国已把混合PDE列入空军2010—2022年的重点发展项目。但基于脉冲爆震的组合循环发动机目前尚处于概念研究阶段,2001年,Munipalli等提出的一种基于脉冲爆震的组合循环发动机的初步设计方案,由于涉及到火箭引射、脉冲爆震、斜爆震以及纯火箭4个模态,对各模态物理过程的研究还不够深入,特别对各模态间的转换研究更是缺乏,因此,目前仍处于概念研究阶段。

此外,加拿大、法国、日本、俄罗斯、以色列、瑞典、中国也纷纷投入经费和制订计划开展PDE的研究。加拿大的研究集中在采用JP-10液体燃料的多循环吸气式PDE的理论和试验评估上,发展低成本导弹、无人侦察机用PDE。法国计划用几年时间开始全尺寸的PDE试验,宇航公司/马特拉公司导弹部重点研究用于战术导弹、UAV、UCAV的推力在500~1 000 N的PDE。日本的研究包括试验和计算采用氢和碳氢化合物、在50 Hz频率以下循环工作的PDE,并探讨将PDE发动机用于研制中的第5代隐身战斗机上。俄罗斯中央航空发动机研究院计划把PDE用作航空航天组合动力装置和脉冲引射器,莫斯科大学和俄罗斯科学院高温研究所参加了MURI计划。中国脉冲爆震发动机技术研究是从脉冲爆震火箭发动机(PDRE)开始的,最初的PDRE试验研究是以汽油为燃料、以压缩空气为氧化剂开展的原理性模型试验。显然,以汽油/空气为燃料不符合火箭推进的安全性和性能需求,因而后来发展了符合工程实际的以液态煤油/氧气为燃料的PDRE。然而,在以汽油/空气为燃料的原理性试验中,进行了包括爆震基础理论、燃料的喷射与混合、起爆技术等大量基础性研究,从而认识、分析和总结了PDE的关键技术问题,奠定了PDE研发的技术基础[30-34]。

2. 旋转爆震

20世纪60年代,苏联的Voitsckhovskii首次在圆盘形燃烧室上实现了连续旋转爆震，研究中通过速度补偿技术获得了燃烧室内多个爆震波头的流场结构，爆震波传播速度仅为 CJ 速度的一半，与爆震燃烧产物的声速相当。Mikhailov 测量了该燃烧室不同径向位置处的压力随时间变化的过程，在爆震波传播区域内得到了周期性的压力突跃，进一步证实了旋转爆震波的存在。

俄罗斯的 Bykovskii 等在 20 世纪 70 年代以后开始将旋转爆震燃烧模式应用到不同尺寸的发动机中，其研究工作持续至今。他们尝试了火花塞、电爆丝、爆震管等多种起爆方式，使用过的燃料包括：氢气、乙炔、丙烷、甲烷、煤油、汽油、苯、酒精、丙酮和柴油；氧化剂包括：气态和液态氧以及氧气和空气混合物。在小尺寸发动机上，测得的氢气/氧气爆震波传播速度为 2.3～2.4 km/s，甲烷/氧气爆震波速度为 1.6～1.9 km/s，乙炔/氧气爆震波速度为 1.6～2.1 km/s。在大尺寸发动机上，乙炔/空气在燃烧室内只有一个爆震波头，爆震波平均传播速度为 1.1～1.48 km/s；氢气/空气在混合气流量较大时，燃烧室内具有多个爆震波头，爆震波平均传播速度为 1.4～1.5 km/s；对于丙烷/空气和煤油/空气两种组合，由于推进剂的活性较低，只有在混合气中加入氧气后，才能够实现旋转爆震燃烧。Bykovskii 采用煤油/氧气推进剂分别在直径为 100 mm 和 50 mm 的旋转爆震燃烧室上进行了推力测量，获得的比冲分别为 160 s 和 190～200 s。Bykovskii 还提出了爆震燃烧室关键参数的设计准则：爆震波高度(h^*)要达到一定的临界值后才能稳定传播，$h^* = (12\pm5)a$，其中 a 为燃烧室压力下的混合气所对应的胞格尺寸；燃烧室的最小长度约为 $2h^*$；燃烧室宽度不低于半个胞格尺寸，当采用液体燃料时，不能低于最小液滴直径，与气体燃料相比，所需的燃烧室宽度较大。

俄罗斯 Zhdan 等结合理论分析对连续旋转爆震波进行了二维数值模拟研究，获得了与实验定性符合的旋转爆震流场结构(见图 8.4-1)，计算获得的旋转爆震波传播速度仅为理论 C-J 速度的 80%。

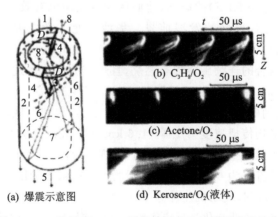

(a) 爆震示意图   (b) C₃H₈/O₂   (c) Acetone/O₂   (d) Kerosene/O₂(液体)

图 8.4-1 俄罗斯 Zhdan 计算获得的旋转爆震流场结构

法国国家科学院燃烧与爆轰实验室开展了连续旋转爆震发动机的实验研究。他们通过压力传感器测得稳定的周期性压强信号,并通过高速摄影捕捉到燃烧室内同时有多个爆轰波旋转传播(见图 8.4-2)。旋转爆震燃烧室内、外直径分别为 80 mm、100 mm,推进剂采用氢气/氧气组合,通过 190 对三孔对撞式喷孔进行喷注,采用电爆丝起爆,起爆能量约为 10 J,实验成功实现了连续旋转爆震,其爆震波传播速度为 2.8~3.1 km/s,与理论 CJ 速度的误差在 3% 以内。2011 年,他们实现了长达 5 s 的连续旋转爆震实验,表明旋转爆震波可在较长时间范围内稳定传播;对发动机推力进行了测量,内径为 50 mm、长为 500 mm 的煤油/氧气发动机可获得 2 750 N 的推力。

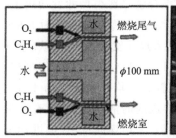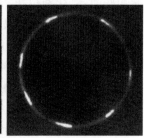

图 8.4-2　法国国家科学院连续旋转爆震实验装置和拍摄图片

欧洲导弹集团法国公司与俄罗斯 Lavrentiev 流体力学研究所合作开展 RDE 的实验研究。他们设计了全尺寸的模型发动机进行地面实验验证,并于 2011 年公布基于旋转爆震发动机的英仙座超声速导弹系统概念,指出"新型的冲压旋转爆震发动机大大提升了超声速导弹的性能",将这种新型号与原有布拉莫斯导弹进行对比:在有效载荷为 200 kg、巡航马赫数相同的情况下,新型号可将发射质量由 3 000 kg 降为 800 kg,弹长由 8.4 m 降为 5 m。

波兰及日本研究者把旋转爆震与冲压发动机相结合,提出了"涡轮增强旋转爆震发动机"(Turbocharged RDE)的概念,他们认为该发动机有效率高、设计简单、花费低和环保等优点,具有很好的发展前景。华沙工业大学主要有两套不同尺寸的 RDE,以空气为氧化剂的实验主要在大尺寸燃烧室上开展,在三种燃烧室宽度下都实现了氢气/空气组合的连续旋转爆震燃烧,且爆震波的传播过程都比较稳定,平均传播速度约为 1.4 km/s,试验装置见图 8.4-3。华沙工业大学在小尺寸燃烧室上开展了以氧气为氧化剂的旋转爆震实验,燃料为甲烷、乙烷和丙烷,都实现了比较稳定的旋转爆震燃烧,平均传播速度为 1.4~1.6 km/s,爆震波高度约为20 mm。在大尺寸模型发动机上,当燃烧室宽度为 5 mm 时,实现了丙烷/氧气和甲烷/氧气组合的连续旋转爆震,在甲烷流量为 60 g/s、氧气流量为 150 g/s、当量比为 1.65 的工况下,测量的推力为 250~300 N,发动机比冲为 120~146 s。

日本 Hishida 等采用两步化学反应模型,数值模拟得到二维燃烧室内爆震流场,如图 8.4-4 所示。他们获得了旋转爆轰波头部的胞格结构,首次分析了三波交汇处的 Kelvin-Helmholtz 不稳定性。Uemura 等采用详细化学反应模型对小尺寸燃烧

图 8.4 - 3　华沙工业大学的试验装置

室内精细流场结构进行了数值模拟,计算结果显示,爆震波面上存在若干运动的三波点,它们互相碰撞,在爆震波与斜激波接触点处周期性地形成未反应的气体包并被引爆,进而周期性地产生新的横波结构,是旋转爆震波能够长时间稳定传播的机制。

美国普惠公司在 2000 年左右开展了 RDE 试验,采用乙炔/氧气组合,可采用两种推进剂喷注方式:单独喷注,在燃烧室内边混合边燃烧;先预混,再喷注。乙炔/氧气组合的爆震波平均传播速度约为 2.5 km/s。在验证了旋转爆震发动机的可行性之后,普惠公司针对多种燃料、多种喷注模型、多种喷管结构以及等离子体点火技术进行实验,均成功实现了长时间稳定传播的连续旋转爆震。实验中采用了压力传感器

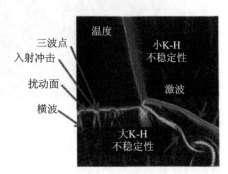

图 8.4 - 4　日本 Hishida 的二维旋转爆震燃烧流场

和高速摄影两种测试方法,实验装置及测试结果如图 8.4 - 5 所示。

从 2009 年开始,美国空军研究实验室开展了以空气为氧化剂的连续旋转爆震燃烧实验研究,实验采用空气/氢气组合,共有两种空气:普通空气(氧 21%、氮 79%)和自制空气(氧 23%、氮 77%)。采用普通空气时,连续旋转爆震的实现难度较大,大部分实验都是采用活性较高的自制空气。通过改变当量比,对比研究了实验工况对爆震波传播特性的影响。在总流量相当的情况下,爆震波平均传播速度随氢气流量的增大而增大(当量比为 0.8~1.4),爆震波平均传播速度范围为 1.2~1.45 km/s。美国空军研究实验室还采用透明材料制作的燃烧室进行实验,通过高速摄影追踪到不同燃烧室内爆震波旋转传播的全过程,并分别捕捉到燃烧室内形成稳定爆震和不稳定爆震时的火焰传播过程,实验装置及测试结果如图 8.4 - 6 所示。

图 8.4 - 5 普惠公司的实验装置及测试结果

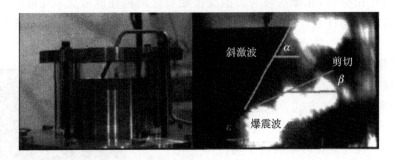

图 8.4 - 6 美国空军实验室的实验装置及测试结果

从 2010 年开始,美国海军实验室开展旋转爆震发动机的数值模拟研究。他们得到了典型的连续旋转爆轰流场分布,研究总压、背压、燃烧室尺寸、不同燃料以及喷注腔对 RDE 流场和性能的影响。考虑上游喷注腔对旋转爆震流场的影响,建立多种进气模型,研究了燃烧室内的高压强波对上游喷注腔的影响,以及不同喷注模型下爆震波的稳定性和旋转爆震的性能参数。

中国开展了 RDE 研究工作。其中,国防科技大学在其设计的两套连续旋转爆震模型发动机上都已实现了空气/氢气组合的连续爆震燃烧,研究了点火时机、混合效果、点火方式等对起爆过程的影响,并对比分析了不同起爆方案的可行性和优缺点。南京理工大学成功获得了稳定传播的氢气/空气连续旋转爆震波,研究了爆震波在弯管内的传播过程;受曲率影响,弯管内壁的胞格尺寸较大,而外壁处的胞格尺寸较小。北京大学实现了氢/氧连续旋转爆震实验,测得爆震波传播速度为 2.04 km/s,还实现了氢气/氧气和氢气/空气的旋转爆震运转 2 s 的稳定传播,爆震波每秒旋转 12 000 转。

| 8.5　内燃波转子燃烧室 |

　　波转子又称压力交换器,是一种利用非定常波实现能量快速交换的装置,内燃波转子发动机工作原理如图 8.5 - 1 所示。内燃波转子由于其独特的工作过程,采用等容燃烧模式,近似定常的进出口状态,可以在超声速持续巡航状态降低燃油消耗率 5%,在海平面静态操作时 SFC 降低 15%。当前先进商用、军用飞机发动机要求飞行马赫数高达 2.4 以上,飞行距离在 6 000 mile(1 mile＝1.6 km)以上,且能够保持安静飞行,内燃波转子技术被认为是满足这一要求的最经济的选择[35-38]。

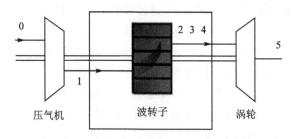

图 8.5 - 1　波转子发动机工作原理示意图

　　由于内燃波转子发动机是一种全新的发动机,在总体性能分析及方案设计、流动特性、波转子泄漏密封、波转子混气形成、点火技术及非定常燃烧过程等方面均与常规航空燃气轮机有较大差异,故本书对内燃波转子的发展概况也是从以上各个方面进行介绍。

1. 总体性能分析及方案设计

　　Li 等[36]将内燃波转子循环处理成周期性开闭的燃烧室,建立内燃波转子分析模型。分析结果表明,采用内燃波转子技术可以实现 25% 的压力增益,输出功率相应增加 24%,燃油消耗率降低 19%,熵增减小 6.7%,充分论证了内燃波转子发动机的可行性。美国 NASA 开展了内燃波转子作为未来燃气涡轮发动机核心机的相关技术研究,以 501 - KB5S 发动机为基准发动机开展了内燃波转子取代核心机的技术验证 。相对于基准机,验证机的压气机压比降低,压气机级数可以减少 2～3 级,轴马力提高 17.7%,耗油率降低 10.5%。Akbari 等以某型燃气涡轮发动机为基准,建立了内燃波转子发动机分析模型,研究结果表明,当压气机压比为 3.6 时,发动机比推力最大增幅达 23.7%,耗油率最大减小 19.2%;当波转子出口马赫数等于 0.6 时,发动机比推力最大增幅达 23.7%,此时压气机压比为 4.4,发动机热循环总效率为 32.2%,燃油消耗率减小 24.3%,熵增减小 7.86%,验证了内燃波转子技术可以大幅度提高燃气涡轮发动机总体性能。美国陆军研究试验室、NASA 格林研究中心以及罗·罗公司以 Allison 250 型发动机为基准,验证波转子顶层循环发动机的优势及可行性：该项工作包括了详细的热力循环分析、发动机初步设计和总体布局、过渡管段的设计、转子结构设计及结构强度和热负荷分析。Slater 等设计波转子系统中低压排气端口到测试段的过渡管段,采用试验统计方法(DOE)对设计参数进行测试,以获得最佳参数,确保实现最大总压恢复系数,同时保证合理的出口总压不均匀度。该过渡段将安装在 NASA – Glen 研究中心的波转子系统中进行测试,初步分析发现,影响最大的参数为出口气流的倾斜角。Welch 等于 2007 年针对采用 DOE – CFD 方法设计的波转子高压排气端口至下游涡轮进口过渡段进行了试验研究,研究发现过渡段的设计点性能比预期值要低,而在非设计点可以获得较好的性能。过渡段损失测量及其对涡轮进口总压的影响,充分说明了过渡段性能对波转子顶层循环优势的重要性,在较低的低压排气端口流量下,过渡段性能在可接受范围且与预期值基本一致,过渡段在较宽范围(流量、转子转速、温升比等)内表现出足够的强度。罗·罗公司为了实现波转子到 Allison 250 验证机高压涡轮的过渡,提出了三种类型的过渡段方案,如图 8.5 – 2 所示,分别为扩张管与常规涡轮喷管组合、喷管与叶片组合以及快速旋转蜗壳。通过研究发现,第一种方案总压损失最小,而且可以获得最均匀的流场分布,而蜗壳式结构虽然可以缩短过渡段的距离,但大大增加了流动损失。作为波转子技术应用的一个重要挑战,波转子与发动机链接技术需要进一步深入研究[39-44]。

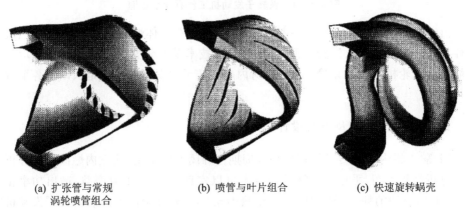

(a) 扩张管与常规　　　　(b) 喷管与叶片组合　　　　(c) 快速旋转蜗壳
涡轮喷管组合

图 8.5 – 2　波转子到涡轮进口过渡段设计

2. 内燃波转子非定常流动特性

Snyde 等[47]采用一维非定常计算模型,将内燃波转子处理成特殊形式的 PDE 进行了气体动力学分析。研究表明,内燃波转子可以向下游输送高压气流,同时进出口气流参数相对于传统的 PDE 形式更加均匀。Akbari 等采用准一维数值模拟,对 PDE 和内燃波转子内的流动过程做了系统的比较,如图 8.5 – 3 所示。两种发动机采用相同通道长度、油气分布、进口尺寸以及工作频率。研究表明,由于大量通道的高速旋转,内燃波转子出口参数更加均匀,更适合与涡轮器械的涡轮叶片相匹配;此外,由于填充过程的预压缩作用,内燃波转子可以获得更高的压力增益,ICWR 还可以克服 PDE 所固有的高频点火、阀门速度高、燃烧室出口不均匀等问题。Hoxie 等采用二维内燃波转子计算方法,开展端口渐开闭过程影响研究。研究结果表明,当端口渐开时间从 0.5 ms 变化到 0.1 ms 时,在三种递增的进口压力下,增压比分别增加了 5%、13%、14%;而在进口温升比增加到 4 时,增压比分别增加了 5%、13%、21%。这表明缩短端口渐开时间对增压比的影响,被进口温升的提高放大了。另外,缩短通道打开时间还可以大大减小熵增,而且进口温升比对通道渐开过程熵增有较大影响。Paxson 等发展了一种用于计算波转子通道内非定常流动过程的计算方法,该方法同时可以计算波转子进排气端口内的稳态流动。假设波转子内气流为理想气体一维非定常流,除了模拟主要的波系发展现象之外,还可以模拟有限通道的打开时间、通道两端泄漏、湍流耗散等,可以方便地进行波转子设计、方案优化以及气动分析。Okamoto 等采用二维数值模拟和试验方法相结合,呈现了波转子内的压缩过程。试验系统中保持波转子通道固定不动,进排气端口相对于通道旋转,分析了通道渐开闭和气体泄漏对压缩过程的影响。结果表明,渐开闭过程对初始激波影响较大,而气体泄漏对反射激波影响较大;另外,气体泄漏会在压缩过程从相邻通道引入额外压力波,当过度增大泄漏间隙时,泄漏影响结果相当于反射激波。Paxson 等发展了可以在较宽范围预测波转子性能的数值分析模型,该模型可以分析波转子内泄漏、湍流耗散、壁面热传递、通道渐开闭、激波运动、端口内流动不均匀性等引起的机械损失。计算过程追踪单个通道经过各种端口的过程,节约计算时间,计算结果与 NASA、Kentfield、通用电气三个波转子试验结果对比,均获得了较好的吻合,验证了所发展计算方法的科学性[45-51]。

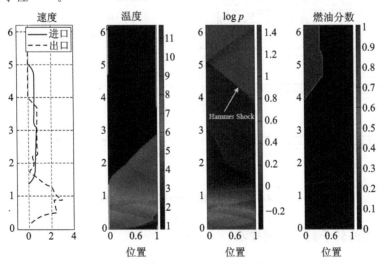

图 8.5－3　内燃波转子流动过程参数分布

3. 内燃波转子泄漏密封问题

关于内燃波转子密封技术的研究,国外进行了大量探索,如 Pekkan 等针对内燃波转子发展了一种多维泄漏计算模型,引入空气缓冲区,燃烧过程只有冷空气泄漏到转子腔体内,在泄漏间隙为 0.267 mm 时,可以获得与无泄漏情况较为接近的性能。分析指出,泄漏严重影响波转子作用时序,在方案设计中必须考虑;转子转速对泄漏情况影响不大,因为泄漏气流速度高达 400 m/s,远超过密封面叶片的速度。Akbari 等提出一种比单腔体模型更精准的方法,用于评估四端口波转子因泄漏而引起的性能损失。如图 8.5-4 所示,采用分区处理的方法,根据波转子内的压力分布特点,将泄漏途径划分成若干个区域,更细致地考虑了波转子的泄漏问题,有利于深刻认识并改善波转子的泄漏损失,提高总体性能。NASA 在 Rolls - Royce 提出的方案的基础上,重新进行了波转子技术研究,延续其所提出的移动端盖密封方案,并进行了改造。SE - 17 所采用的移动端盖密封技术,端盖与转子不接触,与转子之间通过推力轴承链接,浮动的端盖与管道系统之间通过波纹管连接,端盖移动方向由滑轨限制,防止移动过程发生倾斜;除此之外,SE - 17 还采用了石墨环、滑片及"Ω"等密封方式,具体密封方案如图 8.5-5 所示。Snyder 在关于吸气式发动机密封技术报告中,通过分析总结一系列内燃波转子燃烧模式,进行密封方案分析,提出了多种可用于内燃波转子的密封方案,包括移动端盖、篦齿密封、蜂窝密封以及金属膜片密封等。图 8.5-6 给出了部分密封方法的示意图。普渡大学建立的内燃波转子试验系统中则采用了移动端盖的密封方法[52-55]。

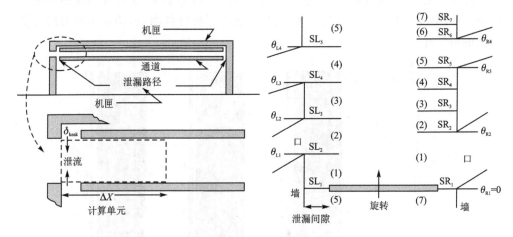

图 8.5 - 4 单腔体泄漏分析模型及泄漏分区划分

4. 内燃波转子混气形成技术

混气的填充与分布,直接影响到发动机出口温度场分布,甚至会影响到点火的可

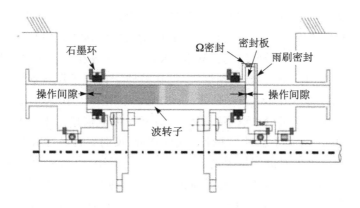

图 8.5 - 5　NASA 的 SE - 17 方案

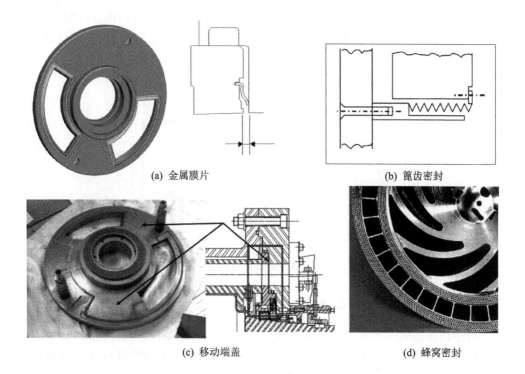

(a) 金属膜片

(b) 篦齿密封

(c) 移动端盖

(d) 蜂窝密封

图 8.5 - 6　内燃波转子常用密封方法

靠性,通常液态燃料发动机中采用离心喷嘴、气动雾化喷嘴等燃料喷注方式,而内燃波转子通常采用气态燃料。在这方面 Khalid 等采用二维数值模拟的方法研究了内燃波转子内的非定常流动及混气形成过程,分析方法考虑了湍流耗散、热传递、渐开闭等过程引起的损失,并将计算结果与之前的一维计算结果对比,突出了内燃波转子通道渐开闭引起的大尺度旋转流动导致的多维效应影响,重点关注了内燃波转子内混气的形成状况。波转子通道内高压环境打开时会阻碍燃料填充,但由此引起的速度场会减小燃料/空气间断面的倾斜程度,削弱燃料扩散,改善点火及火焰传播的可靠性;缓冲气体导致工质接触面倾斜,不仅要控制内燃波转子燃料填充量,同时也要采取有效措施控制工质接触面结构。Wijeyakulasuriya 等在波转子进口端口特定区域内以超声速气流引入空气/燃料预混气,以在波转子内产生层状混气分布,考虑了两种形式的喷注结构,如图 8.5 − 7 所示,分别为:① 壁面开孔;② 将管道伸入进口端口,管道开孔,喷孔又可以采取不同的布置方式。数值模拟结果表明,横向射流引起的反向旋转涡对,有助于燃料与主流气流的掺混,反向旋转涡对出现在支柱下游约 10D 处,而在 40D 之后对混气掺混的影响可以忽略不计。Nalim 和 Pekkan 等提出了内燃波转子内燃料分层填充的理念,将内燃波转子进口端口分成若干个区域,每个区域以不同油气比及初始温度填充燃料,最终混气以特定的分布进入波转子通道。其中点火区域处于富油状态,而壁面附近处于贫油状态甚至为纯净空气,这样在保证可靠点火和火焰稳定快速传播的同时,减少了高温燃气对轴承及其他部件的危害;另外,该方法可以作为调节燃烧室出口温度分布的手段,使波转子排气温度满足涡轮进口要求[56-59]。

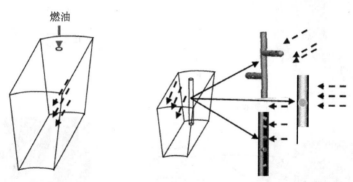

图 8.5 − 7 波转子进口端口内燃料填充方案

5. 点火技术及非定常燃烧过程

由于内燃波转子工作过程中涉及到多个通道在高速条件下顺序燃烧,要求点火频率高达几 kHz 以上,且为了更好地实现增压燃烧,通常采用爆震或爆燃的燃烧模式,综合点火频率和点火能量两方面因素考虑,内燃波转子通常采用热射流点火方式。在波转子的热射流点火方面,国外做了大量研究,ABB 在其所开展的 36 通道内燃波转子试验研究中,采用"自给式"点火方式成功实现点火,即以一根分支管从发动机出口引入高温燃气,用于点燃新鲜混气,如图 8.5 − 8 所示。2008 年美国 NASA 设计研究了以液态丙烷为燃料、液态氧气为氧化剂的热射流发生装置,如图 8.5 − 9 所示。研究结果表明,在当量油气比为 1.5 以上时,该装置可以可靠工作,该射流装置主要用于航天探测器的推进系统,但对内燃波转子热射流点火器的设计和研究具有一定的指导作用。Baronia 等通过预燃室燃烧产生高温燃气射流,点燃单个内燃波转

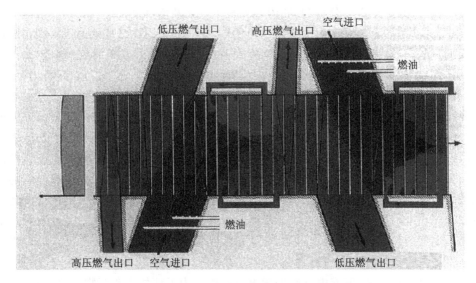

图 8.5 - 8　内燃波转子自给式点火原理

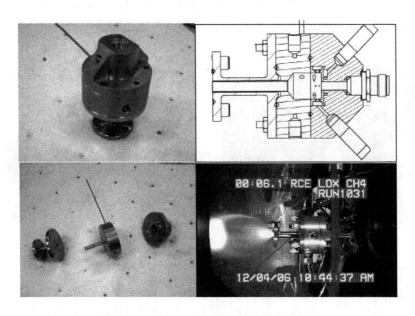

图 8.5 - 9　NASA 的航天探测器射流推进器

子通道,采用基于温度的混合模型来预测点火延迟及主要产物的演变,提出了门槛温度的概念,改变不同的门槛温度,采用统计试验设计的方法评价了初始条件、门槛温度对混合反应模型的影响。点火后起始为层流燃烧,然后湍流影响逐渐增大,最后发展成完全的湍流燃烧。混合反应模型对门槛温度很敏感,门槛温度高,化学反应剧烈,射流进入量减少,泄漏量增大。Elharis 等采用非稳态气体动力学和燃烧仿真模

涡轴涡桨发动机燃烧室先进技术

型,对初步试验数据进行分析,开展内燃波转子点火及燃烧过程研究。初步的试验调试,在富油状态的乙烯混气中实现了快速的爆燃燃烧,然而在某些状态下发现了提前点火的现象,分析发现转子与定子之间存在的由波转子通道或热射流端口泄漏的高温气体,会形成偶然的点火源;分析点火位置、点火延迟时间、火焰传播速度等特性发现,着火位置距通道端面明显有一段距离,波转子通道内产生的动态波对火焰位置有重要影响。Matsutomi 等针对在普渡大学建立的内燃波转子试验系统(如图 8.5-10 所示),进行了初步试验研究。初步试验以乙烯为燃料、空气为氧化剂,转子转速为 2 100 r/m,改变不同燃料填充方案,研究内燃波转子运行性能。从图中的压力及离子信号可以看出,内燃波转子成功实现了连续的增压燃烧。作为首次公开发表的内燃波转子试验数据,结果有助于完善优化现有的内燃波转子计算方法,对内燃波转子研究起到积极的推进作用。Karimi 等利用含有化学自由基的横向气体射流对一个充满预混气的长通道进行点火,如图 8.5-11 所示给出试验系统结构及点火过程试验结果。该通道与波转子通道具有类似的宽高比,通道内初始填充常压状态的恰当比乙烯或甲烷预混气,射流由旋转的预燃室产生。为了评估主要产物组分,假定化学反应处于平衡状态,化学反应采取有限速率混合涡破碎模型,采用两方程湍流模型,对于不同的喷管运动形式,射流演化、漩涡结构以及掺混现象均表现出不同的情况,压力波通过形成火焰涡及压缩过程影响点火过程,C_2H_4、CH_3 等中间产物受射流初

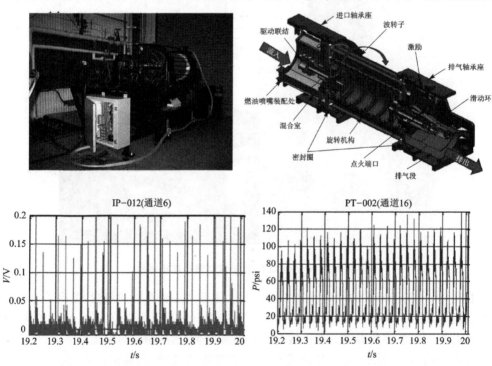

图 8.5-10 普渡大学内燃波转子结构及试验结果

始位置影响很大,而 OH 则相对稳定[60-67]。

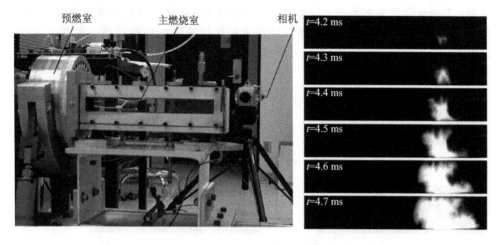

图 8.5-11　内燃波转子瞬态热射流点火试验系统及点火过程

Kilchyk 等采用二维气动、燃烧数值模拟方法,针对低压状态下内燃波转子通道内火焰传播速度受离心力场及射流位置影响开展研究。研究结果表明,采用射流点火,通道旋转引起的离心力场小于 4 000 g 时,离心力场对燃烧速率影响很小,由射流引起的弱激波和回流区比旋转引起的浮升力作用对火焰的影响要大得多;射流点火处于偏心位置时,由于射流引起的漩涡尺寸大,增强了掺混作用,降低了初始火焰温度,化学反应速率大大降低。Nalim 等通过一维 CFD 数值模拟研究了内燃波转子内预混燃烧问题,比较了爆燃及爆震两种燃烧模式,分析比较了不同循环的性能、壁面温度及各自的优缺点等。Wijeyakulasuriya 采用 URARS 数值模拟与试验相结合的方法,分析了横向运动热射流进入波转子通道的掺混点火过程。研究结果表明,移动射流与静止射流的掺混过程截然不同,射流引起的反向旋转涡对有利于冷热气流的掺混,如图 8.5-12 所示;射流动量和通道横截面积比射流出口面积对漩涡尺寸和强度影响更大;增加射流动量、加宽波转子通道宽度,均可以增加射流穿透深度,然而较低的射流动量与穿透能力夹带更少的冷空气,可以维持射流温度,有利于点火,因此研究人员提出了"高温混合"的定义来定量衡量掺混水平。作为 Perea 工作的延续,Chinnathambi 试验研究了甲烷、乙烯以及甲烷与氢气混合物的热射流点火过程,热射流由不完全燃烧的乙烯混气产生,波转子通道内维持在常温常压的贫油状态,射流持续作用时间为 4.1～40.6 ms。通过分析,射流作用时间为 40.6 ms 时,着火位置与点火延迟时间有紧密联系;射流移动速度对点火位置的影响在 CH_4 和 H_2/CH_4 混气中表现得更明显,混气被点燃之后,反应剧烈程度依然受射流量的影响。当混气油气比降低到 0.4 时,反应只在射流穿透深度范围内发生,当采用 CH_4 和 H_2/CH_4 为燃料时,点火延迟时间随油气比降低而降低,射流作用时间减小,点火延迟时间增加。总体上射流作用时间在 4.9 ms 以上时,混气可以实现可靠点火,而混气中加入

H₂ 明显增强了点火性能,燃烧峰值压力受到油气比及射流作用时间两方面因素的影响。Lewis 等建立大离心力场燃烧系统试验平台,在直管内充满可燃预混气,在旋转状态点火燃烧,获得了离心力场强度对火焰传播速度的影响规律。由图 8.5 – 13 可以看出:离心力场强度不同,火焰传播速度及火焰发展形态存在较大差异[60-71]。

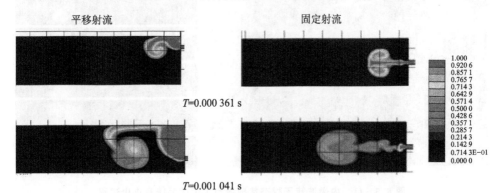

图 8.5 – 12　横向移动射流与中心射流点火过程比较

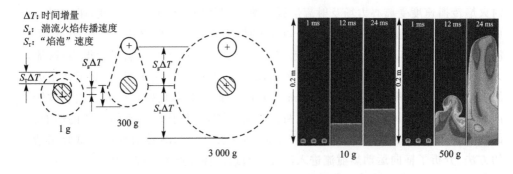

图 8.5 – 13　离心力场下火焰发展形态比较

　　近年来国内也对内燃波转子技术做了大量研究,如刘火星等建立了内燃波转子发动机气动热力循环分析模型,开展内燃波转子对燃气涡轮发动机总体性能影响的研究,分析了影响内燃波转子发动机总体性能的参数。李建中等开展了内燃波转子应用于燃气涡轮发动机总体性能的分析研究,开发了内燃波转子发动机的总体性能可视化分析软件,验证了内燃波转子技术能够提高燃气涡轮发动机的总体性能;开展内燃波转子内非定常流动特性研究,掌握了内燃波转子非定常流动数值计算方法,建立了内燃波转子试验平台,开展了混气形成、密封泄漏和射流点火等试验,为开展内燃波转子技术研究奠定了坚实的基础[72-76]。

|8.6　智能燃烧室|

采用智能燃烧室是解决高温升/低排放燃烧室关键技术问题的一种思路。所谓智能燃烧室,是通过改变流量分配或油气布局来适应各种参数的变化,从而满足发动机全工况的要求。智能燃烧室是一种先进的新概念燃气涡轮发动机的燃烧系统,包括可变几何执行机构和监测系统,两者组成闭环系统协同工作来调整空气流量分配,其核心为燃烧室智能管理系统。这个管理系统不仅能够控制燃烧室的性能,而且能够诊断燃烧室的"健康"状况,这两种能力是相辅相成的。通过燃烧室各个部件之间的自适应控制来延长燃烧室的使用寿命,同时依靠数据传感器,可全面了解燃烧室的状态;燃烧室通过自我诊断和自我预测来实现对其状态的监管,主动自我管理燃烧室的性能和状态,并根据环境平衡任务要求提供最优的信息,做出相应的决策并采取物理动作执行。智能燃烧室的概念早在 20 世纪 70 年代就已有出现,当时主要体现在可变几何燃烧室(Variable Geometry Combustor,VGC)上。此后,随着科学技术的发展以及对航空发动机高效和低排放的追求,人们对智能燃烧室逐步开展了深入的研究。

可变几何燃烧室的概念最早是作为改善航空发动机高空点火性能和贫油熄火性能的一种解决方案而引入的。1975 年,美国国家航空航天局的 Schultz 对可变几何双环腔燃烧室在风车状态下的高空点火性能开展了研究,控制进口马赫数为 0.05,以温升 80 K 为标准,通过采用头部进口面积可调的措施,开展了对高空点火性能影响的试验研究,将能够实现高空点火的进口总压由原来的 7 N/cm² 下调到 3.6 N/cm²,性能得到了显著改善。1978 年,美国空军莱特航空实验室(Air Force Wright Aeronautical Lab,AFWAL)和海军空气推进中心(Naval Air Propulsion Center,NAPC)与盖瑞特(Garrett)涡轮发动机公司签署了一项协议,开展了一个两阶段的可变几何燃烧室研发计划,Saborn 率领的团队在 1985 年对可变几何燃烧室的设计和性能做了评估。第一阶段对方案进行了初步验证和筛选,方案是通过帽罩的开闭来调整空气流量,同时控制喷嘴开闭的次数以及控制火焰筒冷却结构来改变冷却气的百分比。第二阶段对关闭帽罩并打开模拟旁路孔的最优方案在高温升回流燃烧室中进行了海平面点火、高空点火、海平面贫油熄火和性能四项测试,并使用了三种不同的燃料。结果显示,可变几何结构工作良好;对于要求的贫油熄火油气比极限低于 0.004,通过帽罩开闭和调整火焰筒冷却结构只能够达到一半效果,剩下的需要通过燃油喷嘴开闭来弥补;空中点火油气比极限达到了 0.008;燃烧室效率和其他各项参数也都在可接受的范围内。20 世纪 80 年代初,NASA 建立了宽燃料规范燃烧技术计划(Broad-Specification Fuels Combustion Technology Program,BSFCTP),并同 GE 公司合作研究了 CF6‐80 发动机的燃烧室,总共提出了三种设计概念,在短距单环腔燃烧室设计概念上采用了可变几何旋流器的概念,通过旋转二级旋流器叶片来改变旋流杯的气流,如图 8.6-1 所示。试验结果显示,这种可变几何燃烧室在小状态下性能很好,贫油熄火油气比可以达到 0.004 5,满足低于 0.005 的设计目标,慢车状态下燃烧效率可达 97.6%,而在大状态下无可见冒烟[77-79]。

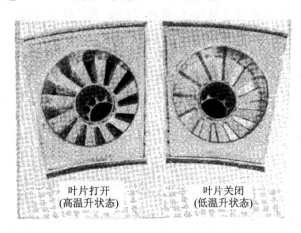

叶片打开　　　　　　叶片关闭
(高温升状态)　　　　(低温升状态)

图 8.6-1　CF6-80 发动机的可变几何燃烧室旋流杯叶片位置

然而,由于引进后所带来的机械复杂性,设计师们在一开始并不愿意使用这些系统,随着环境污染和航空污染物排放问题越来越突出,人们对航空发动机排放物逐渐开始关注起来。对于低排放燃烧室,Wulff 和 Hourmouziadis 将其分类为可变几何燃烧室(VGC)、贫油预混预蒸发燃烧室(Lean Premixed Pre-evaporation,LPP)、富油/淬熄/贫油燃烧室(Rich-burn/Quick-quench/Lean-burn,RQL)和催化燃烧室(Catalytic Combustor,CC)。可变几何燃烧室具有最大限度减少排放的潜力,人们对其在航空和工业燃气涡轮机中的应用重新产生了兴趣,包括 Schultz、Gupta、Saintsbury、Sampath、Hales 等都对低排放的可变几何燃烧室做了一些研究工作。可变几何燃烧室减少了高低温升工作状态下的排放,而且不会牺牲燃烧室的性能。它可以提高在低温升工作状态下的燃烧效率,便于发动机空中点火,但同时它也带来了更复杂的机械和控制问题。由于燃气轮机燃烧室的工作环境和工作状态范围很宽,因而可变几何结构的控制是保持燃烧室工作稳定、可靠、高效和低排放的有效方法之一。根据 Steele 等的研究,控制 NO_x 排放最有效的方法就是控制火焰温度。对于给定热力循环参数的发动机,为了保持性能,一般燃烧室进口压力、温度、几何结构都已固定下来,所以只能够通过改变空气流量和燃油流量来控制火焰温度,对应采取的措施便是可变几何和燃油分级。2003 年,Li 和 Hales 研究了可变几何燃烧室对燃气涡轮发动机性能和排放的影响。通过改变帽罩横截面的面积比来调整贫油状态下的空气流量分配,如图 8.6-2 所示。他们验证了两套控制方案,引入无量纲燃油流量参数,结果发现与传统结构相比,显著降低了排放物和燃油消耗,提高了发动机的效率和稳定性,而使用燃油分级可以减小可变机构的移动范围[80-81]。

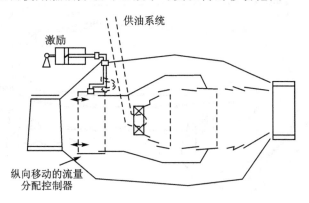

图 8.6－2　可变几何燃烧室

　　2012 年,在欧洲的 NEWAC(NEW Aero-engine Core concepts)项目资助下,Giuliani 率领的团队对可变几何燃烧室拓宽燃烧范围的效果做了研究,并完成了定型、设计和验证。他们在小功率带旋流器的预混甲烷/空气燃烧室上,通过控制喷嘴参考截面以及帽罩的切向动量和轴向动量的质量流量比,来调整火焰的动态性能。研究中发现,当质量流量下降 25% 时,固定几何燃烧室还能够承受;当下降 30% 时,需要通过可变几何来防止火焰型面的转变;甚至当下降到 50% 时,火焰仍能够保持稳定。而且贫油熄火极限处的火焰形状和位置也可得到优化。2012 年,美国 GE 公司设计了一种叶片角度可调的可变几何旋流器,通过改变旋流器内气流的轴向速度,解决了预混器内的火焰驻留问题以及宽广油气比下燃烧区的火焰稳定性问题。除此之外,众多研究人员在 40 多年的时间里也申请了许多发明专利。1973 年 Melconian和 Stein 在回流燃烧室上通过热胀冷缩原理自动控制火焰筒两个部分的壁面间隙来控制流入主燃区的空气比例,以此调整主燃区的油气比,并引入柔性连接改善了热应力引起的对火焰筒的破坏问题,如图 8.6－3 所示。1985 年 Mongia 等在回流燃烧室的主燃孔和掺混孔上增加密封阀,并详细设计了控制机构。后人在此基础上不断设计可变几何结构,但也遇到了一些问题:比如 Smith 等在喷嘴末端增加了可移动的空气计量塞来保持火焰温度峰值的稳定,但这样会改变整个燃烧室的面积,导致燃烧室的压降出现变化。

　　在 20 世纪 80 年代,智能燃烧室又出现了另一种新的研究思路,即主动燃烧控制(Active Combustion Control,ACC),当时首先由罗·罗公司支持英国剑桥大学将其应用在加力燃烧室上。最初,提出主动燃烧控制这个概念的目的就是为了解决燃气涡轮发动机中燃烧不稳定这一大难题,但在随后经过一段时间深入的研究后,又有了两个新的研究目标,即排放最小化控制和出口温度分布系数控制。

　　随着减少排放的要求越来越严格,燃烧室的设计开始采用贫油燃烧的解决方案,即油气混合物含有较多的空气,以便使燃料完全燃烧,同时形成更少的污染物。但

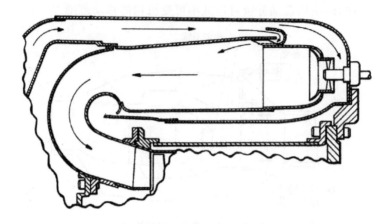

图 8.6 - 3　带有能自动调整火焰筒壁面缝隙的回流燃烧室

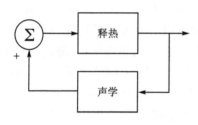

图 8.6 - 4　燃烧系统内的热声不稳定

是,由于热声驱动的压力震荡,如图 8.6 - 4 所示,这种燃烧室的设计更容易受到不稳定的影响。如果对这种震荡采取主动控制,就能够设计出更高效、更低排放的燃烧室。为了描述这个动态不稳定,在燃烧室动态性能中的多个影响因素互相之间的耦合使得对这样一个复杂系统精确具体的建模产生了巨大困难,如图 8.6 - 5 所示。近年来,出现了很多抑制燃烧不稳定的研究,然而,这些研究大多数都只应用在相当简单的实验室燃烧室上。美国国家航空航天局格伦研究中心(NASA Glenn Research Center)努力的重心是开发出更真实的试验样品,这将会帮助改善在发动机环境中实际燃烧的热声不

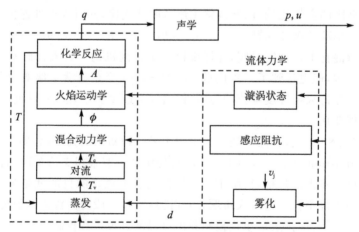

图 8.6 - 5　导致热声不稳定的相互作用机制

稳定的模型建立,并最终通过发动机试验证明不稳定性主动控制的可行性。2001 年,Campos - Delgado 等对用于主动控制燃烧不稳定性的基于模型的几种控制器做了比较,以扬声器为控制激励,压力传感器提供反馈信号,控制对象为验证过的燃烧室经验动态模型。基于模型的控制器采用 LQG、LQG/LTR 形成控制器,以相位滞后控制法作为基础方法来比较不同控制器的性能。最终模拟结果显示各个控制器均产生了相同的趋势,但相比之下基于模型的控制器更好,即与系统动态情况有所关联的控制器能产生更好的效果。2002 年,Sun 等对于通过调节燃油流量来实现主动控制燃烧不稳定的问题研究了一种调节方法,采用一种双稳态流体分流阀,液体流通能力为 137 kg/h,由电磁车用燃油喷嘴控制,在高压航空燃料下测试。结果显示,阀在燃烧室高压下仍能够良好工作且能够满足各项预期要求。唯一的问题就是不能满足频率和流量要求,需要采用多个小阀并行工作。对于给定的燃烧室设计,能够通过油气混合物的主动控制减少 NO_x 的排放。这项技术所面临的挑战是苛刻发动机环境下的排放传感器的开发和简化的 NO_x 生成量模型的开发,这一模型可用于控制设计,而且是在研究中最合适的主动控制油气比的方法。通过主动控制来降低燃烧室出口温度分布系数可以消除涡轮进口的热点,这将实现更有效的燃料燃烧,减少排放以及延长涡轮叶片的寿命。1998 年,Furlong 等对一种基于吸收光谱技术并结合分布反馈激光器和光纤元件的二极管激光器吸收传感器做了研究,将这种传感器应用在了一个非预混的环形突扩燃烧室上,测量和控制燃气温度,并由此实现了真实燃烧室内的快速闭环控制[82-84]。

参考文献

[1] Hsu K Y, Goss L P, Roquemore W M. Characteristics of a Trapped-Vortex Combustor[J]. Journal of Propulsion and Power, 1998, 14(1): 57-65.

[2] Sturgess G J, Hsu K Y. Entrainment of Mainstream Flow Trapped-Vortex Combustor[C]. AIAA-97-0261, 1997.

[3] Katta V R, Roqumore W M. Numerical Study on Trapped-Vortex Combustor Concepts for Stable Combustion[J]. Transactions of the ASME, 1998, 120: 60-68.

[4] Hsu K Y, Carter C D, Katta V R, et al. Characteristics of Combustion Instability Associated with Trapped-Vortex Burner[C]. AIAA 99-16372. 37th AIAA Aerospace Sciences Meeting and Exhibit January 11-14, 1999 / Reno, NV, 1999.

[5] Stone C, Menon S. Simulation of Fuel-Air Mixing and Combustion in a Trapped-Vortex Combustor[C]. AIAA 2000-0478. 38th AIAA Aerospace Sciences Meeting and Exhibit January 10-13, 2000 / Reno, NV, 2000.

[6] Mancilla P C, Chakka P, et al. Performance of A Trapped Vortex Spray Com-

bustor[C]. 2001-GT-0058. Proceeding of ASME TURBO EXPO 2001, New Orleans, 2001.

[7] Roquemore W M, Shouse D, Burrus D, et al. Trapped Vortex Combustor Concept for Gas Turbine Engines[C]. AIAA-2001-0483, 2001.

[8] Burrus D L, Johnson A W, Roquemore W M, et al. Performance Assessment of A Prototype Trapped Vortex Combustor Concept for Gas Turbine Application[C]. 2001-GT-0087. Proceeding of ASME TURBO EXPO 2001, New Orleans, 2001.

[9] Hendricks R C, Shouse D T, Roquemore W M, et al. Experimental and Computational Study of Trapped Vortex Combustor Sector Rig With Tri-Pass Diffuser[R]. NASA/TM-2004-212507, 2004.

[10] Brankovic A, Ryder R C, Hendricks R C, et al. Emissions Prediction and Measurement for Liquid- Fueled TVC Combustor With and Without Water Injection[R]. NASA/TM- 2005-213441, 2005.

[11] Meyer T R, Brown M S, et al. Optical Diagnostics and Numerical Characterization of A Trapped-vortex combustor[C]. AIAA-2002-3863. 38th AIAA/ASME/ SAE/ASEE Joint Propulsion Conference & Exhibit 7-10 July 2002, Indianapolis, Indiana, 2002.

[12] Sturgess G J, Shouse D T, Zelina J. Emissions Reduction Technologies for Military Gas Turbine Engines[C]. AIAA 2003-2622. AIAA/ICAS International Air and Space Symposium and Exposition: The Next 100 Y, 14-17 July 2003, Dayton, Ohio, 2003.

[13] Barlow K, Burrus D, Stevens E. Trapped Vortex Combustor Development for Military Aircraft[C]. US Navy Contract N00421-02-C-3202, 2002.

[14] Straub D L, Casleton K H, Lewis R E, et al. Assessment of Rich-Burn, Quick-Mix, Lean- Burn Trapped Vortex Combustor for Stationary Gas Turbines[J]. Journal of Engineering for Gas Turbines and Power. JANUARY 2005, 127: 36-41.

[15] Sturgess G J, Shouse D T, et al. Emissions Reduction Technologies For Military Gas Turbine Engines[C]. AIAA-2003-2622. AIAA/ICAS International Air and Space Symposium and Exposition: The Next 100 Y, 14-17 July 2003, Dayton, Ohio, 2003.

[16] Bucher J, Edmonda R G, et al. The Development of a Lean-premixed Trapped Vortex Combustor[C]. GT-2003-38236. Proceedings of ASME Turbo Expo 2003 Power for Land, Sea, and Air July 16-19, 2003, Atlanta, Georgia, USA, 2003.

[17] Ezhil Kumar P K，Mishra D P. Numerical Investigation of the Flow and Flame Structure in an Axisymmetric Trapped Vortex Combustor[J]. Fuel，2012，102：78-84.

[18] Agarwal K K，Ravikrishna R V. Mixing Enhancement in a Compact Trapped Vortex Combustor[J]. Combustion Science and Technology，2013，185(3)：363-378.

[19] 宋双文，雷雨冰，姚尚宏，等.可压流条件下凹腔驻涡流动试验[J].航空动力学报，2011，26(10)：2267-2273.

[20] 宋双文，胡好生，王梅娟，等.全环涡轮级间燃烧室性能试验.航空动力学报[J].2012，27(10)：2175-2179.

[21] 金义.高油气比驻涡燃烧室流动与燃烧性能研究[D].南京：南京航空航天大学，2013.

[22] Zelina J，Ehret J，Hancock R D，et al. Ultra-Compact Combustion Technology Using High Swirl for Enhanced Burning Rate[C]. 38th AIAA/ASME/SAE/ASEE Joint Propulsion Conference & Exhibit，Indianapolis，Indiana，7-10 July 2002.

[23] Zelina J，Shouse D T，Hancock R D. Ultra-Compact Combustor for Advanced Gas Turbine Engines[C]. Proceedings of ASME Turbo Expo 2004 Power for Land，Sea，and Air，Vienna，Austria，14-17 June 2004，GT2004-53155，2004.

[24] Farhad R，Buehrle N，et al. Numerical Simulation of the RTA Combustion Rig[R]. NASA/TM-2005-213899，2005.

[25] Agarwal K K，Ravikrishna R V. Mixing Enhancement in a Compact Trapped Vortex Combustor[J]. Combustion Science and Technology，2013，185(3)：363-378.

[26] Radtke James T. Efficiency and Pressure Loss Characteristics of an Ultra-Compact Combustor with Bulk Swirl[C]. AD A470159，Master's thesis，2007.

[27] Zelina Joseph. High Gravity (g) Combustion[R]. ADA449915，final report，2006.

[28] Zelina Joseph，Sturgess Geoff，Shouse Dale. The Behavior of an Ultra-Compact Combustor (UCC) Based on Centrifugally-Enhanced Turbulent Burning Rates[R]. AIAA-2004-3541，2004.

[29] Zelina J，Shous D T. High-pressure tests of a high-g, Ultra-compact combustor[C]. 41st AIAA Aerospace science meeting and exhibit，Tuson，Arizona，AIAA-2005-3779，2005.

[30] 严传俊,何立明,范玮,等. 脉冲爆震发动机的研究与发展[J]. 航空动力学报. 2001,16(3).

[31] 李建玲,范玮,严传俊,等. 基于脉冲爆震组合循环发动机的概念介绍[C]. 中国航空学会 2007 年学术年会,2007.

[32] 胡晓煜. 基于爆震燃烧的新概念发动机[J]. 国际航空. 2003,479(1):50-52.

[33] 韩启祥,王家骅. 旋转阀式脉冲爆震发动机非稳态进气过程数值模拟[J]. 推进技术,2008,231(3):6-10.

[34] 孙亮,白少卿,罗大亮. 脉冲爆震发动机旋转阀技术研究[J]. 火箭推进,2016,235(21):41-46.

[35] Nalim M R, Jules K. Pulse Combustion and Wave Rotors for High-speed Propulsion Engines[R]. AIAA paper,1998-1614,1998.

[36] Li H, Akbari P, Nalim M R. Air-Standard Thermodynamic Analysis of Gas Turbine Engines Using Wave Rotor Combustion[R]. AIAA paper,2007-5050,2007.

[37] Welch G E. Overview of Wave-Rotor Technology for Gas Turbine Engine Topping Cycles[C]. Novel Aero Propulsion Systems International Symposium,The Institution of Mechanical Engineers,2000:2-17.

[38] Snyder Philip H. Wave Rotor Demonstrator Engine Assessment[R]. NASA Contractor Report 198496,June 1996.

[39] Akbari P, Nalim M R, Li H. Analytic Aerothermodynamic Cycle Model of the Wave Rotor Combustor in a Gas Turbine Engine[R]. AIAA paper,2006-4176,2006.

[40] Matsutomi Y, Hein C, Lian C Z, et al. Facility Development for Testing of Wave Rotor CombustionRig[R]. AIAA paper,2007-5052,2007.

[41] Edwin L, Resler J, Jeffrey C, et al. Analytic Design Methods for Wave Rotor Cycles[J]. JOURNAL OF PROPULSION AND POWER,1994,10(5),683-689.

[42] Welch G E, Paxson D E, Wilson Jack, et al. Wave-Rotor-Enhanced Gas Turbine Engine Demonstrator[R]. ARL-TR-2113,1999.

[43] Slater J W, Welch G E. Design of a Wave-Rotor Transition Duct[R]. AIAA paper,2005-5143,2005.

[44] Welch G E, Slater J W, Wilson Jack. Wave-Rotor Transition Duct Experiment[R]. AIAA paper,2007-1249,2007.

[45] Gegg S G, Snyder P H. Aerodynamic design of a wave rotor to high pressure turbine transition duct[R]. AIAA paper,1998-3249,1998.

[46] McClearn M J, Polanaka M D, Mataczynski M R. The Design of a Small-

Scale Wave Rotor for Use as a Modified Brayton-Cycle Engine[R]. AIAA paper 2016-0901, 2016.

[47] Snyder P H, Alparslan B, Nalim M R. Gas Dynamic Analysis of the CVC, A Novel Detonation Cycle[R]. AIAA paper, 2002-4069, 2002.

[48] Hoxie S S, Micklow G J. A CFD Study of Wave Rotor Losses Due To the Gradual Opening of Rotor Passage Inlets[R]. AIAA paper, 1998.

[49] Paxson D E, Wilson Jack. An Improved Numerical Model for Wave Rotor Design and Analysis[R]. AIAA 1993-0482, 1993.

[50] Okamoto K, Nagashima T. Visualization of Wave Rotor Inner Flow Dynamics[J]. JOURNAL OF PROPULSION AND POWER, 2007, 23 (2): 292-300.

[51] Paxson D E. A comparison between numerically modelled and experimentally measured loss mechanisms in wave rotors [R]. AIAA paper, 1993-2522, 1993.

[52] Pekkan K, Nalim M R, Donovan E C. Control of Fuel and Hot-gas Leakage in a Stratified Internal Wave Rotor Combustor[R]. AIAA paper, 2002-4067, 2002.

[53] Akbari P, Nalim M R, Donovan E S, et al. Leakage Assessment of Pressure-Exchange Wave Rotors[J]. Journal of Propulsion and Power. 2008, 24(4): 732-740.

[54] Akbari P, Nalim M R, Donovan E S, et al. Leakage Assessment of Pressure-Exchange Wave Rotors[R]. AIAA paper, 2006-4449, 2006.

[55] Snyder P H. Seal Technology Development for Advanced Component for Air-breathing Engines[R]. NASA/CR—2008-215479, 2008.

[56] Khalid S A, Banerjee A, Akbari P, et al. Two-Dimensional Numerical Modeling of Mixture Inflow in a Wave Rotor Combustor[R]. AIAA paper, 2006-4125, 2006.

[57] Wijeyakulasuriya S D, Nalim M R. Gas Injection Strategies in Confined Subsonic Cross-flow for Wave Rotor Fueling[R]. AIAA paper, 2008-4867, 2008.

[58] Nalim M R. Longitudinally Stratified Combustion in Wave Rotors[J]. Journal of Propulsion & Power, 2000, 16(6): 1060-1068.

[59] Pekkan K, Nalim M R. Two-Dimensional Flow and NOx Emissions in Deflagrative Internal Wave Rotor Combustor. Configurations[J]. Journal of Engineering for Gas Turbines and Power, 2003, 125: 720-733.

[60] Oppenhrim A K. et al. Pulsed Jet Combustion—A Key To Controlled Combustion Engine[R]. SAE Paper No. 890153, 1989.

[61] Hidetoshi S，Yasuhiro K，Hiroyuki S. A New Ignition System for Pulse Det-onationEngine[R]. AIAA-2004-308，2004.

[62] Walraven F. Operational behavior of a pressure wave machine with constant volume combustion[R]. ABB Technical Report Paper CHCRC 94-10，1994.

[63] Lawver B R，Rousar D C. Ignition Characterization of LOX/Hydrocarbon Propellants[R]. NASA paper 9-16639，1985.

[64] Breisacher K J，Ajmani K. LOX/Methane Main Engine Igniter Tests and Modeling[R]. AIAA paper，2008-4757，2008.

[65] Baronia D，Nalim M R，Akbari P. Numerical Study of Wave Rotor Ignition and Flame Propagation in a Single-Channel Rig[R]. AIAA paper，2007-5054，2007.

[66] Elharis T M，Wijeyakulasuriya S D，Nalim M R，et al. Analysis of Deflagrat-ive Combustion in a Wave-Rotor Constant-Volume Combustor[R]. AIAA pa-per，2011-583，2011.

[67] Karimi A，Chinnathambi P，Rajagopal M. Effect of jet composition in hot jet ignition of premixed mixture in a constant volume combustor[C]. 8th U. S. National Combustion Meeting，2013.

[68] Kilchyk V，Merkle C. Effect of Channel Rotation on Premixed Turbulent Combustion in a Wave Rotor Combustor[R]. AIAA paper，2007-5053，2007.

[69] Wijeyakulasuriya S D. Transient and Translating Gas Jet Modeling for Pres-sure Gain Combustion Applications[D]. Purdue University，2011.

[70] Chinnathambi P. Experimental Investigation on Traversing Hot Jet Ignition of Lean Hydrocarbon-Air Mixtures in a Constant Volume Combustor[D]. Purdue University，2013.

[71] Lewis G D. Swirling Flow Combustion—Fundamentals and Application[R]. AIAA paper，1973-1250，1973.

[72] 刘火星，谈玲玲，产世宁. 内燃波转子发动机循环分析[J]. 推进技术，2015，36(3)：352-356.

[73] 巩二磊，李建中，韩启祥，等. 内燃波转子非定常流动和燃烧特性分析[J]. 南京航空航天大学学报，2013，45(3)：309-315.

[74] 成本林，李建中，巩二磊，等. 内燃波转子影响涡轴发动机性能研究[J]. 推进技术，2012，33(5)：726-731.

[75] 成本林，李建中，温泉，等. 波转子对小型燃气涡轮发动机性能的影响[J]. 南京航空航天大学学报，2012，44(4)：431-437.

[76] 李建中，巩二磊，温泉，等. 内燃波转子技术对燃气涡轮发动机性能影响[J]. 航空动力学报，2012，27(9)：1928-1934.

[77] Bahr D W. Technology for thedesign of high temperature rise combustors[J]. J. Propulsion, 1987, 3(2): 179-186.

[78] Dodds W J, Ekstedt E E, Bahr D W, et al. NASA/General electric broad-specification fuels combustion technology program: phase I[J]. J. Energy, 1983, 7(6): 508-517.

[79] Wulff A, Hourmouziadis J. Technology review of aeroengine pollutant emissions[J]. Aerospace Science and Technology, 1997, 1(8):557-572.

[80] Steele R C, Jarrett A C, Malte P C, et al. Variables affecting NO_x formation in leanpremixed combustion[C]. Journal of Engineering for Gas Turbines and Power, 1997: 102-107.

[81] Li Y G, Hales R L. Steady and dynamic performance and emissions of a variable geometry combustor in a gas turbine engine[C]. ASME, 2002: 527-535.

[82] Campos-Delgado D U, Zhou K, Allgood D, et al. Active control of combustion instabilities usingmodel-based controllers[J]. Combustion science and technology, 2003, 175(1): 27-53.

[83] Sun F, Cohen J M, Anderson T J. Liquidfuel modulation by fluidic valve for active combustion control[C]. ASME, 2002: 773-780.

[84] Furlong E R, Baer D S, Hanson R K. Real-time adaptive combustion control using diode-laser absorption sensors[C]. Symposium on Combustion, 1998, 27(1): 103-111.